特色农业与气象系列丛书

丛书主编：王春乙

淡水养殖气象保障技术

邓爱娟　刘志雄　刘　敏　主编

内容简介

本书以提高水产气象业务服务及科研能力为目的，从主要淡水养殖品种的养殖概况入手，介绍了淡水养殖气象观测方法、主要养殖品种关键期气象指标试验研究方法、水体生态要素与气象关系模型的建立方法以及主要养殖品种气象周年服务方案、服务案例；介绍了淡水养殖气象服务系统的结构组成及功能，以及淡水养殖气象灾害风险区划方法、水产气象保险天气指数构建方法、主要淡水养殖病害的发生规律及预报方法；从气候资源利用方面出发，介绍了稻虾共作模式的水稻适宜品种选择及茬口安排、水资源承载力风险分析方法；介绍了主要淡水养殖品种的气候适宜性区划案例及气候品质评价方法，分析了稻虾种养模式盲目扩张的风险，并提出了应对措施。

本书可供气象部门的水产养殖气象业务服务工作者及相关行业的业务科研人员参考使用。

图书在版编目（CIP）数据

淡水养殖气象保障技术 / 邓爱娟, 刘志雄, 刘敏主编. -- 北京 : 气象出版社, 2024.5
（特色农业与气象系列丛书 / 王春乙主编）
ISBN 978-7-5029-8188-4

Ⅰ. ①淡… Ⅱ. ①邓… ②刘… ③刘… Ⅲ. ①淡水养殖—气象服务—研究 Ⅳ. ①S964-05

中国国家版本馆CIP数据核字(2024)第083084号

Danshui Yangzhi Qixiang Baozhang Jishu
淡水养殖气象保障技术
邓爱娟　刘志雄　刘　敏　主编

出版发行：气象出版社
地　　址：北京市海淀区中关村南大街46号　　**邮政编码**：100081
电　　话：010-68407112（总编室）　010-68408042（发行部）
网　　址：http://www.qxcbs.com　　**E-mail**：qxcbs@cma.gov.cn
责任编辑：张锐锐　吕厚荃　　**终　　审**：张　斌
责任校对：张硕杰　　**责任技编**：赵相宁
封面设计：艺点设计
印　　刷：北京建宏印刷有限公司
开　　本：710 mm×1000 mm　1/16　　**印　　张**：14.5
字　　数：298千字
版　　次：2024年5月第1版　　**印　　次**：2024年5月第1次印刷
定　　价：98.00元

《特色农业与气象系列丛书》编委会

《淡水养殖气象保障技术》编委会

主　编：邓爱娟　刘志雄　刘　敏

编　委（按姓氏笔画排列）：

万素琴　叶　佩　刘可群　刘凯文　刘瑞娜

汤　阳　肖玮钰　杨文刚　张旭晖　徐琼芳

黄永平　温周瑞

总　序

习近平总书记强调“粮食安全是‘国之大者’”。粮食安全是国家安全的重要基础，也是我国经济社会发展的“压舱石”。党中央、国务院高度重视粮食安全问题，始终把解决人民吃饭问题作为治国安邦的首要任务。以习近平同志为核心的党中央立足世情、国情、粮情，确立了“以我为主、立足国内、确保产能、适度进口、科技支撑”的国家粮食安全战略。在2022年全国“两会”期间，习近平总书记再次指出，“要树立大食物观”“在确保粮食供给的同时，保障肉类、蔬菜、水果、水产品等各类食物有效供给”。“大食物观”拓展了传统的粮食边界，指导我们从更广的维度认识和把握国家粮食安全。

特色农业是以资源为基础、以科技为支撑、以规模化生产和品牌化经营为手段、将区域内特有的农产品转化为特色商品的现代农业，近年来以其独特的区位优势资源、独特的产品品质和高效的经济价值得到迅速发展，形成了从特色作物种植、水产养殖，到规模化生产、加工、贮运、销售的完整产业链，在精准扶贫和乡村振兴中发挥了重要作用，是保障国家粮食安全、促进现代农业经济发展的重要抓手。《国务院关于印发气象高质量发展纲要（2022—2035年）的通知》（国发〔2022〕11号）要求，提高气象服务经济高质量发展水平，实施气象为农服务提质增效行动。强化特色农业生产气象保障技术应用是气象部门落实《气象高质量发展纲要（2022—2035）》，服务于国家粮食安全、乡村振兴、改善民生等国家战略的重要举措。

近年来，特色农业产值已发展到我国农业总产值的50%以上，产区覆盖了94%的重点脱贫县。特色农业产区地域性强，经济价值高，对生长环境要求独特，气象条件对特色农产品影响远大于普通农作物，使得特色农业气象服务尤为重要。然而，特色农产品产区农业基础设施普遍偏差，作物抗灾能力弱，也制约着特色农业产业的发展，迫切需要提高特色农业气象服务保障能力。2017年和2020年，中国气象局和农业农村部联合，分两批建立了15个特色农业气象服务中心；2024年，中国气象局与农业农村部、国家林业和草原局联合，建立了第三批10个特色农业气象服务中心。针对国家粮食安全和重要农产品有效供给的重大战略需求，面对气候变化、农业供给侧结构性改革和民生需求，以及国际贸易复杂多变的形势，各特色农业气象服务中心围绕着与国家安全相关的油料和橡胶等重要农产品、关乎民生的“菜篮子”

“果篮子”和居民生活品质的特色农产品，开展农业气象监测、气象灾害预警及风险评估、农业保险、产量预报和品质评估、农用天气预报、农业气候区划等关键气象保障技术研发，实现特色农产品生产全程气象保障的精细化、多元化、特色化服务，为保障国家粮食安全、满足民生需求、降低气候变化影响风险、促进区域可持续发展等提供了科学依据和数据支撑，在促进农业增产、农民增收、农村繁荣和社会主义新农村建设中发挥了重要作用。

“十三五”期间，科技部启动了“主要经济作物优质高产与产业提质增效科技创新”重点研发计划。由中国气象科学研究院原副院长王春乙研究员为首席科学家，联合国内多所高校、科研院所、业务单位、相关企业，组建研究团队，成功获批了重点研发计划项目“主要经济作物气象灾害风险预警及防灾减灾关键技术”(2019YFD1002200)。经过项目组近四年的科研攻关，结合各特色农业气象服务中心十几年的科研业务服务积累，形成了本丛书。丛书由王春乙担任主编，由各特色农业气象服务中心和“十三五”国家重点研发计划项目的技术负责人担任各分册主编，全面展现近年来气象部门在特色农业气象保障技术方面取得的一系列创新性成果，系统阐述种植业、养殖业、设施农业、都市农业等特色农业气象的新技术、新方法，是一套学术水平高、创新性和适用性强的专业丛书，对进一步拓展气象为农服务领域、提高气象为农服务科技水平具有很好的参考作用。为此，我谨向该丛书的作者和气象出版社表示衷心的感谢。

中国工程院院士　徐祥德

2024 年 2 月

前　言

我国是水产养殖大国，淡水养殖面积和产量居世界首位。2022 年淡水养殖面积为 5033.08 khm^2，养殖水产品产量达 3289.76 万 t，占全国水产养殖总产量的 59.1%，占我国农产品出口总额的 30%左右。淡水养殖产品在保障粮食安全、改善人民食物构成、稳定市场、促进贸易等方面发挥了重要作用。

淡水养殖基本上是露天作业，气象条件与水产养殖的成败息息相关。气象条件在很大程度上决定着养殖对象生长速度、繁殖时间、成活率、病害情况等，还决定了种苗放养、饲料投放时间及投放量、捕捞上市时间和产品运输方式等，影响水产养殖的丰歉、品质和成本的高低，甚至可能导致养殖业的巨大损失。随着中国经济发展及生活质量的提升，人们对水产品的需求量也越来越大；高投入、高产值且环境要求高的名、特、优养殖品种比重越来越大。为此，近年来气象部门和水产部门、保险企业等通过公益性气象行业科研专项、“三农”气象保障服务、政策性保险等项目的合作研究，开展了淡水养殖气象保障关键技术研究，建立了水体生态要素与气象要素的关系模型，确定四大家鱼、河蟹、小龙虾、黄鳝等主要养殖品种生长、发育、繁殖、起捕、病害的气候生态和灾害指标，研发了小龙虾、河蟹气象指数保险以及渔事活动气象预报方法和业务服务系统，制定了水产养殖气象观测方法及服务规程，并将淡水养殖气象适用技术在我国主要淡水养殖区进行示范应用，产生了良好的社会经济效益。

本书是全国淡水养殖气象服务中心对近年来淡水养殖气象保障关键技术研究成果和业务应用的系统性总结，希望能为气象和相关部门开展淡水养殖气象保障服务提供参考，指导水产部门和渔民合理有效地安排渔业活动，减少或避免气象灾害的影响，提升水产养殖趋利避害的能力，提高水产养殖经济效益，在确保渔业增产、渔民增收，促进农村经济发展和新农村建设方面发挥更大作用。

《淡水养殖气象保障技术》共分为 8 章，由全国淡水养殖气象服务中心 10 多位专家编写。本书总体框架由刘志雄、邓爱娟、刘敏设计，刘敏、邓爱娟负责总统稿。各章节的编著者如下：第 1 章淡水养殖生产概况由刘志雄编写；第 2 章淡水养殖气象观测方法和指标确定试验设计由刘敏、杨文刚编写；第 3 章淡水养殖水体环境要素与气象由邓爱娟编写；第 4 章淡水养殖生产与气象关系及气象保障服务由邓爱娟、张旭晖、汤阳、刘志雄、肖玮钰编写；第5章淡水养殖渔事活动气象条件预报由万素琴、黄永平、徐琼芳编写；第6章淡水养殖主要气象灾害及风险区划由邓爱娟、张旭晖、刘可群、刘瑞娜、汤阳编写；第7章淡水养殖病害与气象由温周瑞、刘可群编写；第8章淡水养殖气候资源利用由刘凯文、叶佩、邓爱娟、张旭晖编写。

本书编写过程中得到中国气象局应急减灾与公共服务司、湖北省水产科学研究所、湖北省水产技术推广总站、江苏省气候中心、安徽省农业气象中心、江西省农业气象中心的指导和大力支持，同时参考了他人的许多研究成果，参考论著和文献中所列成果也许不够齐全，敬请有关作者谅解，谨表示衷心感谢。

鉴于目前研究认知水平有限，相关工作还有待进一步深入，书中不足之处在所难免，恳请广大读者批评指正，以便在后续的工作中加以改进。

作者

2023年10月

淡水养殖气象服务中心简介

目　录

第1章

淡水养殖生产概况

淡水养殖是指利用池塘、水库、湖泊、江河以及其他内陆水域，饲养和繁殖水产经济动物(鱼、虾、蟹、贝等)及水生经济植物的生产，是内陆水产业的重要组成部分。

随着中国经济发展及生活质量的提升，人们对于水产品的需求也越来越大，单纯捕捞已经无法满足社会需求，因此淡水养殖得到快速发展。2015年以来，我国淡水养殖产业总产值保持2%左右的年均增长率。至2022年，我国淡水养殖产量为3289.76万t，占水产养殖总产量的59.1%。

淡水养殖按养殖对象可分为鱼类、甲壳类、贝类等，其中鱼类产品的养殖产量最高，其次是甲壳类产品和贝类产品，藻类和其他类产品在淡水养殖中的占比极小。2022年，鱼类产品产量为2710.48万t，占比淡水养殖产量的82.4%；甲壳类产品产量为489.59万t，占比14.9%；贝类产品产量18.90万t，占比0.6%；藻类产品1.00万t，占比0.03%；其他类产品69.72万t，占比2.1%。

淡水养殖按养殖水面类型可分为池塘养殖、湖泊养殖、水库养殖、河沟养殖及其他养殖。池塘养殖是淡水养殖最主要的组成部分，2022年池塘养殖面积为2624.88 khm^2，占全国淡水养殖的52.15%；湖泊养殖面积为688.46 khm^2，占全国淡水养殖面积的13.68%；水库养殖面积为1447.73 khm^2，占全国淡水养殖面积的28.76%；河沟养殖面积为141.89 khm^2，占全国淡水养殖面积的2.82%；其他淡水养殖面积为130.14 khm^2，仅占全国淡水养殖面积的2.59%(农业农村部渔业渔政管理局 等，2023)。

在淡水鱼类养殖品种中，青鱼、草鱼、鲢鱼、鳙鱼、鲫鱼、鲤鱼、鳊鱼产量占比较大，也是淡水养殖主体，一般统称为大宗淡水鱼。除此之外的淡水鱼，称为特色淡水鱼。目前，主要特色淡水鱼养殖品种有加州鲈鱼、鳜鱼、黄颡鱼、斑点叉尾鮰、长吻鮠、泥鳅、黄鳝、乌鳢、鲟鱼和银鱼等数十种。

1.1 主要养殖品种养殖概况

1.1.1 大宗淡水鱼养殖概况

大宗淡水鱼作为高蛋白、低脂肪、营养丰富的健康食品，是我国人民食物构成中主要蛋白质来源之一，在市场水产品有效供给中起到了关键作用(赵永锋 等,2012)。据统计资料，2022 年全国大宗淡水鱼的总产量达 2026.1 万 t ，占全国淡水养殖总产量的 61.6%。其中，草鱼产量 590.5 万 t，居我国鱼类养殖品种之首；鲢鱼、鳙鱼、鲤鱼、鲫鱼、青鱼、鳊鱼产量分别 388.0 万 t、326.9 万 t、284.3 万 t、284.9 万 t、74.8 万 t、76.7 万 t，草鱼等各种鱼分别占淡水养殖总量的 17.9%、11.8%、9.9%、8.6%、8.7%、2.3%、2.3%。

从地域分布看，大宗淡水鱼类的主产地主要在湖北、江苏、广东、湖南、江西、安徽、四川、广西、山东、河南、辽宁等省(区)，上述区域 2022 年大宗淡水鱼产量占全国大宗淡水鱼养殖产量的 80%以上。

1.1.2 小龙虾养殖概况

小龙虾也称克氏原螯虾、红螯虾和淡水小龙虾，形似虾而甲壳坚硬，成体长约5.6～11.9 cm，暗红色，甲壳部分近黑色，腹部背面有一楔形条纹。近年来，因市场需求旺盛，发展迅猛。截至 2022 年，我国小龙虾养殖总面积达 186.67 khm^2，养殖总产量达到 289.07 万 t，养殖产量首次超过鲫鱼和鲤鱼，位列我国淡水养殖品种第 4 位。按地域分布看，全国有 24 个省(区、市)养殖小龙虾，其中湖北、安徽、湖南、江苏、江西 5 个传统养殖大省仍然占据绝对主导地位，养殖总产量 263.74 万 t，占全国小龙虾养殖总产量的 91.24%；产量超过万吨的还有 5 省(市)，依次为四川、山东、河南、浙江、重庆，养殖总产量 23.9 万 t，占全国小龙虾养殖总产量的 8.27%(表 1.1)(于秀娟 等,2023)。

表 1.1 2022 年排名前 10 的省份小龙虾养殖产量

序号	省份	2022 年产量/t	2019 年产量/t	增减量/t
1	湖北	1138392	925005	213387
2	安徽	595239	349750	245489
3	湖南	423591	306777	116814

续表

序号	省份	2022 年产量/t	2019 年产量/t	增减量/t
4	江苏	267161	204394	62767
5	江西	213054	133492	79562
6	四川	64681	34037	30644
7	山东	60086	40006	20080
8	河南	53338	58207	−4869
9	浙江	34630	18168	16462
10	重庆	15176	8159	7017

小龙虾养殖模式多种多样，其中小龙虾稻田养殖占比最大，养殖面积约为 1566.67 khm^2，养殖产量 240 万 t，分别占小龙虾养殖总面积和养殖总产量的 83.93%、83.00%；其余养殖模式主要为池塘精养、藕虾混养、大水面增养殖等。

1.1.3 河蟹养殖概况

河蟹别称毛蟹，属甲壳纲十足目方蟹科绒螯蟹属，为我国特产，主要分布于我国东部沿海及通海的河流、湖泊中，包括中华绒螯蟹、日本绒螯蟹、直额绒螯蟹和狭额绒螯蟹 4 个种。前 2 个种个体大，产量高，具有较高的经济价值；后 2 个种个体很小，产量低，经济价值较低(王武 等，2010)。2022 年全国河蟹养殖面积 52681 hm^2，产量 81.5 万 t。从地域分布看，主要集中在江苏、湖北、安徽、辽宁等省。其中，江苏省螃蟹(河蟹)产量达 37.4 万 t，约占全国总量的一半；其次是湖北省，产量 16.2 万 t；安徽省为 10.4 万 t，排名第三(农业农村部渔业渔政管理局 等，2023)。

1.2 主要淡水养殖产区气候概况

我国淡水养殖主要集中分布于我国长江中下游、东南沿海流域和黄渤海流域这三大区域(吕超 等，2017)。其中，长江中下游地区的江苏、安徽、江西、湖北、湖南、重庆、四川和东南沿海的浙江、福建、广东、广西及黄渤海区的山东等 12 省(区、市)淡水养殖总产占全国 80%以上，为主要淡水养殖产区。

总体而言，我国主要淡水养殖产区大多处于亚热带季风气候区，具有夏热冬温、四季分明、雨热同期等亚热带季风气候的典型气候特征。

(1)热量丰富

我国主要淡水养殖产区一般年平均气温为 15～22 ℃,最冷月平均气温在 0～15 ℃之间,温暖指数为 135 ℃/月至 240 ℃/月;长江至亚热带北界 0 ℃以上积温为 5500～6000 ℃ · d,长江至南岭 0 ℃以上积温为 6000～7000 ℃ · d,南岭至亚热带南缘则达到 7000～8000 ℃ · d。无霜期,江淮流域初霜期在 11 月中旬至 12 月初,终霜期在翌年 3 月中下旬结束,达 230～240 d 以上,而四川盆地则达 300 d 以上,云贵高原受高度影响为 260～270 d,两广地区则为 300 d 以上。

(2)降水充沛

我国主要淡水养殖产区降水总量从东南沿海向西北内陆递减,东南沿海可达 2000 mm,而长江流域为 1000 mm;从时间来看,春季降水约占全年降水总量的 20%～45%,夏季为 30%～50%,秋季为 15%～20%,冬季仅有 10%～15%。

第2章

淡水养殖气象观测方法和指标确定试验设计

水产养殖气象观测是预报和服务的基础。随着观测内容的丰富以及自动化观测技术的不断进步，原有人工观测基础上的渔业养殖观测内容和方法已不能适应现代淡水养殖观测业务的发展。如水温观测深度，原有规定一般只观测上层水温(30 cm)，而养殖对象主要生活在水体的中下层，观测深度、层次需改进。再如溶解氧的观测，原有的观测方法采用取样、实验室化学滴定的方法进行测量，该方法操作复杂、耗时长、不利于开展连续观测。新型的荧光法测定溶解氧，测定时间短、精度高、操作方便，可开展连续自动监测，便于日常业务运行。为此武汉农业气象试验站通过不断实践完善，制定了气象行业标准《淡水养殖气象观测规范》(QX/T 249—2014)(全国农业气象标准化技术委员会，2014)，为水产养殖气象观测业务提供统一的标准。随着水产养殖结构的不断调整和新的养殖品种不断引入，也需要通过试验研究确定名特优新养殖品种的气象适宜指标、灾害指标，以便提供有针对性的服务，为此我们梳理了一些关键期适宜性指标和灾害指标的试验设计，提供试验研究参考。

2.1 淡水养殖气象观测方法

2.1.1 观测原则与要求

2.1.1.1 水域选择

应遵循下列原则：

(1)能代表当地水产养殖平均生产水平；

(2)能代表当地一般气候特征；

(3)四周空旷,灌、排水方便;

(4)水面面积不宜小于 0.2 hm^2;

(5)池塘养殖的水深宜保持在 1.5 m 以上,其他养殖水域的水深根据养殖对象活动范围确定。

2.1.1.2 地点选择

水环境观测应选定在水域水面中心,若水体较大可选择在盛行风下方离岸 5 m 以上的地点。观测地点应避开进出水口、增氧机等环境的影响。

大气环境观测应在离水域 500 m 以内的区域,地面保持平整,周边环境符合区域气象观测站的要求。

2.1.1.3 养殖品种选择

应遵循下列原则:

(1)选择当地普遍饲养和推广的优良品种;

(2)混养池塘,选择其中的 1～2 种养殖对象。

2.1.1.4 特殊情况处理

观测水域、观测养殖对象由于特殊原因失去代表性时,应按 2.2.1.1—2.2.1.3 节的要求选择邻近水域进行观测。

2.1.2 大气环境要素观测

2.1.2.1 观测内容

包括气温、空气湿度、气压、降水、风向、风速等与淡水养殖密切相关的要素。

2.1.2.2 观测方式

采用自动观测。

2.1.2.3 技术要求

淡水养殖自动气象观测站传感器技术性能要求参见表 2.1。

表 2.1 淡水养殖自动气象观测站观测仪器技术性能要求

测量要素	测量范围	分辨率	准确度	平均时间	采样速率
气温	−50 ℃～+50 ℃	0.1℃	±0.2 ℃	1 min	6 次/min
相对湿度	0%～100%	1%	±4%(≤80%) ±8%(>80%)	1 min	6 次/min
气压	500～1100 hPa (任意 200 hPa)	0.1 hPa	±0.3 hPa	1 min	6 次/min
风向	0°～360°	3°	±5°	1 min	1 次/s
风速	0～60 m/s	0.1 m/s	±(0.5+0.03V)m/s	1 min	1 次/s

续表

测量要素	测量范围	分辨率	准确度	平均时间	采样速率
降水量	雨强(0～4)mm/min	0.1 mm	±0.4 mm(≤10 mm) ±4%(>10 mm)	累计	1次/min
水温	－50～＋80 ℃	0.1 ℃	±0.5 ℃	1 min	6次/min

2.1.2.4　观测和数据处理

按照《自动气象站观测规范》(GB/T 33703—2017)(全国气象仪器与观测方法标准化技术委员会,2017)执行。

2.1.3　水温观测

池塘水温观测一般分为5个层次,分别观测距水表面10 cm、30 cm、60 cm、100 cm、150 cm深度的水温。其他类型水域根据养殖观测对象活动范围确定水温观测层次和深度。

可采用人工和自动观测两种方式,宜优先采用自动观测。

自动观测一般采用铂电阻水温传感器观测,铂电阻水温传感器安装在浮球的支架上,按照水温观测深度确定感应元件的中心部分离水面高度。取每小时正点观测值,自动记录,水温以摄氏度(℃)为单位,记录取1位小数。

人工观测采用水温计观测。每日08时、14时、20时进行3次观测。每次观测正点前10 min,按照由浅及深的顺序,依次将水温计投入各层次水中,使温度计感应球部在待测深度并稳定5 min以上,从正点开始,按照由浅及深的顺序,依次迅速上提水温计并立即读数和记录;从水温表离开水面至读数完毕不超过20 s。观测水温时要同步记录对应水深。将水温计系在具有尺码的绳上,记录从水温计感应球部到绳子之间的距离,并做好标记,水深为水温计感应球部到绳子之间的距离加上绳的长度。冬季养殖水体结冰时停止观测,水面冰层融化后恢复观测。

2.1.4　水体溶氧观测

养殖池塘溶解氧宜观测距水表面60 cm处,湖泊、水库等其他类型养殖水域根据养殖对象活动范围确定溶解氧的观测深度。

采用荧光法溶解氧测量仪自动观测。每小时正点自动观测。冬季养殖水体结冰后停止观测,水面冰层融化后恢复观测。此外,溶氧测定传感器需定期维护。

2.1.5 水体透明度观测

2.1.5.1 观测方式

采用塞氏盘测定。

塞氏盘为一直径 25 cm,用油漆漆成黑白相间的金属圆板,圆板中间打孔,孔中系绳(或嵌进粗铁丝),用于测量水体的透明度。

2.1.5.2 技术要求

在塞氏盘孔中系绳(或嵌进粗铁丝),绳(或铁丝)上每隔 10 cm 做好标记。

塞氏盘维护方法参考 2.1.10.2 节。

2.1.5.3 观测和记录

每月 15 日上午为固定观测时间,每次暴雨降水过程结束和灌、排水后 24 h 内应加测。

每次观测具体时间应视天气状况选取,尽量避开风浪较大的时段,并避免强光影响目测读数;遇特殊天气影响观测,可顺延至月底。

观测时,将塞氏盘在背光处放入水中,至刚好看不见塞氏盘上的黑白分界线为止,记下水深;待稍下沉后慢慢提起,直到恰好能看见黑白分界线,再记下水深,两个深度的平均数即为水体透明度;连续测定两次水体透明度,取平均值。

冬季养殖水体结冰时停止观测,水面冰层融化后恢复观测。

记录水体透明度,以厘米(cm)为单位,取整数。

2.1.6 水体深度观测

2.1.6.1 观测内容

养殖水体水面至水底的深度。

2.1.6.2 观测方式

水体深度宜使用直立式水尺测量。

2.1.6.3 技术要求

直立式水尺一般由水尺桩和水尺板组成。水尺桩可使用木桩、混凝土桩或型钢材质;水尺板可使用木板、搪瓷板、高分子板或不锈钢板材质,尺度刻画至 0.01 m。

水尺桩下端浇注在养殖水体的护坡上,或直接打入或埋设至水体底部,埋入深度为 0.5～1.0 m,上端露出地面,桩上固定水尺板,使水尺面向着观测所处位置。水尺安装好之后需要测定水体底部至水尺零点之间的基准高度,测定方法应符合《水位观测标准》(GB/T 50138—2010)(中华人民共和国水利部,2010)的规定。

2.1.6.4 观测和记录

每月 15 日上午为固定观测时间,每次暴雨降水过程结束和灌、排水后 24 h 内应加测。

每次观测具体时间应视天气状况选取，尽量避开风浪较大的时段，并避免强光影响目测读数；遇特殊天气影响观测，可顺延至月底。

观测时，应靠近水尺边，身体蹲下，使视线尽量接近水面，读取标尺刻度读数，如果观测时有风浪，水面起伏不定，则应读取水面在水尺上所截的最高和最低两个读数的平均值，或以水面出现瞬时平静的读数为准，并应连续观读 2 次，取其均值。

冬季养殖水体结冰时停止观测，水面冰层融化后恢复观测。

在观测簿的相应栏记录水体深度，以厘米(cm)为单位，取整数。

2.1.7　水体 pH 值观测

2.1.7.1　观测内容

养殖池塘 pH 值观测深度宜为距水表面 60 cm 处，湖泊、水库等其他类型养殖水域根据养殖对象活动范围确定水样采集深度。

水体 pH 值为养殖水体的氢离子浓度的负对数。

2.1.7.2　观测方式

采用 pH 计测定。

2.1.7.3　技术要求

pH 计的性能要求见《实验室 pH 计》(GB/T 11165—2005)(北京分析仪器所，2005)中规定的 0.01 级 pH 计。

采水器应符合下列要求：

采用有机玻璃材质，内壁和导管不与水样发生反应，不改变水样的组成；能准确取得所需水层的水样，不混入其他水层水样；

水样瓶宜用无色硬质玻璃瓶；

水样瓶要密封、防震，避免日光照射、过热的影响。

2.1.7.4　观测和记录

(1)水样采集

每月 15 日上午为固定采样时间；每次暴雨降水过程结束和灌、排水后 24 h 内应增加采集。遇特殊天气影响采样，可顺延至月底。

用采水器采取规定深度的水样，用采水器中的水冲洗水样瓶 2 次后装入水样。

水样不宜小于 250 mL。

冬季养殖水体结冰后停止观测，水面冰层融化后恢复观测。

(2)pH 值测定

水样采集 2 h 内测定 pH 值。

按照《酸雨观测规范》(GB/T 19117—2017)(全国气候与气候变化标准化技术委员会大气成分观测预报预警服务分技术委员会,2017a)第 8 条规定进行测量。

记录 pH 值的测定数值,取两位小数。

2.1.8 浮头泛塘观测

2.1.8.1 浮头观测

(1)观测内容

包括养殖对象发生浮头的起止时间、种类等级。

(2)观测方式

采用高清红外摄像机自动记录人工识别和人工目测两种方式,宜优先采用高清红外摄像机。

(3)技术要求

摄像机传感器应具有夜视红外摄像功能,有效像素 1000 万以上。

摄像机应安装具有防水功能的防护罩,能自动连续摄像并存储 3 d 以上数据。

摄像机镜头应正对观测水域,调整摄像机拍摄焦距,保证成像清晰且画面无遮挡。

(4)观测和记录

人工观测时间为当地实际日出前后,自动摄像记录全天进行。

高清红外摄像机自动记录养殖水面情况,通过查看存储录像,人工识别浮头现象。

浮头分"轻微""严重"两级,分级参考征状见表 2.2。

发生严重浮头时,对本标准规定的观测项目进行加测。

记录养殖对象浮头发生的起止时间、浮头的种类、数量、现象、等级。

表 2.2 浮头分级参考征状

等级	轻微浮头	严重浮头
现象	浮头在黎明时开始,日出后逐渐消失; 鱼在水面中央部分浮头; 鱼稍受惊即下沉,惊动停止后又浮头	浮头在半夜或上半夜便开始; 整个水面都有鱼浮头; 鱼受惊后已不下沉,处于缓慢游动和存活状态

2.1.8.2 泛塘观测

(1)观测和调查内容

观测养殖对象发生泛塘的起止时间、种类等。调查县级行政区域内泛塘发生的时间、地点、面积、发生泛塘的养殖对象种类、死亡数量、减产百分率。

(2)观测和调查方式

采用高清红外摄像机自动记录人工识别和人工目测两种方式,宜优先采用高清红外摄像机。调查采用人工目测方式。

(3)技术要求

摄像机传感器应具有夜视红外摄像功能,有效像素1000万以上。

摄像机应安装具有防水功能的防护罩,能自动连续摄像并存储3天以上数据。

摄像机镜头应正对观测水域,调整摄像机拍摄焦距,保证成像清晰且画面无遮挡。

(4)观测和调查

人工观测时间为当地实际日出前后,自动摄像记录全天进行,发生泛塘时全天开展调查。

发生泛塘时,对本标准规定的所有观测项目进行加测。

记录观测水域养殖对象发生泛塘的起止时间、种类等。同时记录调查县级行政区域内泛塘发生的时间、地点、面积、发生泛塘的养殖对象种类、死亡数量和资料来源。

2.1.9　养殖生产活动观测

2.1.9.1　淡水养殖生产记录

记录淡水养殖生产活动日期、项目、方法和工具、数量和次数、质量和效果等。观测人员到达观测地点时,如果养殖生产活动已经结束,应立即向生产操作人员详细了解,及时进行补记。

2.1.9.2　幼苗投放记录

记录养殖观测对象幼苗投放的日期、品种名称、体长、投放数量、重量及单位面积投放量等。

2.1.9.3　捕捞记录

记录各次捕捞的日期、捕捞对象的品种名称、捕捞数量、重量等。

2.1.10　生长量观测

对于鱼类,生长检查包括体长和体重两个方面,这是反映生态环境优劣和养殖措施技术好坏的最根本的指标。

2.1.10.1　检查时间和次数

对于鱼种和亲鱼养殖,一般每隔1～2月检查一次;此外在越冬前和开食时,以及亲鱼产卵前也要进行检查,对于食用鱼养殖,每隔15～30 d检查一次。此外,还可结合轮捕进行检查。

在有条件的地方，可在观测水域用网箱设置小区，在网箱中投放与所在水域的放养品种、比例、密度都相同的鱼类。然后，对小区每隔 10 d 检查一次。

对于虾类养殖，每隔 15 d 检查一次。

2.1.10.2　检查方法和仪器

从捕获物中随机抽样进行检查。抽样的数量，视个体大小及放养量多少而定。一般幼体取 20～40 尾（只），成体取 10～30 尾（只）。逐尾（只）称量个体的长度、重量，并算出平均长度、平均重量（分别精确到 0.1 cm 和 1 g）。如果逐尾（只）称量有困难时，可称出总重量，然后再进行平均。同时，另从捕获物中选最大和最小个体，称其长度和重量。

鱼类体长取从头部吻端到尾鳍末端的长度。虾类体长取眼窝后缘至尾节末端的长度。贝类可量壳长，即壳较圆钝的一端（称前端）至相对较尖的一端（称尾端）的距离。

淡水养殖的观测仪器安装与结构示意图如下。

池塘铂电阻水温传感器安装参考布局如图 2.1 所示。

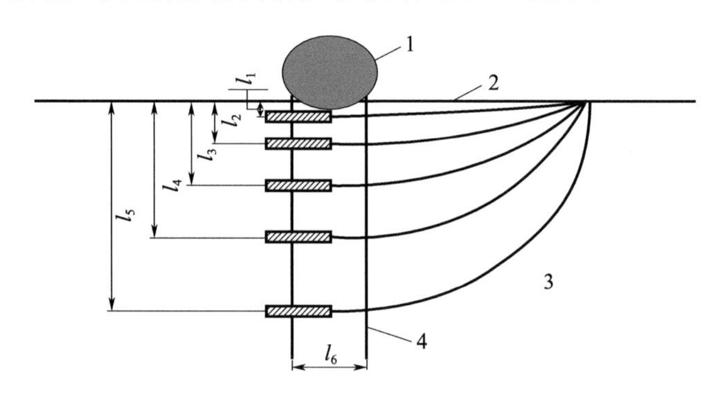

传感器	l_1	l_2	l_3	l_4	l_5	l_6
深度/cm	10	30	60	100	150	40

说明：

1—浮球；2—水面；3—传感器数据线；4—浮球支架。

图 2.1　铂电阻水温传感器安装示意图

塞氏盘的结构如图 2.2 所示。

直立式水尺安装示意图如图 2.3 所示。

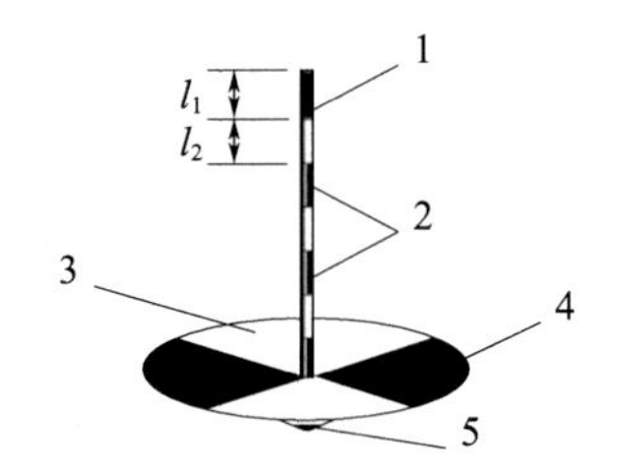

传感器	l_1	l_2
深度/cm	10	10

说明：

1—绳子；2—黑漆；3—白铁皮圆盘；4—圆盘上涂黑漆；5—重物。

图 2.2　塞氏盘结构图

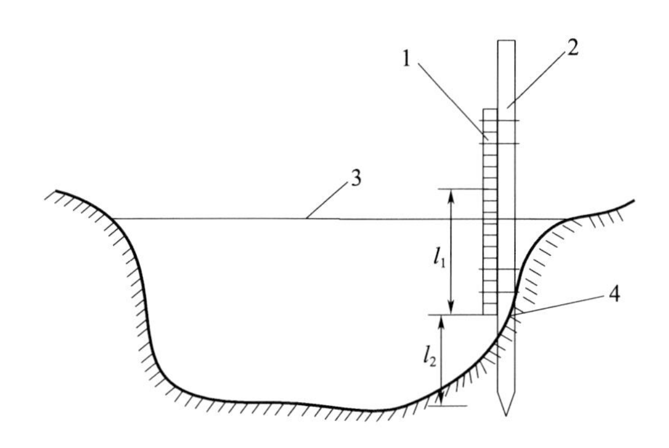

说明：

1—水尺；2—水尺桩；3—水面；4—水位基准点；l_1—水尺读数；l_2—基准高度。

图 2.3　直立式水尺安装示意图

淡水养殖观测仪器维护方法如下。

(1)铂电阻水温传感器维护

按下列方法进行维护：

① 每月清洗一次铂电阻水温传感器，用软羊毛刷清理探头上的附着物；

② 定期按气象计量部门制定的检定规程进行检定。

(2)塞氏盘维护

塞氏盘颜色变黄后，须重新涂漆。

(3)溶解氧测定仪器维护

按下列方法进行维护：

① 根据仪器规定每天清洗传感器；

② 定期按仪器规定规程进行检定和更换传感器。

2.1.11 长江中下游淡水养殖气象观测网建设

为做好淡水养殖气象服务工作，淡水养殖主产区的长江中下游湖北、江苏、安徽、江西等省陆续建立了一些淡水养殖气象观测站，在湖北的武汉、荆州、洪湖、潜江、浠水、枝江、襄州、嘉鱼、仙桃，江苏的高淳、金坛、涟水、洪泽湖，安徽的马鞍山、当涂、五河、望江、寿县和江西的进贤、余干等地建立了涵盖四大家鱼、河蟹、黄鳝、小龙虾等主要养殖品种，以池塘养殖、湖泊养殖、稻渔综合养殖主要养殖方式的水体生态要素自动观测站，监测空气温度、空气相对湿度、风速、风向、大气压力、水温、溶解氧、pH 值、浊度、电导率等，根据不同需要在 10 cm、20 cm、30 cm、40 cm、60 cm、100 cm、150 cm 水层或根据不同需要设置分层水温观测，同时开展养殖对象生长状况的观测和投苗、投饲、病害防治、浮头泛塘灾害等相关生产活动记录。

图 2.4 长江中下游地区(湖北、江苏、安徽、江西)淡水养殖气象观测站分布

2.2 指标确定试验设计

2.2.1 鱼类繁殖孵化期气象指标试验设计

研究温度急剧变化对主要淡水鱼类(鲢鱼、鳙鱼、草鱼、鲤鱼、团头鲂)早期发育的影响。以鲤鱼为例，从受精卵时期开始到仔鱼鳔一室期(开口摄食)为止。统计在

此发育阶段的孵化率、死亡率、畸形率和出苗率等。查阅文献得出鲤鱼的正常孵化温度是20～30 ℃。为得出温度变化对鲤鱼早期发育的影响，在室内设置了包括正常繁殖孵化水温(20 ℃)在内的 6 个温度处理组，即以 4 月下旬室温 20 ℃为对照处理，分别设置两个低温处理组(17 ℃、14 ℃)和三个高温处理组(23 ℃、26 ℃和29 ℃)，降温幅度为 3 ℃和 6 ℃；升温幅度为 3 ℃、6 ℃和 9 ℃。在这样的试验条件下，研究了水温急剧变化对鲤鱼胚胎孵化期、孵化率、鱼苗存活率和繁殖出苗率的影响，试验方案参考了 Tang 等(2017)的研究。

试验采用五套控温循环水养鱼系统，每套系统由 3 个直径为 0.75 m、高为 0.6 m 的圆形缸组成，具有水体过滤、紫外线消毒和充氧功能。孵化受精卵的容器为透明的小型塑料盒(规格 26 cm×20 cm×16 cm)，盒盖上钻孔(直径 5～6 mm)，两孔之间的间距为 10～12 mm，盒盖内侧贴放 40 目的网布，既可使盒内外水流交换以保证溶氧充足，又可防止受精卵和孵出的仔鱼溢出。试验开始前，用 10 ppm[①] 的高锰酸钾溶液对鱼缸和孵化容器进行消毒，试验用水为经过过滤和曝气(至少 24 h)的自来水。

实验开始前，将温度计置于各温度处理组鱼缸中，通过调控外置空调，使得各个水缸达到所需梯度的水温(温度波动<0.5 ℃)。

试验用受精卵来自人工孵化场，授精时间相同；为了排除个体遗传的影响，受精卵来源于同一对亲本。孵化受精卵的容器为透明塑料盒(规格 26 cm×20 cm×16 cm)，盒盖上均匀地钻孔(直径 5～6 mm)，两孔之间的间距为 10～12 mm。本次试验使用了 24 个塑料盒(6 处理×4 重复)，试验开始前，每个盒中放 400 个处于原肠期的受精卵(为了排除假受精卵)，用 40 目的网布封闭盒口，加上盒盖，然后将塑料盒放置于水温 20 ℃的鱼缸中，这样既可以使盒内外水流交换以保证溶氧充足，又可以防止孵出后的仔鱼逃出。试验开始时，6 个控温循环养殖系统水温均为 20 ℃，待装有受精卵的塑料盒放置后，除了 20 ℃处理组外，2 个低温和 3 个高温处理组的水温分别调至相应的目标温度，水温降幅达到 3 ℃所需时间约为 1.5 h。

试验期间水流速度为 6～7 L/h，各缸塑料盒中溶氧维持在 6 mg/L 以上，水温昼夜波动控制在±0.5 ℃范围内；每隔 3－4 h 观察各温度处理组受精卵发育状况，每个处理组中有一个盒子的受精卵专门用于早期发育事件的观察。当仔鱼发育到刚刚开口摄食的鳔管一室期时，即终止试验，并将所有存活下来的仔鱼全部用 4%的福尔马林溶液固定，用于正常和畸形个体数量统计，并测定正常个体的全长。

在各温度处理组陆续出膜时，统计出膜总数(注意仔鱼溶氧和减轻物理损伤)，将统计过的仔鱼放回原盒中，继续观察各温度处理组所处的发育时期。每天不定时观察各温度处理组所处的发育时期直至鳔管一室期止，统计各温度处理组下各实验组的存活仔鱼数，并将其固定在 5%的甲醛溶液中，标明温度、实验组序号、日期等。

---

① ppm 是用溶质质量占全部溶液质量的百万分比来表示的浓度，也称百万分比浓度。

在解剖镜下观察胚前发育和胚后发育固定的鲤鱼样本。确定并记录不同时间不同温度处理组所处的发育时期并加以比较;观察实验结束时固定的鲤鱼样品,确定并记录畸形和非正常形态的仔鱼,统计畸形仔鱼等。

孵化率、存活率、畸形率和出苗率的计算公式如下:

孵化率(%)=孵化的仔鱼总数/受精卵数 ×100 (2.1)

存活率(%)=鳔管一室期(刚开口摄食)的仔鱼总数/刚孵出时的仔鱼数 ×100 (2.2)

畸形率(%)=鳔管一室期(刚开口摄食)的畸形仔鱼数/刚孵出时的仔鱼数 ×100 (2.3)

出苗率(%)=鳔管一室期(刚开口摄食)的存活仔鱼数/受精卵数×100 (2.4)

用 ANOVA(方差分析)方法分别检验不同温度处理组之间孵化率、存活率、畸形率和出苗率之间的显著性差异($P<0.05$)。

2.2.2 鱼类代谢率和窒息点的测定方法

耗氧率指单位时间(h)、单位体重(g 或 kg)所消耗的氧量(mg 或 mL);代谢率指动物单位时间的能耗量。由于动物进行有氧代谢时释放出的热量与消耗的氧成正比,所以耗氧率可直接作为衡量代谢率高低的一个指标。呼吸代谢试验在连续流水呼吸仪中进行,流水呼吸仪结构如邹中菊等(2000)所述。流水呼吸仪由多个单独呼吸室构成,其中每个呼吸室体积为 20 L,设有带阀门的进出水口以及排粪口,可以单独控制流速,单独测定溶氧和流速,溶氧用荧光电极溶氧仪 (YSI 550A USA) 测定。循环水经过滤充气后回到水箱,通过水泵将水送到每个呼吸室。通过控制试验鱼总体重和水流速度保证出口溶氧不低于 5 mg/L。

日常代谢率:试验鱼在循环水养鱼系统中饱食投喂 1 周后,饥饿 1 d,称量体重全长,挑选大小匹配的鱼,转移到呼吸室中,每个呼吸室 5 尾鱼,对照鱼均重 31.86±1.58 g,各做 3 个平行组。水温维持在 28.6±0.2 ℃。试验鱼在呼吸室中驯化 1 d 后,每天 9:00 和 16:00 饱食投喂浮性饲料 (蛋白质 36.7%,脂肪 5.6%,灰分 5.1%,能量 21 J/mg)1 次,1 h 后清除残饵,干燥后称重,连续 4 d 饱食投喂,投喂期间不封闭呼吸室,同时充气。投喂最后 1 天下午清除残饵 2 h 后,封闭呼吸室,开始测定水流速度和进出口的溶氧,以后每 2 h 测定一次,每次各测 3 个重复,连续测定 6 d,取出鱼后测定呼吸室内生物耗氧量 (BOD)。

标准代谢率:挑选体重规格在 31~132 g 的鱼置于循环水系统的围隔暂养 1 周,暂养期间,每天饱食投喂两次,然后饥饿 1 d,称重后转移到流水呼吸仪中,呼吸室中试验鱼的数目根据呼吸室大小和鱼的体重确定 (每室试验鱼总湿重不超过150 g),水温维持在 28.6±0.2 ℃,饥饿第 4 天开始测定耗氧率,每隔 2 h 测定 1 次,每次各测 3 个重复,连续测定 24 h。第 5 天,取出试验鱼后测定呼吸室内生物耗氧量 (BOD)。

窒息点:分别测定在摄食后和饥饿条件下鲤鱼的窒息点。选择全长匹配的鲤鱼,设计 4 组试验,每组 12 尾,试验鱼均重 49.62±4.13 g,转入 60 L 的有机玻璃箱子中,充气,每天饱食投喂两次,每次投喂 1 h 后清除残饵,投喂 4 h 后清除粪便并更换一遍水。在饱食投喂 4 d 后,在最后 1 次投喂结束后清除残饵,立即用液状石蜡封住液面,观察试验鱼的生存状况,用溶氧仪记录水中溶氧的变化情况和水温。死亡判别标准为鱼的身体失去平衡且鳃盖停止运动。在第一尾鱼死亡时以及 50% 和 100%死亡时,测定水中的溶氧,测定 3 次求取平均值作为水中的溶氧浓度,死亡率为 50%时水中的溶氧浓度为鲤鱼窒息点。

耗氧量和耗氧率计算方法如下:

$$耗氧量=\frac{[进出口溶氧差-BOD]\times 流速}{鱼尾数} \tag{2.5}$$

$$耗氧率=\frac{[进出口溶氧差-BOD]\times 流速}{鱼体重} \tag{2.6}$$

耗氧量(VO)和体重(W)之间通常呈指数函数相关,即 $VO=aW^b$,式中 a、b 为常数,其中 b 又称为体重指数,b 值大小反映耗氧率对体重变化的敏感程度。

采用的统计工具为 STATISTICA 8.0,绘图工具为 SigmaPlot 8.0,一元方差分析(ANOVA)用于均值的比较,一元协方差分析(ANCOVA)用于标准代谢的分析,$P<0.05$ 作为统计学意义上的显著性差异。

为了研究饥饿条件下鲤鱼窒息点,设计 4 组试验,每组 12 尾,试验鱼均重 42.55±4.12 g,转入 60 L 的有机玻璃箱子中,充气、饥饿驯化 4 d,水温控制在 24.4 ℃,用液状石蜡封闭液面,观察鱼窒息死亡情况,测定方法同上。

2.2.3 鱼塘水体溶氧收支试验设计

鱼塘水体溶氧收支试验设计参考了刘可群等(2015)的试验方案,在室内人工气候箱与室外分别开展鱼类养殖试验。

(1)实验处理

实验 1:在室外自然环境条件下进行。实验水箱为圆台形微透明的塑料桶,顶部直径 110 cm,底部直径 100 cm,高 95 cm,下部有一可控制的排水阀,以便换水改善水质。由 A、B 两个养殖池组成,A、B 分别注入 0.8 m 深自来水和鱼塘水,并投放体重 320~525 g 草鱼若干尾。投苗前用 0.2‰盐水对鱼苗进行消毒,并进行为期 3 d 的短期环境适应性驯化,驯化期间不投食料,在 17:00 至次日 9:00 不间断人工增氧,遇阴雨天白天也进行人工增氧;每天早晚 2 次用虹吸管清除残饵及粪便,桶上面用渔网覆盖以防草鱼跳出。驯化结束后每天 10:00 左右按照池中所有鱼苗体重 3%投喂饲料,实验期间如果有死鱼,立即从鱼池中取出并称重,实验结束后对池中所有鱼称重。实验所用鱼塘水 pH 为 7.5，自来水 pH 为 6.8。

实验 2：在室内人工气候箱内进行。人工气候箱为武汉瑞华仪器设备有限责任公司生产的 HP 1500GS-D 型植物培养箱，控温范围为 0～45 ℃，最强光照度可达 20000 lx；实验水箱为微透明的塑料水箱，长 55 cm，宽 41 cm，高 36 cm。由 A、B、C 三个养殖池组成，A、B 均注入 27 cm 深的鱼塘水，其中 A 内投放体重 475～525 g 的草鱼 2 尾，B 不投放鱼苗；C 注入 27 cm 深的自来水，不投放鱼苗。投苗前用盐水对鱼苗进行消毒，并进行为期 3 d 的短期环境适应性驯化，驯化期间不投饲料，且不间断的增氧；桶上面用渔网覆盖以防草鱼跳出；为了能准确测量呼吸耗氧，实验采用有光照与无光照处理相结合，即开灯 4 h，以最强光照射，再关灯 4 h，并以此循环；实验期间不投饲料，其他同实验 1。

(2)测量与方法

实验所用仪器为美国哈希公司生产的型号为 HQ 30 d 的便携式手持测氧仪，观测养殖池内的溶解氧含量与水温；在实验 1 中观测的是水深 50 cm 处的溶解氧含量与水温；在实验 2 中观测的是水深 27 cm 处，即养殖池底的溶解氧含量与水温。实验观测前对便携式手持测氧仪进行校准。仪器设定为每 15 min 记录数据一次，实验期间利用摄像头记录鱼苗活动状态，包括缺氧浮头、死鱼等。浊度、pH、叶绿素 a 等生态要素值采用 Hydrolab DS5 多参数水质监测仪一次性测量。

计算方法根据养殖水域中溶解氧动态平衡原理，采用式(2.7)表示：

$$\mathrm{DO}=P+A+M-F-W-\delta \tag{2.7}$$

式中，DO 为水体的溶解氧含量，单位 mg/L；P 为光合作用对鱼塘溶解氧的贡献；A 为人工增氧量，完全人为控制；M 为水-气界面氧交换量；F 为鱼的呼吸耗氧；W 为水呼吸耗氧量；δ 为鱼塘底质耗氧，在实验中将这部分近似为 0 处理。

水-气界面氧溶解速率：水体温度低时氧饱和浓度高，反之饱和浓度低；利用这一规律在室内人工气候箱内实验，将注入自来水的水箱放入人工气候箱中，人工气候箱温度控制以 35 ℃、20 ℃、15 ℃处理；恒温 15 ℃处理 24 h，最后关闭电源，让其自然升温，同时记录池中溶解氧、水温的变化情况。单位时间水-气界面氧溶解速率计算方法见式(2.8)：

$$\frac{\mathrm{d}M}{\mathrm{d}T}=(\mathrm{DO}_1-\mathrm{DO}_2)/\Delta t \tag{2.8}$$

式中，DO_1、DO_2 分别为未饱和状态下 t_1、t_2 时刻水体溶解氧浓度 (mg/L)，Δt 为 t_1、t_2 时刻的时间差。

水呼吸耗氧：在室内人工气候箱内实验，根据式(2.7)原理，在无人工增氧、无鱼呼吸、无底质耗氧的状态下，在一定时间内无光合作用和恒温条件下，进行有光照与无光照处理，即 4 h 开灯，然后关灯 4 h，关灯后气候箱内处于黑暗状态，完全无光照；再 4 h 开灯，再 4 h 关灯，以此循环处理；记录池中溶解氧、水温的变化情况。在黑暗无光照条件下测量溶解氧的下降量与水-气界面的氧溶解量之和，数学表达式见式(2.9)：

$$W=(DO_1-DO_2)+M \tag{2.9}$$

式中，W 为水呼吸耗氧量；DO_1、DO_2 分别为完全无光照条件下初始与末期溶解氧浓度（mg/L）；M 为水-气界面氧溶解量。

鱼的呼吸耗氧：鱼苗选用草鱼，分室内人工气候箱和室外自然环境两种条件下进行试验，室外从当地天文日落时间 10 min 后开始，水箱上罩上一层黑色网罩，一方面防止鱼跃跳出，另一方面进一步降低傍晚弱光照。实验至少持续 3 h，实验期间不对养殖水箱内人工增氧，记录水箱中溶解氧变化；实验结束后对养殖水箱内人工增氧。

单位鱼体重耗氧率计算方法见式(2.10)：

$$\frac{dF}{dt}=[(DO_0-DO_1)-W+M]\times V/(W_f\times t) \tag{2.10}$$

式中，DO_0、DO_2 分别为初始溶解氧浓度和 t 小时后溶氧浓度(mg/L)；W 为水呼吸耗氧量；M 为水-气界面氧溶解度；V 为养殖水箱内水体体积(L)；W_f 为草鱼体重(g)；t 为实验时间(h)。

2.2.4　浮头泛塘试验设计

在 5—10 月降温阴雨寡照天气来临(低压)前 2 d 不对鱼塘增氧，连续观测水体溶解氧含量变化，以及鱼类活动状况，当出现鱼浮头后启动增氧机，记载增氧机运行时间、鱼浮头出现时间及程度；并对池塘水体水温、水体溶解氧、水体浊度、叶绿素 a 等生态环境要素进行加密监测，直到天气过程结束 2 d 后为止，试验方案参考汤阳等(2013)相关研究。同期 5—10 月在发生降温阴雨寡照天气过程结束后，组织人员深入荆州区川店镇、纪南镇等水产养殖基地开展浮头泛塘灾害情况调查。

春季 3—5 月进行两组试验，分别记为 EXP1、EXP2，所用养殖缸为圆柱形(直径 110 cm 高 95 cm 共 2 个)，分别注入自来水和池塘水约 1.2 L，将其作为包含叶绿素和不含叶绿素的水体来进行对比试验，水体在户外静置 4 h 使养殖缸内溶解氧达到平衡。试验用草鱼购于当地渔民，用盐水对草鱼进行消毒处理后按相同尾数分别放入 2 个养殖缸内(自来水养殖缸记为缸 A，池塘水养殖缸记为缸 B)，对其进行短期驯化。驯化期间开增氧机，每天 12:00 投喂饲料(按照体重 3%投喂)，1 h 后用虹吸管清除残饵及粪便，养殖缸上用渔网覆盖以防草鱼跳缸。第二组草鱼进行上述相同处理，两组试验草鱼的规格及尾数参见表 2.3。

试验所用观测溶氧量仪器为美国哈希公司生产的便携式手持测氧仪，型号为 HQ 30 d，每次进行试验观测前对便携式手持测氧仪进行校准。驯化结束后即开始试验，停止投喂饲料，将便携式测氧仪探头放置 50 cm 深水中，对溶氧量和水温变化进行 24 h 连续观测，每半小时记录数据 1 次，同时记录草鱼发生浮头、泛塘的状态和发生时间等。浮头以试验鱼上游至水表面，头朝上、嘴贴着水面快速呼吸时为准；窒息以试验鱼翻肚、下沉缸底，直至呼吸刚停止为准。第二组试验过程中使用了增氧机以及水循环处理，同时在进行特殊处理或有天气过程时进行加密观测，每 15 min 记录 1 次数据。

表 2.3　水产试验购置草鱼规格及尾数

试验	体长/cm	重/(kg/尾)	尾数/尾
EXP1	25	1.36	12
EXP2	18	0.32	32

2.2.5　河蟹苗低温灾害指标试验设计

在早春开展河蟹放苗低温试验，在放流幼蟹时，从中取出了部分幼蟹，作为幼蟹低温试验材料。试验分 3 个阶段，第一阶段为 2 月 17—21 日，第二阶段为 2 月 22—26 日，第三阶段为 2 月 27 日至 3 月 2 日，每个阶段 5 d。

第一阶段，采用了 3 个培养箱，各箱分别放 30 cm 左右深的自来水，用小型增氧机增氧。2 个培养箱放置于人工气候箱中，分别设定为 3 ℃、5 ℃，另外一箱置于实验室内，室温在 9～15 ℃之间波动。每箱随机选取 100 只幼蟹，在幼蟹体表水滤干后，分别称总重和最大、最小个体重量，将幼蟹分别投入培养箱的水中暂养。将杂鱼剁碎，烘干、称重，投入培养箱中充当饵料。每天 08—20 时观察幼蟹活动情况，每日上午 08—09 时，换水、称幼蟹重量(体表水滤干)、称剩余干饵料重量(烘干机烘干后称)。

2.2.6　黄鳝鱼种运输投放气象指标试验设计

黄鳝运输气象指标实验设计：在繁殖基地网箱中取黄鳝鱼种，称重后，以带水运输法装运鳝鱼，以 100 g/L 的密度装箱，即每箱 500 g 鳝鱼(约 80 尾)。选择黄鳝鱼种规格：体重 6.03±1.18 g/尾，体长 20.35±1.50 cm；采用带水运输法：20 L 塑料箱中装水 5 L，水表面铺一层水花生(165.2±25.9 g/箱)，箱敞口。运输时间 6 h，设置的温度梯度为 9 ℃、12 ℃、15 ℃、18 ℃、21 ℃、24 ℃。测定的水质参数包括：水温、pH 值、溶氧、氨氮、亚硝酸盐。

黄鳝放苗气象指标实验设计：将鳝鱼运至实验室后，用时约 20～30 min，将鱼放入设置好温度的生化培养箱中。运输时间 6 h，每 2 h 记录鳝鱼死亡情况，测定水质指标。在每温度组中随机抽样 100 g 鳝鱼，平均分装在 5 个 20 L 塑料箱中，塑料箱中装水 5 L，水表面铺一层水花生，箱敞口。每箱养殖密度 4 g/L(每箱 5 尾鳝鱼)，在相应温度的生化培养箱中养殖 3 d，养殖期间每 4 h 充氧一次，每次 10 min，保证水体氧气充足。每 12 h 记录鳝鱼死亡情况，测定水质指标。

2.2.7　鲫鱼和草鱼主要病害温度指标试验设计

开展了鲫鱼和草鱼病害气象指标试验，以嗜水气单胞菌对鲫鱼感染力试验为例(温周瑞 等，2013)。

试验用鲫鱼(体长 12.2±1.44 cm，体重 47.6±15.5 g)、草鱼体重为(60±5 g)，用食盐水浸浴后暂养于室内水族箱(70 cm×50 cm ×45 cm)。用加热棒将水温加热至设定的温度，气泵充气保证溶氧充足，每天投喂膨化颗粒饲料。试验用嗜水气单胞菌 XS9 1-4-1 与柱状黄杆菌(*Flavobacterium columnare G*4)由中国科学院水生物研究所赠送。嗜水气单胞菌用 TSA 培养基，28 ℃培养不超过 18 h(柱状黄杆菌致病菌株接种于 Shieh 琼脂培养基平板上，25 ℃培养 2 d。)，用 PBS 将细菌从平板上洗脱，以比浊管比浊的方法估算细菌的含量。

实验设 5 个温度组，分别为 15 ℃、20 ℃、25 ℃、30 ℃、35 ℃，每组 3 个重复，每个重复 10 尾鱼，35 ℃下设一个对照组，进行嗜水气单胞菌对鲫鱼和柱状黄杆菌对草鱼的感染实验。

用无菌生理盐水将平板上嗜水气单胞菌菌苔洗下，用无菌生理盐水稀释调节浓度，分光光度计测其 OD(光密度)值，通过调节稀释倍数，使菌液浓度达到约 2×107 cfu[①]/mL。所有试验组都使用同一批次制备的菌液，以保证各组注射的菌量相同。正式试验前进行预备试验，分浓度梯度进行攻毒，以确定攻毒剂量。攻毒试验时，用灭菌注射器抽取菌悬液，腹腔注射(腹鳍基部)攻毒。注射剂量为每尾鱼注射 0.3 mL。对照组每尾鱼注射 0.3 mL 无菌生理盐水，对照组注射试验鱼 15 尾。从攻毒当天开始，逐日观察试验鱼的活动状态、发病症状，记录死亡数量和死亡时间，连续观察 14 d。及时取出水族箱中的病死鱼。为了进一步证实试验鱼是攻毒导致细菌感染致死，无菌操作取患病鱼腹水、肝脏、血液等进行平板划线培养，分离菌株，按标准方法进行鉴定。

柱状黄杆菌对草鱼感染力试验方法相同(陈霞 等，2017)。

2.2.8　高温和低温对小龙虾生长影响试验设计

为模拟不同气象条件下小龙虾生长状况，试验设置三种不同遮盖处理；每个处理设有 6 个重复；增温处理的 1～6 号池为单层薄膜遮盖(以下简称增温处理)，模拟比自然环境下水温略高的环境；遮阳处理的 7～12 号池为遮阳网遮盖处理(以下简称

① cfu(colony-forming units)为菌落形成单位，指单位体积中的细菌、霉菌、酵母等微生物的群落总数。

遮阳处理);对照处理的13～18号池为无任何遮盖处理的自然条件(以下简称对照处理)。试验共选用18个完全相同的水泥池,所用的小龙虾养殖在长3 m、宽2 m、高1 m的水泥池中,池子设有进水口和出水口,并种植一定的伊乐藻。在养殖池中央放置规格为1.5 m×1.0 m×0.8 m的网箱,将小龙虾苗投放在网箱内,以便观察、称重等。试验所用的棚采用镀锌钢管搭建,其内径为30 mm,厚1.5 mm,长6 m。每6个水泥池搭建一个拱棚,用镀锌钢管固定在水泥池上,先搭建6 m×6 m×6 m的正方体钢架,顶上再用6根镀锌管搭建拱棚。1～6号池上方用单层塑料薄膜遮盖,东西南北四个方向不加盖塑料薄膜以保持一定的通风。7～12号池上方用黑色遮阳网遮盖,同样是只遮盖棚的上方(肖玮钰 等,2020)。养殖实验完毕后,观测各处理的虾苗成活率、生长量。

第3章

淡水养殖水体环境要素与气象

3.1 淡水养殖水体水温与气象

3.1.1 淡水养殖水体水温变化规律和气象条件的关系

在鱼类生存条件中，水温对水产养殖对象的影响最大，直接影响鱼类的生长发育，还与其繁殖孵化、投苗、鱼类病害的发生等方面息息相关。

3.1.1.1 不同水深的水温月、季变化规律及与气温的关系

3—7月气温及各层水温总体呈上升趋势，4月上升最显著。9—11月总体气温值低于水温值。持续阴天状况下各层水温呈降-升模式，其余天气状况下，水温随深度的增加而降低。12月及次年1月、2月这3个月，气温值总体低于水温值，水温随深度的变化呈降-升-降模式或降-升模式（图3.1）。

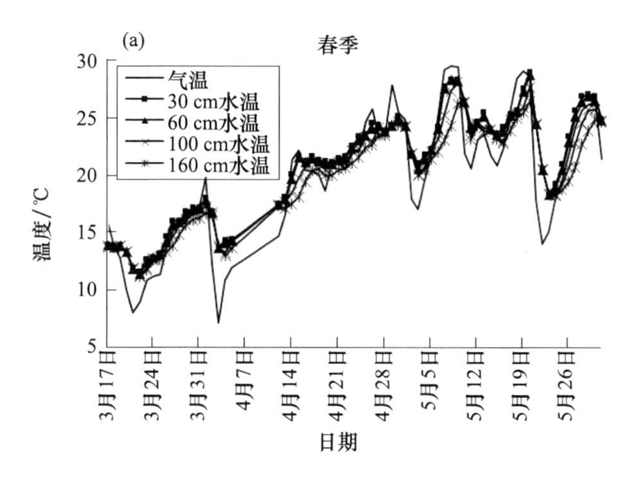

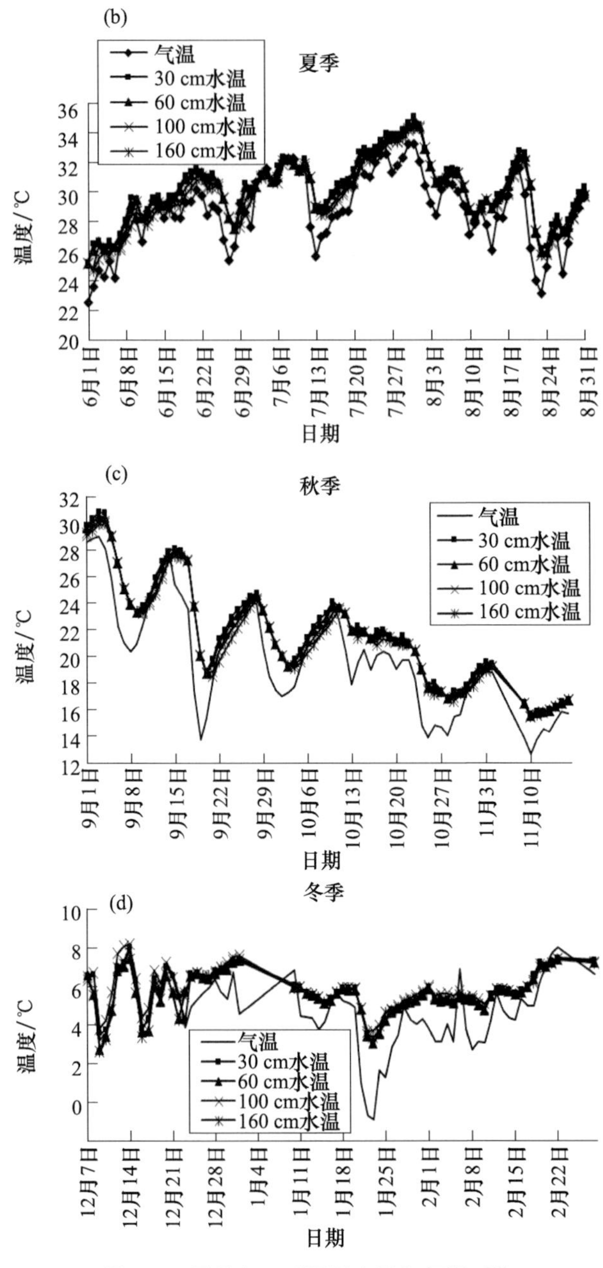

图 3.1 四季(a—d)逐层水温和气温对比

四季气温的平均值总体低于各层水温值，且春、夏、秋三季水温呈随深度增加而呈降低趋势(杨文刚 等，2013)，降低的速率从大到小依次为春季、夏季、秋季，冬季，水温随深度增加呈降-升-降模式。春季、夏季气温和各层水温均呈上升趋势，且春季上升速率明显大于夏季;秋季、冬季气温和各层水温均呈下降趋势,且下降速率秋季明显大于冬季。春季水温上升速率、秋季水温下降速率均呈随深度增加而减小,夏季各层水温上升速率较为接近,冬季水温下降的速率随深度呈先快后慢的模式(图 3.2)。

一般气温白天比水温高、晚上比水温低,日变幅比水温大,表层的水温更易因气温波动而变化,最低值和最高值分别出现在 07 时和 16 时左右,比气温滞后 1~3 h,水温变幅随深度增大而减小。

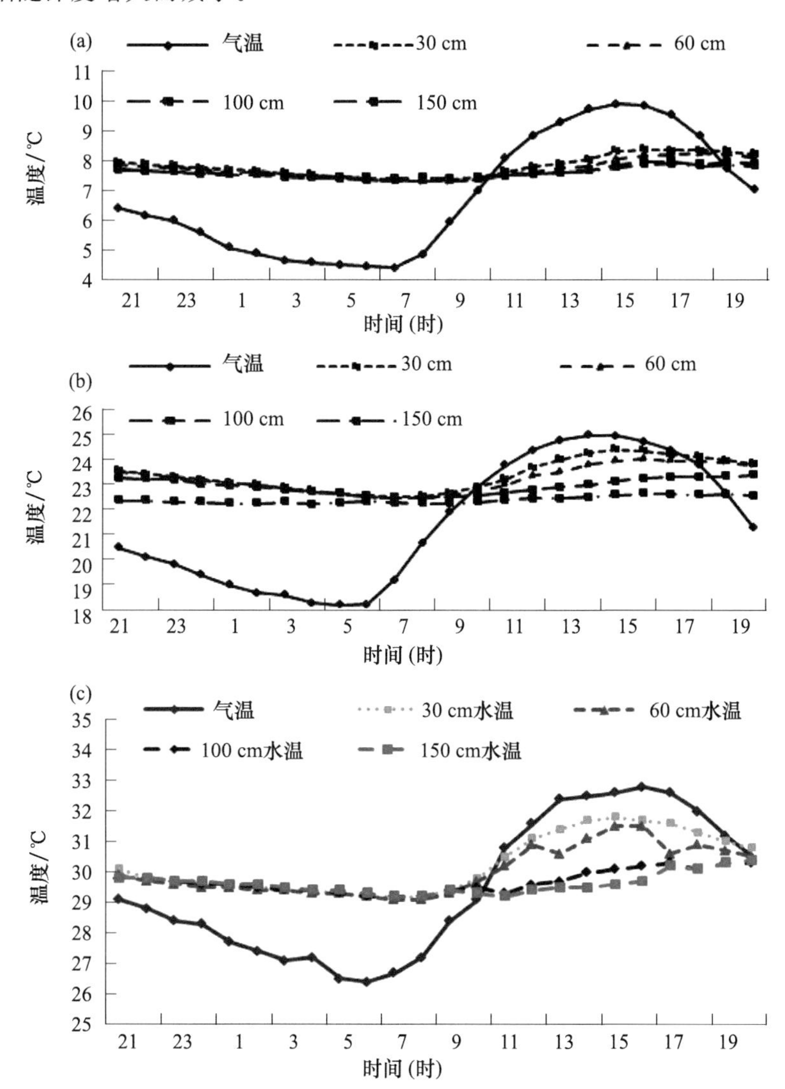

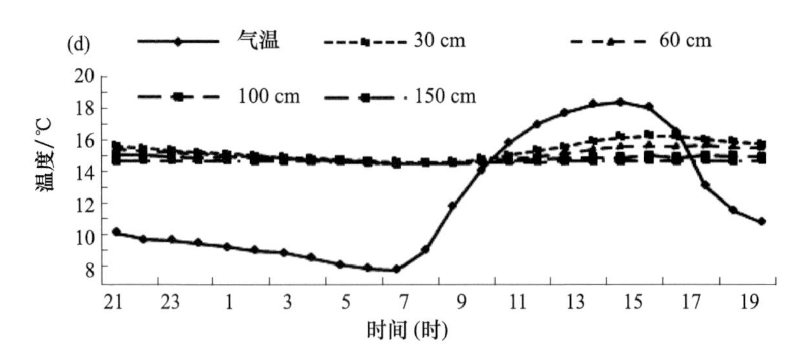

图 3.2　2 月(a)、5 月(b)、8 月(c)、11 月(d)气温与不同层次水温对比

以江西彭泽县 2011 年和 2012 年河蟹养殖塘水温为样本，以最接近河蟹生活的湖底 150 cm 层水温为例，分析了各级水温出现时间比例。从图 3.3 可见，2011 年 4—9 月，150 cm 层以 20～25 ℃水温出现时间最长，其次为 25～30 ℃和 30～35 ℃，总体来说 20～35 ℃水温出现时间占 76.31%。而 2012 年 4～9 月，150 cm 层以25～30 ℃水温出现时间最长，其次为 20～25 ℃和 30～35 ℃；20～35 ℃水温出现时间共计占 91.80%。2012 年 150 cm 层水温总体高于 2011 年，大于 30 ℃以上水温出现时间明显多于 2011 年，特别是 2012 年 7 月 150 cm 层出现了 2 h 大于 35 ℃的水温，

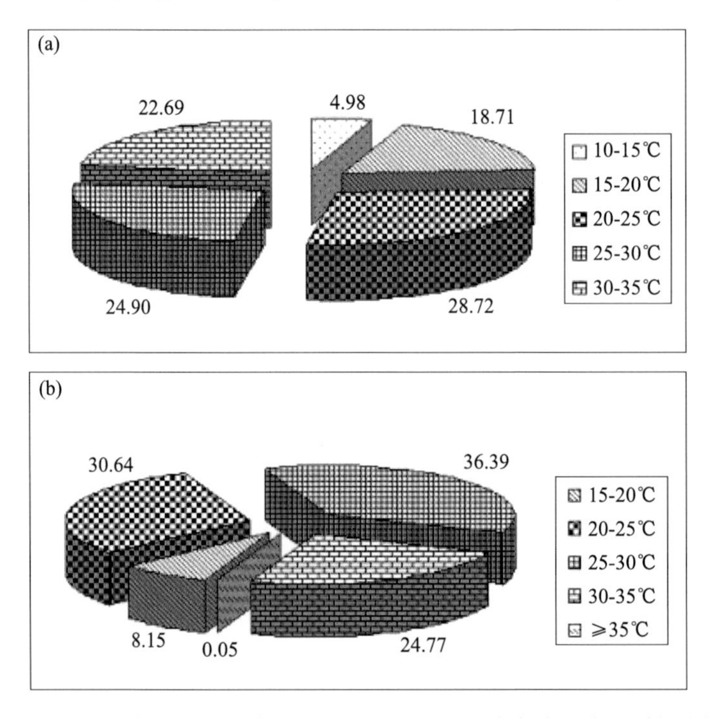

图 3.3　2011 年(a)、2012 年(b)4—9 月 150 cm 层各级水温出现时间比例

35 ℃以上的水温对河蟹影响较大。而河蟹最佳生长水温为22～28 ℃，大于30 ℃的水温不利于河蟹的生长。根据统计，2012年4—9月150 cm层水温22～28 ℃的出现时间为2091 h，占4—9月生长时间约51.17%，而2011年仅为1175 h，占28.0%，2012年的水温条件明显优于2011年（辜晓青 等，2015）。

3.1.1.2　不同季节水体温度垂直变化特征

从四个季节各时次（02时、08时、14时、20时）水温情况来看，各层水温在冬季和夏季14时为4个时次中之最高，而春季和秋季则为20时最高，但最低水温均出现在02时。从各时次的水温垂直分布来看，各季节的水温垂直变化特征有明显区别。

春季各时次表层10 cm温度均为最高，但次表层30 cm水温则有所不同，08时、14时30 cm水温比10 cm水温略低，50 cm水温除14时较低外，其他时次均为各层次中之最高值，再往深处，水温越低。从各时次的水温垂直分布来看，02时50 cm水温最高，比100 cm水温高0.3 ℃，在08时、14时均为10 cm水温最高，其中08时10 cm水温比100 cm高0.2 ℃，14时则高出2.9 ℃，20时10～50 cm水温无明显差异，比100 cm水温高1.9 ℃（图3.4）。

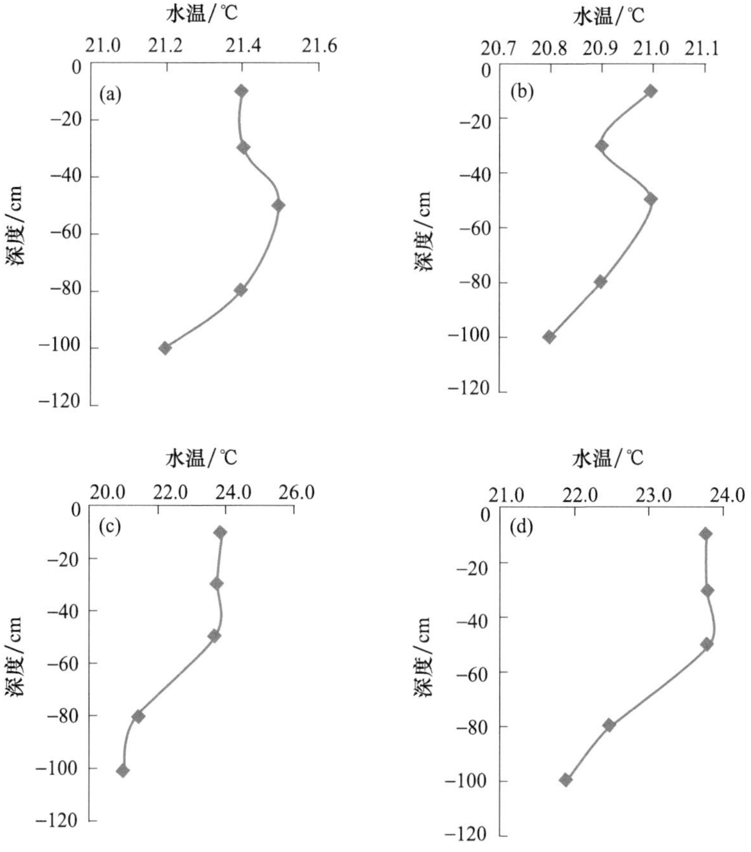

图3.4　春季02时(a)、08时(b)、14时(c)、20时(d)各层水温垂直变化

夏季02时表层10 cm水温与50～80 cm水温无差异，均为最高，比100 cm水温高0.2 ℃，08时10～80 cm水温无差异，比100 cm水温高0.2 ℃，14时各层水温差异较明显，表层10 cm水温最高，比100 cm水温高2.9 ℃，20时10～50 cm水温无明显差异，比100 cm水温高0.4 ℃(图3.5)。

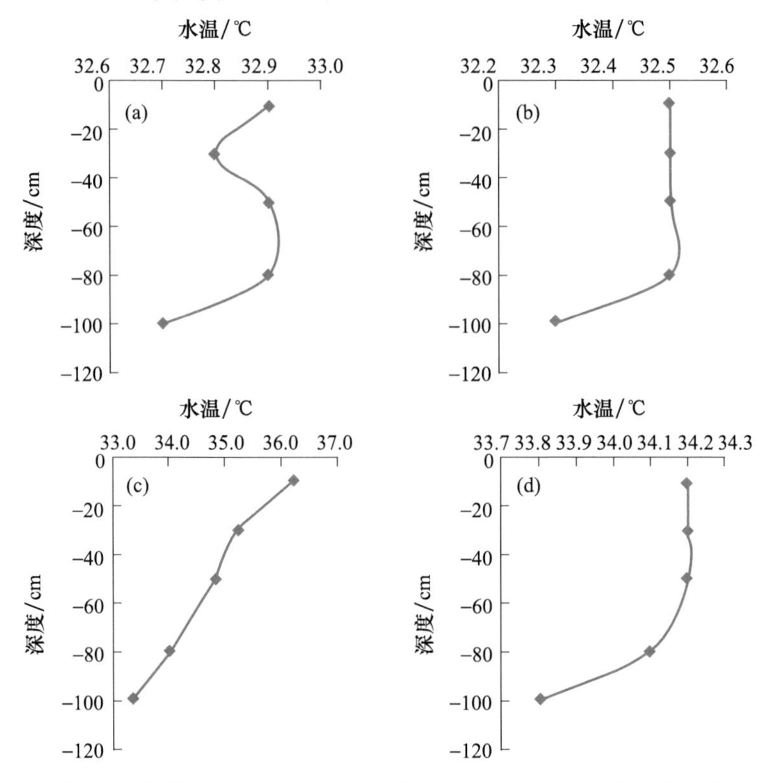

图3.5 夏季02时(a)、08时(b)、14时(c)、20时各层水温垂直变化

秋季表层10 cm的02时水温比30～50 cm水温低，30～50 cm水温最高，而其他各时次10 cm水温均为最高，越往深处水温越低。从各时次的水温垂直分布来看，02时30～80 cm水温较高，比100 cm水温高0.2 ℃；08时10 cm水温最高，比100 cm水温高0.3 ℃；14时10 cm水温最高，比100 cm水温高0.9 ℃；20时10～80 cm水温无明显差异，比100 cm水温高0.2 ℃(图3.6)。

冬季02时10～80 cm水温无明显差异，比100 cm水温高0.1 ℃；08时80 cm水温比其他深度水温略高0.1 ℃；14时表层10 cm水温最高，比100 cm水温高0.5 ℃；20时100 cm水温最高，10～50 cm水温无明显差异，100 cm水温比其他层次水温高0.2 ℃(图3.7)。

综上所述，四个季节各时次的水温垂直分布有所不同，春夏季02时30 cm水温比10 cm水温略低，而秋季则表层10 cm水温比30 cm水温低，冬季02时10～80 cm

水温无明显差异；春秋季 08 时水温垂直分布规律基本一致，均为 S 型，表层 10 cm 水温最高，100 cm 水温最低；夏季和冬季 10～50 cm 水温无明显差异，但夏季 80 cm 水温比浅层 10～50 cm 水温低，尤其午后水温逆分层现象明显，上下层水温差大，而冬季 80 cm 水温比浅层 10～50 cm 水温高；各季节 14 时的水温垂直分布基本类似，均为表层最高，深层最低；冬季 20 时的水温垂直分布与其他季节有明显差异，春、夏、秋季 10～50 cm 水温无明显差别，且深层 100 cm 水温最低，而冬季则为表层 10～50 cm 水温低，而80 cm和 100 cm 水温较高。

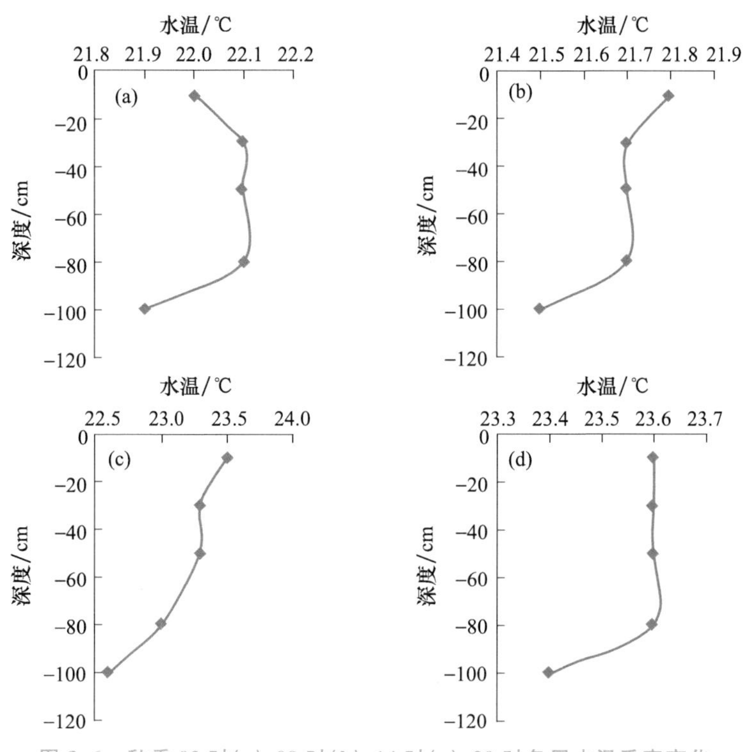

图 3.6　秋季 02 时(a)、08 时(b)、14 时(c)、20 时各层水温垂直变化

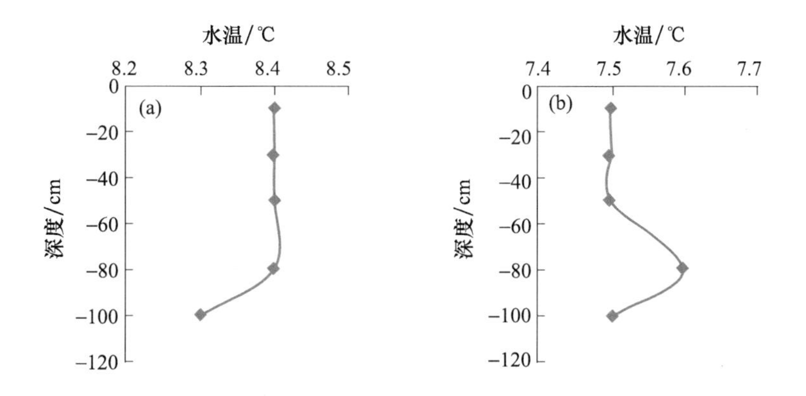

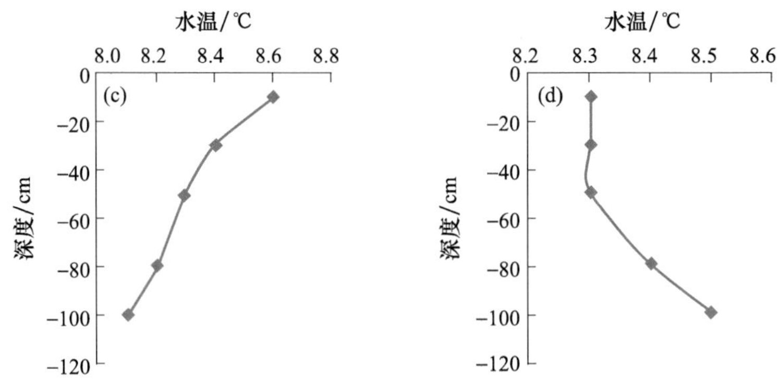

图 3.7　冬季 02 时(a)、08 时(b)、14 时(c)、20 时(d)各层水温垂直变化

3.1.1.3　不同天气条件下不同水深水温日变化特征

不同层次的水温日变化趋势与气温有着很好的一致性，水温随深度增大而减小。从变化幅度上看 30 cm 以内水层水温受到气温影响较大，浅表的水温更容易因气温波动而变化，而深层水温受气温的影响则相对小些。

在不同的天气(晴天、多云、阴天)条件下，水温变化幅度不同，各层水温的变幅从大到小的顺序为晴天、多云、阴天。水温随深度增加而降低的趋势在晴天状况下较多云天显著，阴天状况下不明显。阴天状况下，气温值均小于水温值；天气转晴时各层水温之间的差值变大，上层水温变化速率较下层快，天气转阴时，各层水体之间温度差别较小(杨文刚 等，2013)。

3.1.2　淡水养殖水体水温预报模型的建立

3.1.2.1　适用于 5～15 亩[①]池塘的水温预报模型

该模型是通过分析池塘各水层最高水温、最低水温、日平均水温与预测当日和前一日的最高气温、最低气温、日平均气温之间的关系，通过多元逐步回归分析法建立(杨文刚 等，2013)，其表达式如下：

(1)30 cm 水温预测模型

最高水温 $T_{x30}=-0.5973+0.3561\times T_{x+}0.6574\times T_{x30\_1}\quad (R^2=0.9523)$ (3.1)

最低水温 $T_{n30}=2.47+0.2467\times T_n+0.6982\times T_{30\_1}\quad (R^2=0.9721)$ (3.2)

平均水温 $T_{30}=1.67+0.3846\times T+0.6018\times T_{30\_1}\quad (R^2=0.9728)$ (3.3)

(2)60 cm 水温预测模型

最高水温 $T_{x60}=-0.6469+0.3276\times T_x+0.6856\times T_{x60\_1}\quad (R^2=0.9377)$

(3.4)

① 1 亩=1/15 hm^2。

最低水温 $T_{n60}=2.4202+0.2449\times T_n+0.7013\times T_{n60\_1}$ ($R^2=0.9727$) (3.5)

平均水温 $T_{60}=1.555+0.3604\times T+0.6082\times T_{60\_1}$ ($R^2=0.9749$) (3.6)

(3)100 cm 水温预测模型

最高水温 $T_{x100}=-0.5467+0.2603\times T_x+0.7447\times T_{x100\_1}$ ($R^2=0.9193$) (3.7)

最低水温 $T_{n100}=2.1461+0.2202\times T_n+0.732\times T_{n100\_1}$ ($R^2=0.9744$) (3.8)

平均水温 $T_{100}=1.3762+0.3422\times T+0.6274\times T_{100\_1}$ ($R^2=0.9754$) (3.9)

(4)150 cm 水温预测模型

平均水温 $T_{150}=0.9611+0.2986\times T+0.6805\times T_{150\_1}$ ($R^2=0.9772$) (3.10)

150 cm 水温变幅不大，最大最小水温与平均水温较为接近，故只分析了平均水温预报模型。

上述各式中，T_x：预报日最高气温；T_n：预报日最低气温；T：预报日平均气温；T_{x30_1}：30 cm 水层的前 1 日最高水温；T_{30_1}：30 cm 水层的前 1 日平均水温；T_{n30_1}：30 cm 水层的前 1 日最低水温；60 cm、100 cm、150 cm 以此类推。R^2 为复相关系数。

为了检验以上模型的可靠性与普适性，分别采用武汉和荆州的观测数据对模型进行验证。

采用 2011 年 5 至 6 月武汉农业气象试验站试验数据，对上述回归模型进行独立样本检验(表 3.1)。结果表明：检验样本实测值与预测值之间的平均相对误差为 2.0%至 5.8%，相关系数为 0.74 至 0.97，均达到显著水平；拟合斜率为 0.670 至 0.998，与理论值(1.0)偏差不大，表明预测值与实测值之间符合度较高，上述回归模型对不同条件下的水温均具有较好的预测性。

表 3.1 水体温度预报模型检验

测量深度	预测内容	实测值与预测值相关系数	拟合斜率	平均相对误差
30 cm	最高水温	0.8478	0.8567	5.30%
	最低水温	0.7439	0.6699	5.77%
	平均水温	0.9059	0.9206	3.60%
60 cm	最高水温	0.9340	0.9984	2.92%
	最低水温	0.9153	0.8963	3.62%
	平均水温	0.9669	0.9579	2.16%
100 cm	最高水温	0.9106	0.8400	3.64%
	最低水温	0.9427	0.9175	2.94%
	平均水温	0.9781	0.9431	1.95%
150 cm	平均水温	0.9758	0.9054	1.98%

采用湖北省荆州市 2010 年 9 月的试验数据，对上述回归模型进行独立样本检验(表 3.2)。结果表明：检验样本实测值与预测值之间的平均相对误差为 1.3%至

4.2%，相关系数为0.95至0.99，均达到显著水平；拟合斜率为0.882至1.084，与理论值(1.0)偏差不大，表明预测值与实测值之间符合度较高，上述回归模型对不同条件下的水温均具有很好的预测性。

表3.2 水体温度预测结果检验情况

测量深度	预测内容	实测值与预测值相关系数	拟合斜率	平均相对误差
30 cm	最高水温	0.9745	1.0832	2.61%
	最低水温	0.9635	0.8991	2.94%
	平均水温	0.99	1.0406	4.14%
60 cm	最高水温	0.9633	1.0552	2.44%
	最低水温	0.9595	0.8841	2.19%
	平均水温	0.9901	0.9863	1.33%
100 cm	最高水温	0.962	1.0265	2.65%
	最低水温	0.9501	0.8818	1.99%
	平均水温	0.9894	0.9981	1.59%
150 cm	平均水温	0.9849	1.0046	1.38%

3.1.2.2 适用于20亩大池塘的水温预报模型

利用湖北省洪湖市黄牛湖渔场20亩水域面积养殖鱼塘的水温观测资料，以当日和前1～3 d的日平均气温、最高气温和最低气温作为预报因子，建立了水域面积20亩的鱼塘的逐层春、夏季平均水温预报模型、春季最低水温预报模型和夏季最高水温预报模型(邓爱娟 等,2013)。

(1)春夏季平均水温预报模型

$$T_{10}=2.172+0.179\times T_x+0.134\times T_n+0.226\times T_1+0.105\times T_{1x}+0.113\times T_2+0.056\times T_{3x}+0.17\times T_{3n}\quad (R^2=0.96)\tag{3.11}$$

$$T_{30}=2.21+0.171\times T_x+0.146\times T_n+0.229\times T_{1x}+0.149\times T_{1n}+0.092\times T_{2n}+0.06\times T_{3x}+0.143\times T_{3n}\quad (R^2=0.974)\tag{3.12}$$

$$T_{50}=2.122+0.269\times T+0.277\times T_1+0.129\times T_{1x}+0.111\times T_{2n}+0.063\times T_{3x}+0.15\times T_{3n}\quad (R^2=0.975)\tag{3.13}$$

$$T_{80}=2.137+0.106\times T_x+0.198\times T_n+0.239\times T_1+0.139\times T_{1x}+0.105\times T_{2n}+0.069\times T_{3x}+0.145\times T_{3n}\quad (R^2=0.976)\tag{3.14}$$

$$T_{100}=2.152+0.062\times T_x+0.215\times T_n+0.271\times T_1+0.12\times T_{1x}+0.104\times T_{2n}+0.069\times T_{3x}+0.163\times T_{3n}\quad (R^2=0.977)\tag{3.15}$$

(2)春季最低水温预报模型

$$T_{n10}=2.362+0.254\times T+0.298\times T_n+0.158\times T_1$$

$$+0.149\times T_2+0.144\times T_{3n}\quad (R^2=0.971) \tag{3.16}$$

$$T_{n30}=2.316+0.256\times T+0.292\times T_n+0.197\times T_1+0.195\times T_2 -0.118\times T_{2x}+0.181\times T_3\quad (R^2=0.974) \tag{3.17}$$

$$T_{n50}=2.091+0.251\times T+0.289\times T_n+0.201\times T_1 +0.098\times T_{2n}+0.162\times T_3\quad (R^2=0.974) \tag{3.18}$$

$$T_{n80}=2.476+0.305\times T+0.271\times T_n+0.139\times T_1 +0.171\times T_2+0.129\times T_{3n}\quad (R^2=0.972) \tag{3.19}$$

$$T_{n100}=3.06+0.199\times T+0.303\times T_n+0.135\times T_1+0.099\times T_{1n} +0.125\times T_{2n}+0.139\times T_{3n}\quad (R^2=0.975) \tag{3.20}$$

(3)夏季最高水温预报模型

$$T_{x10}=6.124-0.277\times T+0.661\times T_x+0.278\times T_{1x} +0.115\times T_{3x}\quad (R^2=0.841) \tag{3.21}$$

$$T_{x30}=5.923-0.2\times T+0.572\times T_x+0.22\times T_{1x} +0.117\times T_{2x}+0.097\times T_{3n}\quad (R^2=0.85) \tag{3.22}$$

$$T_{x50}=6.229+0.392\times T_x+0.227\times T_{1x}+0.095\times T_{2x} +0.082\times T_{3x}\quad (R^2=0.866) \tag{3.23}$$

$$T_{x80}=6.778+0.313\times T_x+0.135\times T_1+0.161\times T_{1x} +0.101\times T_{2x}+0.076\times T_{3x}\quad (R^2=0.867) \tag{3.24}$$

$$T_{x100}=7.118+0.296\times T_x+0.301\times T_1+0.188\times T_{2x}\quad (R^2=0.843) \tag{3.25}$$

上述各模型中，T_{10}为 10 cm 平均水温，T_{x10}为 10 cm 最高水温，T_{n10}为 10 cm 最低水温，T为当日平均气温、T_x为当日最高气温、T_n为当日最低气温，T_1为前 1 日平均气温，T_{1x}为前一日最高气温，T_{1n}为前一日最低气温，其余依此类推。R^2为复相关系数。

利用 2011 年 5 月和 7 月的逐日气温资料，对该鱼塘逐层的 5 月最低水温、平均水温和 7 月平均水温、最高水温进行了模拟预报和验证(表 3.3)。结果表明运用模型模拟的结果都达到了极显著水平，且 5 月模拟效果较 7 月效果好，5 月日平均水温模拟结果与实测水温的标准差(SEE)、平均绝对误差(MAE)和相对误差(MAPE)均最小，模拟效果相对最好，而 7 月日平均水温和最高水温模拟效果相对较差。究其原因，由于夏季气温较高，渔民会加注塘水以降低水温，保证池鱼正常生长发育，加之夏季是浮头泛塘高发期，渔民开设增氧机，而增氧机的搅动一方面可以给深层水体增氧，另一方面还能起到将上下层水温混合平衡的作用，这种作用一定程度上会降低表层水温，减小表层与深层的水温差异。但是总体看来，建立模型的平均相对误差大部均在 4%以内，表明该模型可以反映鱼塘逐层水温的变化情况，一定程度上可以用于鱼塘春夏季水温预报。

表 3.3 模型误差分析表

水层深度/cm	5月日平均水温			5月日最低水温			7月日平均水温			7月日最高水温		
	SEE	MAE/℃	MAPE/%	SEE	MAE/℃	MAPE/%	SEE	MAE/℃	MAPE/%	SEE	MAE/℃	MAPE/%
10	0.835	0.700	2.132	0.911	0.683	2.190	1.275	0.943	3.884	1.256	0.871	3.815
30	0.806	0.669	2.051	0.909	0.700	2.243	1.223	0.857	3.528	1.162	0.801	3.510
50	0.673	0.545	1.676	0.942	0.727	2.323	1.228	0.850	3.493	1.178	0.841	3.680
80	0.616	0.491	1.523	0.913	0.700	2.242	1.207	0.818	3.378	1.557	1.169	5.130
100	0.638	0.503	1.574	0.971	0.773	2.489	1.057	0.815	3.399	1.108	0.854	3.764

3.1.2.3 适用于河蟹养殖水体的水温预报模型

利用江西省彭泽县气象资料，针对河蟹养殖水体，采用逐日平均气温、前 3 d 平均气温和当天平均气温的均值(简称“3 日滑动平均气温”)与各层日平均气温来研究气温和水温的关系模型，利用 2012 年 3—9 月逐日水温、3—9 月逐日平均气温作为样本序列，构建各层水温与气温关系模型。选择 3 d 滑动平均气温作为水温推算因子，构建了水温-气温关系模型(表 3.4)(辜晓青 等，2015)。

表 3.4 2012 年各层水温与日平均气温、3 d 滑动平均气温相关系数

水温层次	相关系数		水温-气温关系模型(因变量 Y 为水温，自变量 X 为 3 d 滑动平均气温，R^2 为复相关系数)
	3 d 滑动平均气温	日平均气温	
10 cm	0.990	0.972	$Y=1.0679X, R^2=0.9693$
30 cm	0.991	0.984	$Y=1.1052X, R^2=0.9634$
50 cm	0.992	0.984	$Y=1.0947X, R^2=0.9688$
100 cm	0.992	0.984	$Y=1.0899X, R^2=0.9719$
150 cm	0.993	0.981	$Y=1.0828X, R^2=0.9700$

将表 3.4 所示的水温-气温关系模型，应用于 2011 年 4—9 月，计算逐日各层水温，与实测值进行对比分析，从各层的平均绝对误差(MAE)和均方根误差(RMSIE)可见，100 cm 层水温的 MAE、RMSIE 最小，150 cm 层的误差最大且误差离散度最大(表 3.5)。

表 3.5 各层推算结果平均绝对误差(MAE)和均方根误差(RMSIE)

水深/cm	平均绝对误差(MAE)/℃	均方根误差(RMSIE)/℃
150	2.07	2.95
100	1.14	1.52
50	1.15	1.55
30	1.23	1.64
10	1.27	1.62

3.1.3 春秋季降温过程水温变化与气温降幅关系

以日最低气温 48 h 降温幅度大于 4 ℃的过程作为一次冷空气过程，以湖北省洪湖市乌林镇黄牛湖渔场（水深 1.2 m，面积 20 亩）为例，选择水温资料较完整的资料分析，具体降温过程和气温、水温变化如表 3.6。

表 3.6 洪湖黄牛湖渔场降温过程分析

降温过程日期/(年-月-日)	基准气温(降温前日平均气温)/℃	日平均气温最大降幅/℃	日最低气温最大降幅/℃	10 cm 水温最大降幅/℃	30 cm 水温最大降幅/℃	50 cm 水温最大降幅/℃	80 cm 水温最大降幅/℃	100 cm 水温最大降幅/℃
2011-5-1—4	25.70	10.40	10.30	6.54	6.53	6.53	6.51	6.50
2011-5-9—11	28.60	8.30	8.30	4.73	4.72	4.73	4.68	4.60
2011-5-20—22	29.00	15.40	11.60	10.65	10.60	10.63	10.50	10.35
2012-3-18—20	13.60	8.40	4.60	3.16	3.20	3.14	3.15	2.16
2012-3-28—4-2	19.40	4.9	7.30	1.52	1.44	1.35	2.07	1.95
2011-9-3—8	29.10	8.50	5.80	7.56	7.51	7.47	7.42	7.34
2011-9-17—21	25.40	12.20	9.60	9.96	9.95	9.95	9.91	9.85
2011-11-27—12-2	16.10	11.90	11.50	7.42	7.39	7.40	7.40	7.35

从典型降温过程的水温、气温变化情况可知，冷空气发生时，水温降温一般要比气温滞后 1～2 d，且降幅比气温要小；深层水温降幅要比浅层水温降幅小，但在不同的基准气温（降温前日平均气温）条件下，水温降幅的响应不同，如 2011 年 5 月 9—11 日、2011 年 9 月 3—8 日和 2012 年 3 月 18—20 日 3 次过程的日平均气温最大降幅分别为 8.3 ℃、8.5 ℃和 8.4 ℃较接近，但基准气温高的过程（28.6 ℃、29.1 ℃）的水温降幅则明显高于基准气温低（13.6 ℃）的过程。

湖北省武汉市野芷湖观测点与野芷湖相通，常年水深 2.5～3.0 m，根据野芷湖的水温观测资料，冷空气过程发生情况如表 3.7。

表 3.7 野芷湖降温过程分析

降温过程日期/(年-月-日)	基准气温(降温前日平均气温)/℃	日平均气温最大降幅/℃	日最低气温最大降幅/℃	10 cm 水温最大降幅/℃	30 cm 水温最大降幅/℃	50 cm 水温最大降幅/℃	100 cm 水温最大降幅/℃	150 cm 水温最大降幅/℃
2011-5-1—4	24.8	8.4	9.5	4.90	4.81	4.73	2.47	0.86
2011-5-9—11	29.4	9.5	12.9	3.57	3.40	3.26	2.25	0.00

续表

降温过程日期/(年-月-日)	基准气温(降温前日平均气温)/℃	日平均气温最大降幅/℃	日最低气温最大降幅/℃	10 cm 水温最大降幅/℃	30 cm 水温最大降幅/℃	50 cm 水温最大降幅/℃	100 cm 水温最大降幅/℃	150 cm 水温最大降幅/℃
2011-5-20—22	28.2	15	8.5	8.50	8.38	8.40	6.36	4.14
2012-3-2—4-2	16.7	7.4	10.8	8.00	7.76	7.60	6.38	2.21
2012-4-24	21.7	3.6	7.8	1.15	1.68	1.82	1.53	0.76
2013-4-5	14.8	3	6	1.07	1.35	1.37	1.25	0.17
2013-4-9	18	5.8	8.5	1.18	0.93	0.75	1.19	0.03
2013-4-17	23.4	15.7	12	8.71	8.25	4.12	7.02	3.32
2013-4-28	24.8	6.9	9.3	2.91	2.96	2.89	2.70	0.68
2013-5-9	20.3	2.5	6.2	4.42	3.40	2.83	2.14	0.43
2011-9-17—21	23.8	11.1	8.4	6.32	6.46	6.45	5.98	4.42
2011-10-23	17.4	4.3	9.1	2.86	2.85	2.79	2.63	2.44
2012-9-1	30.6	6.5	8	2.80	2.18	1.30	0.56	0.18
2012-9-11	26.3	7.9	9.6	2.91	2.58	2.35	2.21	2.20
2012-9-26	24	6.9	10.8	3.18	3.07	2.74	2.22	2.08
2012-10-15	18.6	4.5	9.1	1.41	1.81	1.92	1.89	1.93
2012-10-21	21.6	8.1	12.1	3.08	1.95	1.83	1.01	0.94
2012-10-30	16	3.8	8.3	1.50	1.64	1.63	1.60	1.61
2012-11-15	10.6	1.9	6.3	0.67	0.95	0.95	0.86	0.88
2013-9-23	26	10.7	12	4.33	3.93	3.43	3.19	2.78
2013-10-2	21.7	3.9	6.3	1.23	1.21	0.95	0.91	0.95
2013-10-24	18.6	7.4	8	1.56	1.64	1.61	1.62	1.67

根据以上资料，发生冷空气降温时，野芷湖水温降温同样比气温滞后 1～2 d。由于武汉市野芷湖属大型湖泊，对比同一次冷空气过程，野芷湖的水温降幅明显小于洪湖市黄牛湖渔场的 20 亩鱼塘，如 2011 年 5 月 20—22 日的冷空气过程，洪湖市日平均气温最大降幅为 15.4 ℃，武汉降幅为 15 .0 ℃，而两处水域的水温降幅分别

为 10.35～10.65 ℃和 4.14～8.50 ℃，深水域的野芷湖降温幅度明显小于浅水域的黄牛湖渔场。根据资料分析，2011—2013 年野芷湖水面发生 6 ℃以上降温过程仅有 4 次，分别是 2011 年 5 月 21 日、2012 年 3 月 29 日、2013 年 4 月 17 日和 2011 年 9 月 17 日，4 次过程的气温最大降幅分别是 15 ℃、7.4 ℃、15.7 ℃和 11.1 ℃。

综上所述，春秋季发生冷空气过程时（以日最低气温 48 h 降温幅度大于 4 ℃的过程作为一次冷空气过程），气温骤降，但水温降温要比气温滞后 1～2 d，且水温降幅明显比气温降幅小，深层水温降幅又比浅层降幅小。但在不同的基准气温下（冷空气发生前的日平均气温），发生相同的气温降幅，水温降幅的响应有所不同。在高基准气温条件下水温降幅一般较大，而在低基准气温条件下，对于同样的降温过程，水温降幅要明显偏低。不同水域面积和深度的水体对发生冷空气造成的水温降低程度有所不同，较深较广的水域的水温降幅要明显小于同过程的浅水域水体（邓爱娟 等，2016）。

3.2　淡水养殖水体溶解氧与气象

3.2.1　不同天气条件下淡水养殖水体溶解氧变化规律

水体溶解氧也有较明显的日变化规律，同样是夜间较低，白天均高于夜间，一般较好天气条件下约在上午 06—07 时出现最低值，之后迅速上升，至午后 16—17 时达到最高值，随后呈下降趋势，直至最低。溶解氧值主要与太阳高度有关，白天太阳高度越高，光照越强，则水中的水草、藻类等植物的光合作用越强，水中的溶解氧值自然就越高，反之太阳落山后到夜间，无光合作用，水中动植物、微生物的呼吸作用不断消耗水中的氧气，使水中的溶解氧值不断降低，至早晨太阳刚要升起时达到最低。当水温升高时，鱼类的新陈代谢增强，呼吸频率加快，耗氧量增大，水中溶解氧就会减少。不同天气条件下，水体溶解氧的变化有一定的差异，多云（总云量 3～8）或阴雨天气（总云量 8～10）的溶解氧明显低于晴天（总云量 0～3），溶氧日变幅也明显偏小，且在夜间的最低值也往往低于晴天，从而可能导致鱼池发生浮头或泛塘现象（图 3.8）。晴天水体溶解氧较高而多云或阴雨天较低的原因在于溶解氧的变化与水体中浮游植物的光合密切相关，白天有较好的光照，浮游植物光合产生氧气就多，溶解在水中的氧含量就较高，而夜间由于没有光合作用产生氧气，鱼类仍需耗氧呼吸从而导致水体含氧呈下降趋势，直至次日有光照发生光合作用后才开始上升，到下午 16—17 时光照减弱，水体溶解氧含量也逐渐开始下降（杨文刚 等，2013）。

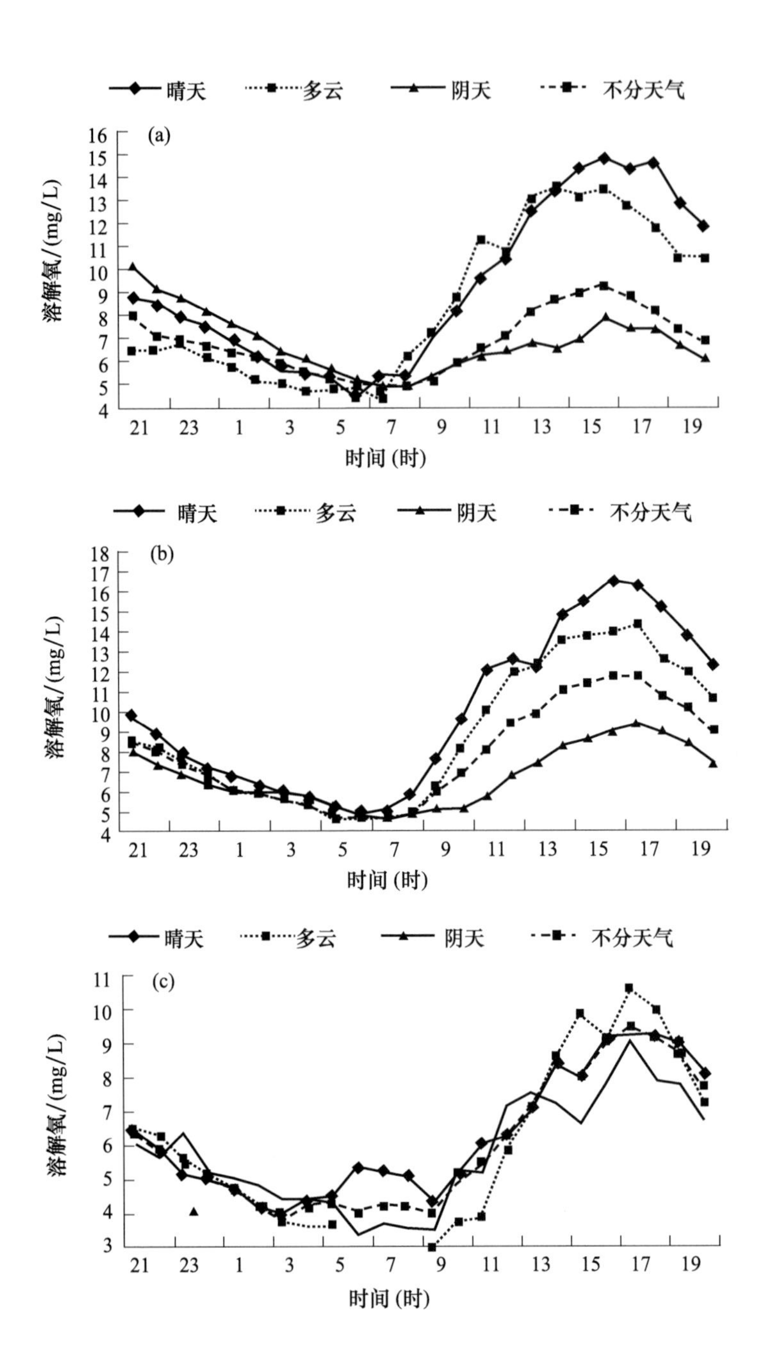

晴天
多云
阴天
不分天气
(a)
溶解氧/(mg/L)
时间 (时)
(b)
溶解氧/(mg/L)
时间 (时)
(c)
溶解氧/(mg/L)
时间 (时)

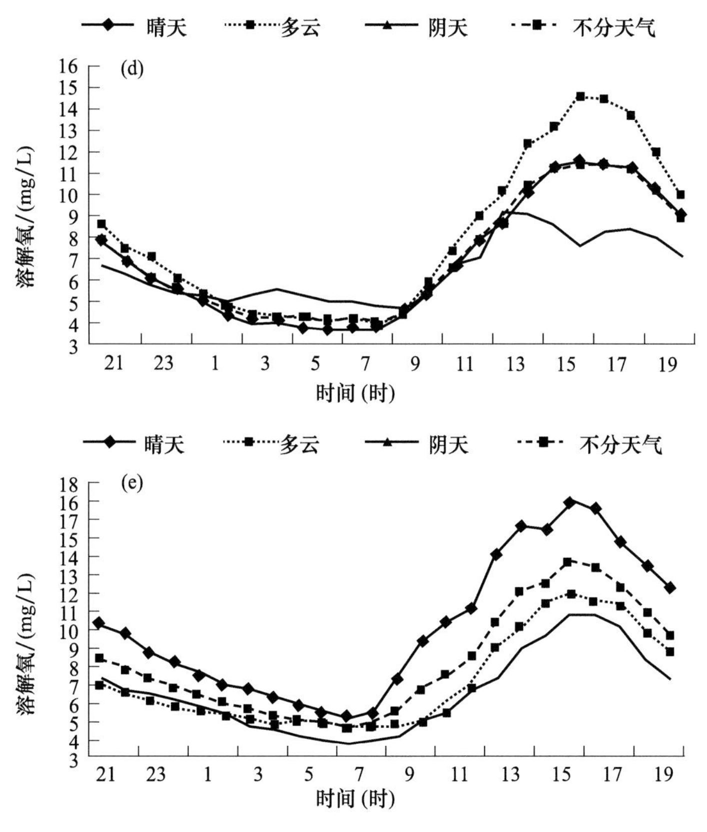

图 3.8 5—9 月不同天气条件下月平均溶解氧分布

(a)5 月;(b)6 月;(c)7 月;(d)8 月;(e)9 月

3.2.2 淡水养殖水体溶解氧与气象要素的关系

3.2.2.1 水体溶解氧与温度的关系

黄永平等(2014)利用湖北省荆州农业气象试验站 2011—2012 年 3—10 月逐时溶解氧含量、水温及各项气象要素的观测数据,分析了水体溶解氧与各项气象要素之间的关系。

根据水温与鱼塘溶解氧关系图(图 3.9),可知日平均溶解氧含量与日平均水温呈现显著(通过 $\alpha=0.001$ 检验)的负相关,主要表现在春秋两季,水温较低,鱼类活动少,溶解氧消耗少,水体溶解氧含量整体偏高;夏季水温在 25 ～35 ℃时,日平均溶解氧含量分布规律不明显,以溶解氧含量 7 mg/L 为分界线,日平均溶解氧含量大于 7 mg/L 和小于 7 mg/L 的天数相差不大,说明水温较高时,溶解氧含量受水体环境的影响更大。需要指出的是,水温的日变化不能反映急剧降温引起的溶解氧含量下降引起的鱼泛塘现象。

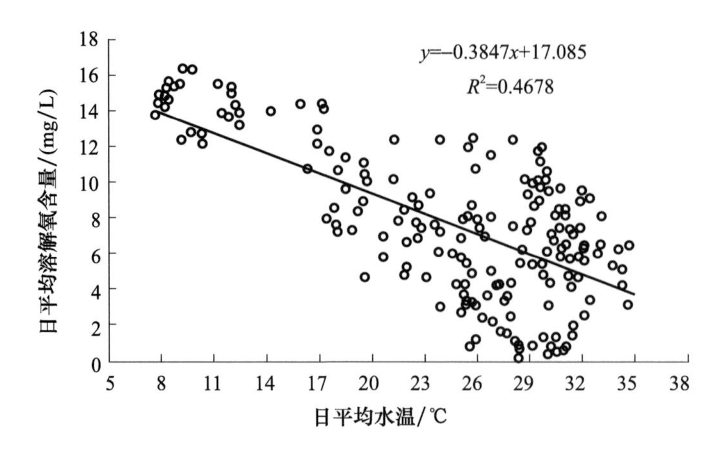

图 3.9 日平均水温与日平均溶解氧含量的关系

气温变化也能反映养殖水体溶解氧含量的变化,分析 6 h 变温与 6 h 溶解氧含量变化时发现,两者达到 0.01 极显著相关水平(图 3.10),从回归方程中可以看出,6 h气温每下降 1 ℃,水体溶解氧含量大约下降 1 mg/L,这说明急剧降温能引起溶解氧含量迅速降低。

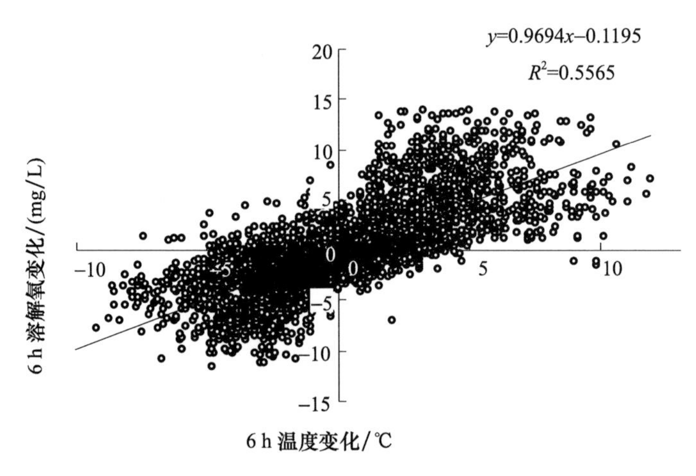

图 3.10 6 h 变温与 6 h 溶解氧变化量的关系

3.2.2.2 水体溶解氧与总辐射的关系

晴天条件下,水体溶解氧含量表现出昼夜变化规律(图 3.11)。日出后,辐射增强,溶解氧含量随着光合作用的增强而递增,一般在 15—17 时达到最高点;之后辐射减弱,溶解氧含量也随着光合作用的减弱逐渐减少,翌日 06—07 时降到最低点。池鱼多在此时到含氧量高的水面呼吸，即发生“浮头”现象。

溶解氧日平均含量与日总辐射量呈显著正相关（图 3.12，通过 $\alpha=0.05$ 检验）。日总辐射量越大，水生生物的光合作用也越强，溶解氧日平均含量就越高。相反，阴雨天气溶解氧日平均含量一般在 6 mg/L 以下，易出现泛塘现象。

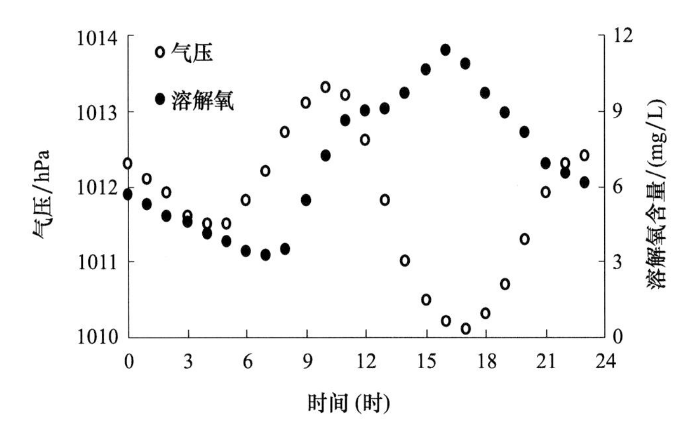

图 3.11　晴天条件下水体溶解氧和气压的日变化

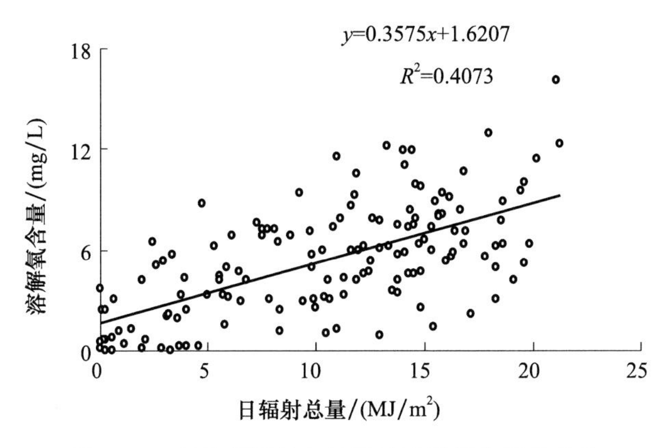

图 3.12　日总辐射量与日平均溶解氧含量的关系

3.2.2.3　水体溶解氧与相对湿度的关系

逐时相对湿度与逐时溶解氧含量具有极显著的相关性（图 3.13，通过 $\alpha=0.01$ 检验），究其原因，主要是空气相对湿度高时，一般对应阴雨天气或夜间，此时无光合作用或光合作用较弱，水体内溶解氧含量不高；相对湿度较小时，一般为晴好天气的下午，此时光合作用强，水体溶解氧含量相对较高。分析表明，当相对湿度在 95%以上时，598 个样本中有 54%的溶解氧含量在 1 mg/L 以下，有 78%的溶解氧含量在 3 mg/L 以下，有 95%的溶解氧含量在 5 mg/L 以下，因此，相对湿度因素能较好地反映水体溶氧含量。

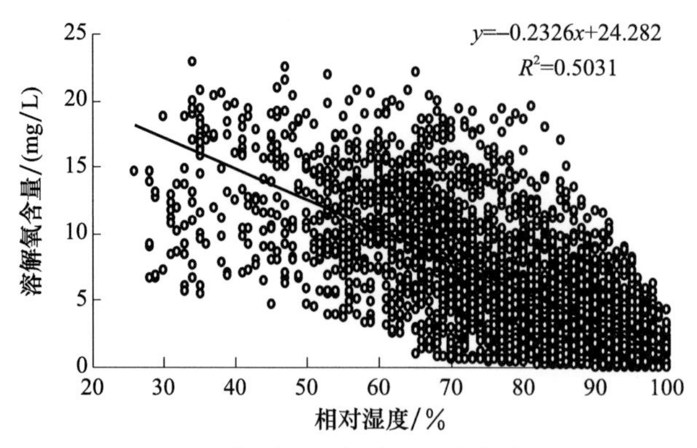

图 3.13　相对湿度与溶解氧含量的关系

3.2.2.4　水体溶解氧与气压的关系

水体溶解氧的来源有一部分是通过近水面层大气中的氧分子与水面接触而溶于水的。气压高、空气密度大，单位体积空气中氧分子的含量相应较高，水体从空气中获取氧分子的机会也大。即气压越高，溶解氧含量也会增高（图 3.14）。在实际养殖水体中，气压与水体溶解氧含量的关系较复杂。气压的日变化规律为双峰双谷型，与溶解氧含量的单峰单谷型日变化规律不同。17 时为气压日最低值，而此时溶解氧受太阳辐射影响有一个日最高值，这样导致逐小时气压与溶解氧含量的相关性较差。但统计不同气压下溶解氧平均含量时发现，它们依然有显著的正相关关系（图 3.15），即溶解氧的含量随气压升高而增加。

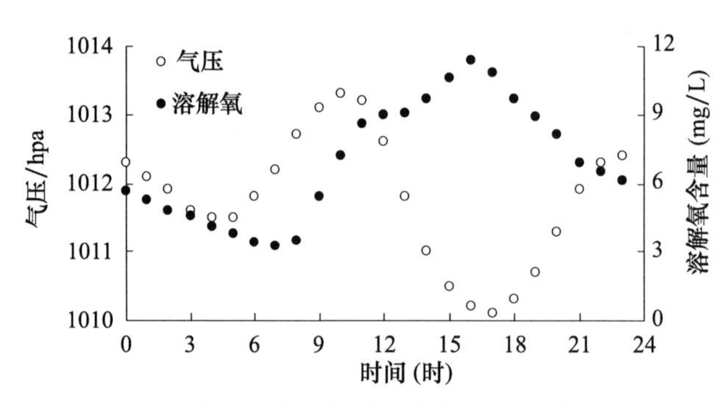

图 3.14　年平均气压与晴天溶解氧含量的日变化

3.2.2.5　水体溶解氧与风的关系

水生植物的光合作用是水中溶解氧的主要来源，如果天气晴朗、平静无风，溶解氧会大量积存在水中，可以高达 200％以上的饱和度。在有风的天气下，多于饱和浓度的溶解氧就会逸入空中，直到降至饱和度为止。图 3.16 给出了不同风速条件下，平均溶解氧含量的变化趋势。从图 3.16 可以看出，风速对于水体溶解氧含量的影响主要分为三个阶段：

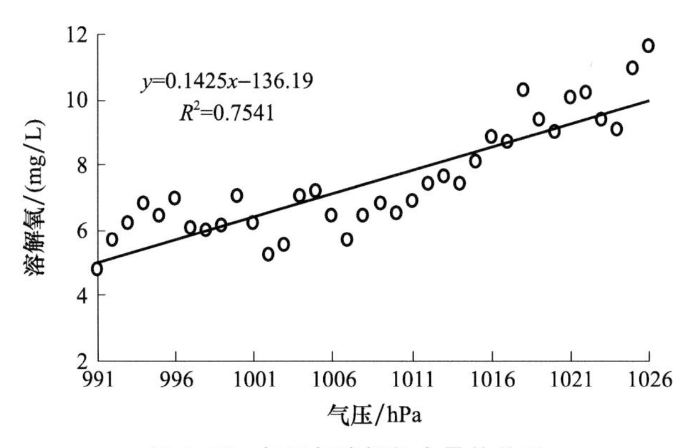

图 3.15　气压与溶解氧含量的关系

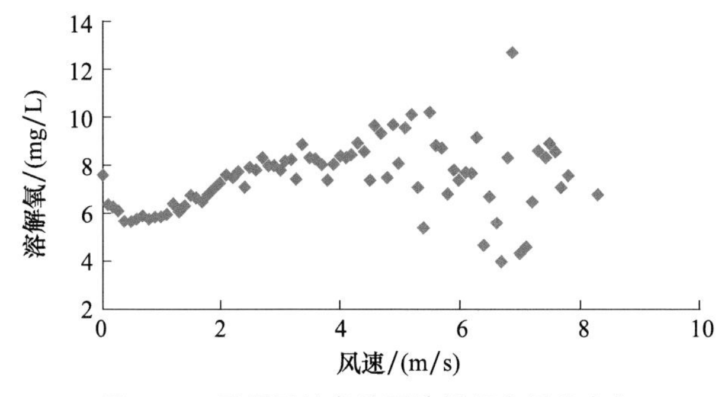

图 3.16　不同风速条件下溶解氧含量的变化

(1)在风速小于等于 0.3 m/s 时,风速越大,水体溶解氧含量下降明显(图 3.17)。从图 3.17 可知,在静风时,水体平均溶解氧含量为 7.6 mg/L,风速为 0.1 m/s 时迅速下降至 6.3 mg/L。此后风速每增加 0.1 m/s,水体溶解氧含量下降 0.15 mg/L。说明在有风条件下,风能使多于饱和浓度的溶解氧逸入空中,导致溶解氧含量下降。

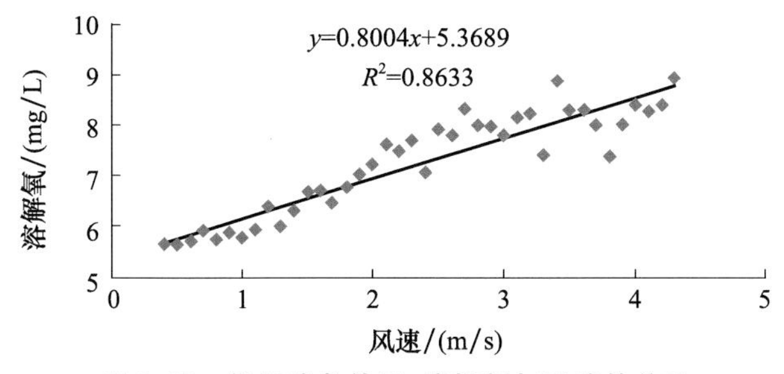

图 3.17　低风速条件下,溶解氧与风速的关系

(2)在风速大于 0.4 m/s 且小于 4.5 m/s 时,水体溶解氧含量与风速呈明显的正相关(图 3.16,通过 $\alpha=0.05$ 检验)。说明随着风速增大,风推起波浪,使空气与水体的接触面增大,风速越快,相对来说给水的压力越大,从而使氧气溶入水中。

(3)在风速超过 4.5 m/s 时,风速不再是影响水体溶解氧含量的主要因素。

3.2.3 淡水养殖水体溶解氧预报模型的建立

当鱼塘中溶解氧浓度低于 5.0 mg/L 时主要淡水鱼可能出现浮头泛塘现象，本研究选取样本为 7—9 月且最低溶解氧浓度低于 5.0 mg/L 的观测数据，采用逐步回归分析法对溶解氧日最低值与同期气象要素进行分析。选取当天与前一天大气压差、当天大气压、当天空气相对湿度、当天平均气温、当天日最高气温 5 个因子，经过显著性检验，再进行多元逐步回归分析，建立溶解氧日最低值(DO_{min})预报模型(杨文刚 等,2013)。

阴天：$$DO_{min} = -81.8812 - 0.0975 \times PD + 0.0083 \times P + 0.0319 \times U - 0.3173 \times T + 0.2549 \times T_{max} \quad (R^2 = 0.7046) \tag{3.26}$$

多云：$$DO_{min} = 45.157 + 0.0948 \times PD - 0.0405 \times P - 0.0555 \times U + 0.0778 \times T + 0.0237 \times T_{max} \quad (R^2 = 0.7114) \tag{3.27}$$

其中，PD：当天与前一天大气压差值；P：当天大气压；U：当天空气相对湿度；T：当天平均气温；T_{max}：当天最高气温。复相关系数 R^2 均在 0.7 以上，表明拟合效果较好。

为了检验模型的可靠性与普适性，用武汉柏泉 2010 年 5—6 月的试验数据，对上述回归模型进行独立样本检验(表 3.8)。

结果表明：检验样本实测值与预测值之间的平均相对误差为 6.8%至 7.1%，相关系数为 0.62 至 0.74，均达到较高水平；拟合斜率为 0.73 至 1.13，与理论值(1.0)偏差较小，表明预测值与实测值之间符合度较高，上述回归模型对不同天气条件下的溶解氧均具有较好的预测性。

表 3.8 溶解氧含量预报模型检验

天气类别	实测值与预测值相关系数	拟合斜率	平均相对误差
阴天	0.76	1.131	7.1%
多云	0.62	0.73	6.8%

3.3 其他水体生态要素变化特征

3.3.1 水体 pH 变化特征

在无外界环境干扰的情况下，水体中生物是导致养殖水体 pH 值变化的主要因素。白天在阳光充足条件下，水中浮游植物繁殖迅速，同时进行强烈的光合作用消

耗水中游离的 CO_2，使水体 pH 值剧烈升高，而夜晚浮游植物进行呼吸作用，加之浮游动物和养殖鱼类的生命活动均释放大量 CO_2，从而导致养殖水体 pH 值剧烈下降。一般鱼类都喜微碱性的水，酸性和碱性太强都不适合鱼类生存。一般情况下，水体 pH 值在 08—09 时达最低值，之后开始逐渐上升，到下午 16—18 时左右达最大，接着下降直至最低。在无人为因素影响条件下，pH 的日变幅在 0.6 左右。在雷雨天气条件下的 pH 较晴天条件下低，其原因是雷雨的作用下，水体中硝酸含量增加，鱼塘酸性增加。

监测水体 pH 值自 3 月以后的变化范围大致在 7.9～10.0，自 7 月以后，pH 值一直在 8.5 以上；洪湖市乌林镇高密度养殖鱼塘与武汉东西湖柏泉养殖鱼塘水体 pH 值相比，两者差异较大。同时期内柏泉养殖池塘 pH 值波动范围在 7.0～11.0，且 7 月之前 pH 值较高，7—9 月则有明显下降趋势，大致降至 7.0～8.5；9 月以后又有明显上升趋势。鱼塘养殖过程中，由于有机物质的分解，会使得水质变为酸性，因此，鱼塘管理中要清除过多的淤泥，用生石灰清塘，定期使用生石灰清塘能有效调整池水 pH 值，达到适合鱼类生长需求。两个池塘 pH 值有较大的差异，与鱼塘管理等人为因素有很大关系，如鱼病防治及生石灰的施放量等。

3.3.2　水体叶绿素 a 变化特征

鱼塘水体叶绿素 a 含量在 3—5 月呈明显下降趋势，这可能与 2011 年春旱少雨鱼池水质变差有关；6 月以后水体叶绿素 a 含量基本呈增加趋势，可能与进入夏季鱼塘内藻类大量繁殖生成叶绿素有关；叶绿素 a 与水体 pH 变化有很好的一致性，两者呈显著正相关。

叶绿素的变化反映了水体浮游植物吸收 CO_2 发生光合作用的变化，在一定范围内，叶绿素含量越高，吸收的 CO_2 更多，能起到降低水体酸度的作用，其结果体现在 pH 值的升高。

3.3.3　水体电导率变化特征

养殖水体电导率主要体现为水体中溶解的碳酸盐、磷酸盐等物质，这些物质直接或间接地影响水生植物，从而对养殖鱼类产生影响。水体电导率基本无日变化特征，但长期来看，电导率还是有较小的变化。洪湖市乌林镇试验观测点与武汉市东西湖柏泉观测点的水体电导率变化范围在 0.3～0.5 ms/cm，变幅较小，洪湖试验点在 4—7 月趋于稳定，8 月以来变化幅度在 0.1 ms/cm 以内；而东西湖柏泉试验点在 5—8 月基本稳定于 0.4 ms/cm，9 月后有波动的呈下降趋势，基本稳定在 0.3 ms/cm 上下。荆州农业气象试验站的观测鱼塘水体电导率长期在 0.5～0.6 ms/cm 间变化。

3.3.4 水体浊度变化特征

水体浊度主要反映水中含有泥土、粉砂、微细有机物或无机物、浮游生物等悬浮物的含量，水体中的各种悬浮颗粒物会直接影响光照在水体中的垂直分布，从而影响水体中浮游植物及沉水植物的生长繁殖与分布，最终对水体中溶氧产生影响。

根据试验观测结果，洪湖养殖池塘水体浊度在 6 月之前较高，有可能与 2011 年冬春连旱鱼塘普遍缺水、水质较差有关，最高达到了 500 NTU① 以上，6 月初入梅后，由于雨量充沛，鱼塘水源得到补充，水质也有了很大改善，相应的水体浊度值也下降至 200 NTU 以内。

① NTU(nephelometric turbidity unit)为散射浊度单位，指仪器在与入射光呈 90°角的方向上测量到的散射光强度。

第 4 章

淡水养殖生产与气象关系及气象保障服务

4.1 大宗淡水鱼养殖与气象

4.1.1 大宗淡水鱼养殖关键期适宜气象指标

长江中下游地区大宗淡水鱼主要品种(鲫鱼、白鲢、花鲢、草鱼、青鱼)养殖关键期的适宜气象指标如表 4.1 所示。

表 4.1 大宗淡水鱼养殖关键期适宜气象指标

品种	水温/℃				其他环境条件
	产卵期	孵化期	幼苗期	生长期	
鲫鱼	春 18～24 18～22	春 18～24 18～22	春夏 18～30 20～30	春夏秋 16～35 20～33	溶解氧>3 mg/L,产卵期喜高温忌雨,孵化期要求温度稳定,生长期不喜低气压或天气突变
白鲢	春夏 18～29 20～26	春夏 20～29 23～26	春夏 20～32 23～29	春夏秋 18～32 26～29	溶解氧>4 mg/L,产卵期喜高温忌雨,孵化期要求温度稳定,生长期不喜低气压或天气突变
花鲢	春夏 18～29 20～26	春夏 20～29 23～26	春夏 20～32 23～29	春夏秋 18～32 26～29	溶解氧>4 mg/L,产卵期喜高温忌雨,孵化期要求温度稳定,生长期不喜低气压或天气突变
草鱼	春夏 18～29 22～24	春夏 20～29 23～26	春夏 20～32 23～29	春夏秋 18～32 26～29	溶解氧>4 mg/L,产卵期喜高温忌雨,孵化期要求温度稳定,生长期不喜低气压或天气突变
青鱼	春 18～29 20～26	春 20～29 23～26	春夏 20～32 26～29	春夏秋 18～32 26～29	溶解氧>4 mg/L,产卵期喜高温忌雨,孵化期要求温度稳定,生长期不喜低气压或天气突变

4.1.2　大宗淡水鱼养殖周年气象服务方案

以湖北省荆州地区为例，制定的大淡水鱼养殖周年气象服务方案如下。

1 月份

1 月是一年中最冷的月份，月平均气温 3.8 ℃，月极端最低气温－14.9 ℃，降雨量 30.5 mm。

1 月也是水温最低的月份，月平均水温一般在 4.3 ～7.0 ℃之间，多年平均为 5.8 ℃，比气温高 2 ℃左右。由于水体热容量比空气大得多，水温变化幅度要比气温小得多。一昼夜平均温度，水温要高于气温；白天平均水温一般低于平均气温，而晚上则高于平均气温。水温最高时间是下午两点左右，清晨水温最低。白天水表层温度一般高于水下层温度，其间温差在 2～3 ℃以上；晚上则相反，形成水的热成层。

主要鱼病与防治：

1 月因气温较低，病害发生较少，主要有水霉病、小瓜虫病等，如有发现要及时治疗。

渔事活动建议：

(1)1 月水温低，鱼的新陈代谢强度低，耗氧较少，鱼的鳞片较紧，操作不易受伤，有利于运输，是鱼种外购运输和投放好时节，也是商品鱼、虾、蟹销售的黄金季节。

(2)结合冬季水利兴修，搞好养殖设施的清淤、修整。1 月进入水利兴修的高潮，可将水利兴修与水产养殖设施的改造、修建结合起来。鱼、虾起捕完毕后，要对鱼池底泥进行全面的清淤，然后对破损的池埂、池坡、水渠、涵管等进行修整、加固、疏通。塘泥可用作肥料肥田或护坡。然后经暴晒、严格消毒，为新一年的养殖打好基础。

(3)应抓紧鱼种的投放，也可投放蟹种。

(4)加强未起捕成鱼和鱼种的管理。在塘成鱼和鱼种要做好越冬、保种工作，要注意防止鱼类缺氧，可定期向池中冲水，对于以鲢鳙为主的越冬池要施放一些有机肥料，以保持稳定的池水肥料含量；对于网箱养殖的成鱼和鱼种，可适当下沉，就地越冬。

2 月份

2 月是由冬季向春季过渡的月份，温度逐渐回升，雨量有所增多。月平均气温 5.8 ℃，月降水量 44.0 mm。冷暖变化大是本月的一大特点，主要农业气象灾害有早春冻害、连阴雨、大风。

2 月份水温也缓慢上升，月平均水温一般在 5.5～9.0 ℃之间，多年平均为 7.0 ℃，比气温平均高 1.2 ℃。对渔业生产影响较大的主要是“倒春寒”等天气突变，因水温的急剧变化，导致鱼病发生。

渔用农业气象指标：

(1)鱼苗运输的适宜条件：影响鱼苗运输的条件较多，主要有水温、水质、溶解氧等。水温越高,水中溶解氧越少,且鱼的活动能力和新陈代谢越强,耗氧量越大,一般水温在 8～10 ℃时适宜运输,低于 0 ℃时不适宜运输,22 ℃以上时应用深井水加冰块降温运输。

(2)鱼苗投放期适宜条件:鱼苗投入宜早不宜晚,水温达到 10 ℃,有 3 d 以上晴好天气,最适宜鱼苗投放,这样可使鱼适应环境,减少应激性。同时鱼苗入池时,池水温度不能低于运鱼水温度 3 ℃,如果水温相差过大,就应先逐渐调整温差,进行“缓苗”后再入池。

(3)开始投饵适宜期:鱼在水温为 10 ℃时开始摄食增重;15～20 ℃时摄食量增加,增重加快;20～30 ℃时食欲旺盛,摄食量多,生长最快;水温低于 10 ℃,食欲减退停止,鱼逐渐进入休眠期(表 4.2)。开始投饵期还与天气有密切关系,晴天溶解氧充足,可多投;阴雨天,溶解氧低,应少投;阴天、雾天或大雨将至前,大气压低,应不投;天气变化无常,鱼类食欲降低应少投。开始投饵适宜期应选择水温 10 ℃,天气晴好,并在溶解氧含量较高的中午适量投放。

表 4.2　日投饲率与水温的对应关系

水温/℃	8～15	15～20	20～25	25～32
投饲率/%	1.0～1.5	2.0～2.5	3.0～3.5	4.0～4.5

主要鱼病与防治:

2 月因气温较低,病害发生较少,主要有水霉病、小瓜虫病等,如有发现要及时治疗。

渔事活动建议:

(1)苗种投放。2 月份进入鱼苗、蟹苗放养期,一般在 2 月中旬前结束放养(水温不能超过 10 ℃),此时水温低,放养损伤小,也有利于蟹种和鱼种提早适应新的环境,提早开食和生长。放养前要做好消毒工作,放养过程中要小心操作,避免因损伤而引发其他疾病。

(2)水质调控。当前水温仍较低,注意防冻工作,水深处保持水位 1 m。春季鱼、蟹池加注水应多次少量,每次不能超过 15 cm,以利提高水温。

(3)投喂饲料。越冬后的鱼体质较弱,水温逐渐回升后细菌繁殖加快,较易患病,应加强预防工作。可在鱼类开始摄食后,适当在饲料中添加维生素和免疫增强剂,以增强体质、提高免疫力。

农业气象服务事项:鱼苗适宜投放期的渔用天气预报。

3 月份

3 月是春季的开始,气温逐渐回升,雨量明显增加,万物复苏,春耕开始。本月冷暖空气活跃并交替影响,气温变化大。月平均气温为 10.1 ℃,降水量 116.0 mm。主要农业气象灾害:低温连阴雨,倒春寒。

3 月水温比 2 月份明显升高,总体水温在 15 ℃左右,尽管天气晴时有短期的水温超过 15 ℃，甚至达 20 ℃，但水温尚不稳定。对渔业生产影响较大的主要是"倒春寒"等天气突变，导致水温的急剧变化。

渔用农业气象指标同 2 月份。

主要鱼病与防治：

3 月是纤毛虫类、水霉、蠕虫等病的多发期，生产管理中应加强防范。

渔事活动建议：

(1)四大家鱼：一是整修渔业电力线路，维修增氧机、投饲机、水泵等，保证渔业机械正常运行。二是调节水位、水质。水温不断升高应把池塘水位逐步提高，加深池水，增加鱼类活动的空间，同时要在 3 月中下旬搞好肥水，以发酵的有机肥为主进行适量适度的施肥，及早培育浮游生物提供鱼类天然饲料，且有提高池水温度的作用。四是投饲，在水温达 10 ℃左右开始投饲，晴天中午投喂一次，投量为存塘鱼重量的 1.0～1.5%。

(2)亲鱼培育：多数鱼类和养殖动物在 4—5 月进行繁殖，故 3 月是性腺成熟和发育关键时期，亲本性腺发育的好坏直接关系到繁殖能否成功和繁殖的规模。要注意水质的调控和饲料的投喂，一般要求水质清新，溶氧要高，饲料的蛋白质含量要适当增加，并需加喂维生素。另外要定期冲水以刺激性腺的发育。当水温达 16～18 ℃时，鲤、鲫鱼即会进行繁殖，故在鲤、鲫鱼繁殖前需准备好鱼巢、产卵的池子、孵化池和鱼苗培育池。为使鲤、鲫鱼能成批繁殖，在人工催产前应将雌雄进行选择并分养，在催产前再混合。

农业气象服务事项：

(1)倒春寒、连阴雨等农业气象灾害的监测、分析。

(2)鱼苗适宜投放期的渔用天气预报。

4 月份

4 月是春耕春种的重要时期，也是春季向夏季的过渡季节，气温回升快，但冷暖空气活动频繁，气温变幅大，少数年份受较强冷空气影响，出现晚霜，极端最低气温降至 0 ℃以下，有些年份气温又异常偏高，极端最高气温可达 30 ℃以上；日平均气温稳定通过 12 ℃，最早在 3 月 6 日，最迟在 5 月 14 日，平均为 4 月 4 日。月平均气温 16.2 ℃，降水量 136.8 mm。主要农业气象灾害有低温连阴雨。

4 月水温已明显上升，浅水层平均水温接近 20 ℃，深层平均水温也在 16 ℃以上，最高水温达到了 28.7 ℃(表 4.3)。但遇长时间的低温阴雨天气，水温也会下降到 12 ℃左右。

表 4.3　4 月不同层次水温分布

层次	平均水温/℃	最高水温/℃	最低水温/℃
10 cm	19.9	28.7	12.5
30 cm	19.3	27.7	12.1

续表

层次	平均水温/℃	最高水温/℃	最低水温/℃
60 cm	19.4	26.9	12.5
100 cm	18.3	26.0	11.9
150 cm	16.6	22.5	11.9

农业气象指标：

(1)春季低温冷害：一般在春季气温逐渐回暖过程中，由间歇性冷空气侵袭，造成气温骤降或气温日较差增大而引起危害，特别是对罗非鱼、罗氏沼虾、淡水白鲳等热带鱼。若不采取有效的保温措施会引起大量死亡，因此必须切实做好现阶段防寒和气温回升后的防病防疫工作。对应措施：①加强巡塘和对越冬设施的管理，有条件的地方可采取加温措施。②可采取抽取地下水，或者是其他水温较鱼池高的水源来加深池塘水的方法防寒。进水时应缓慢少量，不宜一次性大量进水，避免引起不同水温层对流而使鱼群产生应激反应。③尽量不开动增氧机，以减少池塘水上下对流，从而减慢池塘底部水温下降速度，达到防寒目的。④已出现冻伤或死鱼的鱼塘，应立即将死鱼捞出，以免死鱼腐烂污染水体。但不应立即对鱼塘施放消毒药，以防鱼虾产生应激反应而加速死亡。⑤水温回升时，不可急于投喂饲料，避免塘底鱼群因上浮摄食导致冻伤患病。

(2)罗非鱼、淡水白鲳等热带鱼种的适宜投放的气象指标。热带鱼种对水温要求较高，罗非鱼苗应在4月上中旬，水温达到15～18 ℃时，有3 d以上晴好天气，最适宜鱼苗投放；淡水白鲳应在4月底到5月上旬，水温达到18 ℃，有3 d以上晴好天气，最适宜鱼苗投放。为了减少应激性，鱼苗入池时，池水温度不能低于运鱼水温度3 ℃，如果水温相差过大，就应先逐渐调整温差，进行“缓苗”后再入池。

(3)黄鳝适宜投放的气象指标。黄鳝10 ℃以下完全不摄食而进入休眠期，水温15 ℃左右黄鳝就出洞觅食，生长适温为15～30 ℃。黄鳝适宜投放期较长，一般是4月底到7月初。但早期放养，黄鳝刚开始活动，急于大量取食，对饲料要求不严，既易驯化，又能延长养殖时间，有利于提高产量。黄鳝苗投放后，对环境变化特别敏感，特别是水温的陡升、陡降都容易引起剧烈的应激反应，而出现大量的死苗，一般水温在15 ℃以上，投苗后有5 d左右的晴好天气，较适宜投放。

(4)鲤鲫鱼人工繁殖的适宜气象指标：不同淡水鱼性腺的成熟，需要不同的水温，如出现阴雨天气或3～5 ℃的降温时，会出现胚胎发育不良或发育停滞，特别是在低温状态下，即使有少量仔鱼出膜，也多为畸形胎，而且常在发育过程中夭折。鲤鲫鱼在4月下旬性腺成熟，最适孵化水温18～22 ℃，其人工繁殖的适宜气象指标：天气转暖后，早晨最低水温连续3 d稳定在18 ℃以上，又无强冷空气侵袭时比较适宜。

主要鱼病与防治：

早春季节水产动物往往体质较差，而随着温度上升，各种病原微生物开始滋生，特别是在气温逐渐回升期是水霉病和小瓜虫病的高发期，这两种病害对淡水鱼类成鱼和鱼苗都危害严重，要注意做好预防。主要的预防措施：一是加强生产管理，强化苗种、成鱼培育，科学投喂，提高鱼体抗病力；二是保持水质清新；三是避免鱼体受伤。

渔事活动建议：

4 月是当年渔业生产的起始季节，仲春季节水温逐渐升高，本月的平均水温将升至 20 ℃左右；日照时间明显增长，降雨量也明显增加。多数水产养殖动物已开始摄食；许多种类的亲鱼培育已进入关键时间，并有部分亲鱼已可进行人工繁殖；绝大多数种类的苗种培育准备工作应着手进行；热带和亚热带品种在本月下旬或 5 月初根据水温和天气情况放入池塘进行养殖。

(1)补放鱼种。常规鱼种、蟹种的最佳投放季节为 2—3 月，若没有及时放苗，或投放不足，尽可能就近购买鱼种、蟹种投放，以免因温度过高，长途运输死亡。罗非鱼等热带鱼种，当水温低于 15 ℃时还处于休眠状态，20 ℃以上时开始繁殖，最适宜生长温度为 28～32 ℃，一般可以在 4 月上、中旬投放。淡水白鲳水温要求更高，如水温持续 2 d 低于 12 ℃时，就可能冻死，一般到 4 月底投放。

(2)播种鱼草。一般清明前后，气温稳定通过 12 ℃后就可以播种鱼草。

(3)科学投饲。随着水温的逐渐升高，鱼的食欲增大，投饲量也应及时增加，一般每天喂一次即可，日投饲量占池塘鱼种总重量的 1.0%～1.5%，要定时、定点，少量多次。对草食性鱼类要控制投饲量，避免发病。

(4)鲤鱼、鲫鱼繁殖。当水温稳定通过 18 ℃时，鲤鱼、鲫鱼就开始产卵，一般在 4 月上旬开始，鲤鱼、鲫鱼等鱼类先后进入产卵期。要选择好繁殖用的亲鱼，及时检查亲鱼性腺发育状况，选择一段较稳定的晴好天气之初，将雌、雄亲鱼并池产卵或经人工催情后放入产卵池。当发现亲鱼已经成熟临产而天气不利于鱼卵孵化时，应及时采取降低水位等措施，防止亲鱼流产。

(5)四大家鱼管理。鲢鱼、鳙鱼亲鱼池要勤施有机肥，每 3～5 d 一次，以保证池水肥度，并适当换水、经常冲水，保持水深 1.0～1.2 m，以提高池水水温，促进性腺发育。草鱼、团头鲂亲鱼池还需加大青饲料投放量。并抓紧做好产卵池、孵化环道及供水系统的设备、设施的检修工作。

(6)黄鳝管理。①投放鳝苗。黄鳝生长适温为 15～30 ℃，10 ℃以下完全不摄食而进入休眠期。水温 15 ℃左右黄鳝就出洞觅食，因而 4 月中下旬就可以收购、投放鳝苗入箱。黄鳝适宜投放期较长，一般是 4 月底到 6 月底，但早期放养，黄鳝刚开始活动，急于大量取食，对饲料要求不严，既易驯化，又能延长养殖时间，有利于提高产量。②减少应激反应。鳝苗投放后，因天气、水温、环境等因素变化会引发强烈的应激反应，导致体质减弱，正常的生理代谢错乱，使得体表皮肤抗病力下降，易引起病毒、细菌侵袭感染，严重时导致大面积死亡。一般放苗前 6～10 d，利用药物培水；放苗前 1～2 d 对水体解毒；尽量避开降温天气投放，运输时尽量使用天然池塘、河渠中与放养池塘水温相近的水源，温差不得大于 2 ℃；在运输和投放前后用抗应激药物，减少应激，提高成活率；下箱后 5 d 左右用生态消毒剂消毒。连续阴雨天气时应及时泼洒 Vc，增强河蟹体质，减少应激反应。③抓好病害防治工作。4 月份最易发生烂肢、甲壳溃疡、纤毛虫等病。可以全池泼洒一次消毒药物（如二氧化氯），防止病菌大量滋生，使用一次杀纤毛虫的杀虫药物（如纤虫克），注意消毒杀虫药物不可混用。使用消毒剂和杀虫剂之后，应及时使用解毒剂以消除药物残留。

农业气象服务事项：

（1）鱼苗孵化期的渔用天气趋势预报。

（2）倒春寒、低温连阴雨等气象灾害对渔业生产影响及对策。

5 月份

本月平均气温 21.3 ℃，时有 35.0 ℃以上的高温天气发生，月降水量 159.1 mm，降水变率大，有些年份多晴少雨，有些年份雨季来临特别早，中、下旬即有暴雨、大暴雨或阴雨绵绵天气，对渔业生产造成不良影响。主要气象灾害：低温连阴雨，暴雨洪涝、大风、干旱。

5 月各个层次的水温均稳定通过了 22 ℃，达到了各种鱼类适宜的生长温度（表 4.4）。

表 4.4　5 月不同层次水温分布

深层	平均水温/℃	最高水温/℃	最低水温/℃
10 cm	23.5	33.4	18.6
30 cm	22.4	28.5	17.5
60 cm	22.8	27.6	18.1
100 cm	22.5	28.0	17.0
150 cm	21.4	26.1	17.2

农业气象指标：

四大家鱼人工繁殖的适宜气象指标：四大家鱼性腺成熟期比较晚，一般在 5 月上中旬，最适孵化水温 20～23 ℃，其人工繁殖的适宜气象指标：天气转暖后，早晨最低水温连续 3 d 稳定在 18 ℃以上，又无强冷空气侵袭时比较适宜。如果出现阴雨天气或 3～5 ℃的降温时，会出现胚胎发育不良或发育停滞。

鱼病防治：

5 月正处春夏交替，鱼类的疾病也开始发生变化，水霉病基本消失，寄生虫病、细菌性出血病、肠炎病等疾病暴发严重，特别是 5 月中旬之后，草鱼和罗非鱼出现肠炎病、烂鳃病和车轮虫病等。

渔事活动建议：

随着气温的节节攀升，夏天将至，水产养殖动物食欲明显增强，摄食量增多，进入生长旺期。而此期间气候变化无常，易形成高温、低压的闷热天气。因此，5 月也是水质易变、病害暴发和流行的主要季节。

(1)追肥：用以补充池水中的营养物质，促进天然饵料生物不断繁殖，满足池鱼摄食。追肥时要注意水色，池水呈黄绿色或茶褐色，表示池水较肥；若呈淡绿色或黄色则为瘦水，应考虑追肥。追肥选在晴暖天气，在雷雨闷热天气或阴雨连绵天气，鱼类频繁浮头期间，应少追或不追肥，否则会导致池水缺氧，引起泛塘现象。追肥时，要求有机肥与无机肥交替施用，使水中各种营养元素保持平衡。水质偏酸时，可用生石灰加以调节。

(2)投饲：应做到“四定”，即定时，一般在每天 08—09 时和 15—16 时各投喂 1 次，这时水温和溶氧较高，鱼类摄食旺盛。定位，在固定地点吃食。定质，投喂营养全面的配合饲料。定量，精饲料日投喂量，一般为存塘鱼总重的 1%～2%，以 2 h 吃完为宜。

(3)调水：5 月要控制池水深度，采取分期注水措施，即不要一次灌满水，应该由浅到深逐步加入，以提高水温，促进鱼类快速生长。

(4)鱼苗的人工繁殖：5 月份是鱼类人工繁殖工作的黄金季节，鲤鲫鱼的繁殖基本结束，此时重点先催产草鱼，其后是鲢鱼、鳙鱼、青鱼等品种。投放催产药量，繁殖的早期和晚期剂量略大，中期剂量适当减少。

农业气象服务事项：

(1)鱼苗孵化调查和短期低温预报。

(2)鱼泛塘预报。

6 月份

此时进入主汛期，若梅雨来得早，持续时间长，常发生“涝梅”，气温会持续偏低；若遭遇“空梅”或出梅早，梅雨期短，梅雨量极少，会出现旱梅，气温会偏高明显。月平均气温25.3 ℃，降水量 177.0 mm。主要农业气象灾害有暴雨洪涝、连阴雨、高温热害、干旱等。

6 月水温也节节攀升，月平均水温达到 25 ℃以上，浅层最高水温可以达到 34 ℃，超过大多数鱼生长的适应温度(表 4.5)。

表 4.5　6 月不同层次水温分布

深层	平均水温/℃	最高水温/℃	最低水温/℃
10 cm	26.1	34.5	23.3
30 cm	24.8	31.2	18.0
60 cm	25.2	29.7	22.0
100 cm	25.1	29.7	21.6
150 cm	23.1	26.6	20.6

农业气象指标：

(1)黄鳝适宜投放的气象指标。江汉平原6月下旬至7月上旬是黄鳝的第二个投苗高峰期，此时水温稳定在25 ℃以上，如果水温过低，易得水霉病，死亡率较高。此时影响其投放的主要限制因子是气温变化和降水。如果黄鳝投放后水温出现下降3 ℃以上的变化，能引起黄鳝剧烈应激反应，出现大量死亡。因此选择投苗后有5 d左右的晴好天气，比较适宜。

(2)高温危害：一般来说夏季水温较高，鱼类摄食量大，消化功能强，生长速度快，而且光照好，时间长，有利于浮游植物的光合作用，促使生物大量繁殖，浮游植物量大，光合作用放出的氧气量多，使水中的溶氧上升。但如果出现连续5 d最高气温超过35 ℃的高温天气，池水的上层会出现32 ℃左右的高温水，这对养殖的温水性鱼类非常不利。温水性鱼类在水温达到30 ℃以上时，鱼的摄食功能下降，消化吸收率降低，鱼的生长速度减慢。水温进一步升高会引起鱼类生理代谢不良，抗应激能力下降，严重的也会引发鱼类死亡。应对措施：①晴天中午延长使用增氧机的时间，促使水的上下层对流，以降低表层水的温度。②有进排水条件的池塘，可在中午增氧机开启前或开启后，向池中加入井水，同时在池塘另一边溢流排出上层高温水；无进排水条件的池塘，可用十分之一水面引入水葫芦、浮萍等上层水生植物，一方面可降解水中的有机质、氨氮、亚硝酸盐，另一方面可降低水温。③改变鱼的喂食时间，把喂食时间改在11时前和16时后，避开中午表层水温高的时间，减少鱼类的能量消耗和应激反应，以防强辐射热对鱼类的伤害。④遇到闷热天气，尤其是早晨，容易引起缺氧，应灌溉新鲜水源、开增氧机来防止缺氧浮头死亡。

(3)暴雨灾害：大风暴雨来临，养殖鱼类受惊吓相互撞击受伤，伤口感染，产生疾病。同时强降水也会使pH值下降，溶氧降低，水温陡降(降幅＞3 ℃)，有益藻死亡，有益菌群减少，藻相、菌相平衡遭破坏，厌氧细菌、致病菌滋生，亚硝酸盐、氨氮、硫化氢等有害化学成分含量升高，极易突发“泛塘”，导致鱼虾大量死亡。强降水天气维持，还会导致鱼塘出现漫溢，鱼虾逃逸，造成直接经济损失。应对措施：修补加固堤坝，加强池塘消毒，防止雨后鱼病暴发，疫病扩散传染。合理投喂营养丰富的饲料，合理施肥。投喂的饲料中要添加维生素C等，以提高鱼虾蟹的抗应激能力。

渔事活动建议：

随着气温的节节攀升，夏天已经来到。6月是水产养殖生产的关键季节，气温、水温将持续升高，而且降雨量也增多，日照时间明显延长。水产养殖动物食欲明显增强，摄食量增多，进入生长旺期。在此期间又会遇到梅雨季节，气候变化无常，易形成高温、低压的闷热天气。6月既是水产养殖动物大量摄食，快速生长的最佳时期，同时又是水产养殖动物流行病易暴发的阶段。

(1)加强成鱼养殖管理：鱼类逐步进入生长旺季，应加强施肥投饲，以肥水鱼为主的池塘，应根据水色及透明度及时施放追肥。以吃食鱼为主的池塘或网箱，应及时投喂饲料。由于此时鱼类摄食量增加，排泄物也增多，水质容易恶化而造成缺氧。如遇到阵雨或闷热天气，应适当延长开机增氧时间，要经常加注新水，不断提高水位。在梅雨时期，最好每隔 15 d 施用一次光合细菌或 EM 菌等，全池均匀泼洒，能有效地分解池内有机物，降低有害物质，抑制病菌繁衍，保持水质良好。

(2)黄鳝养殖：选择水温稳定在 25 ℃以上，有 5 d 左右的晴好天气投放种苗。鳝苗放养前必须先行消毒，注意放置网箱的池中水温与消毒容器内水的温差不得超过 3 ℃。饵料先以蚯蚓、螺肉、小鱼小虾为佳，逐步增加配合饲料，同时一般 3～5 d 换水一次，天热时 2～3 d 换水一次，每次换水量为池水总量的 1/4～1/3。

鱼病防治：

6 月还未进入真正的夏天高温期，水温相对较适宜，水中各种病原体易滋生繁殖，是鱼类易发病季节。主要易暴发及流行的疾病是水霉病、腐皮病、烂鳃病、肠炎病、出血病、小瓜虫病、车轮虫病、铁锚虫病、粘孢子虫病等。重点应做好细菌性、寄生虫病的预防工作。要定期用生石灰、二氧化氯、二溴海因或微生物制剂等泼洒消毒和改良水质。

农业气象服务事项：

(1)梅雨期天气预报及措施建议。

(2)鱼泛塘预报。

7 月份

7 月是一年中最热的月份，极端最高气温达 38.6 ℃。月平均气温 28 ℃，降水量 234.4 mm。一般在 7 月上旬末到中旬初出梅，本月降水年际变化大，是旱涝的多发月份。主要农业气象灾害有洪涝和干旱(伏旱)、低温阴雨、高温热害等。

7 月也是水温最高的月份，月平均温度在 31.5 ℃，最低温度也在 30 ℃左右，明显高于气温(表 4.6)。

表 4.6　7 月不同层次水温分布

深层	平均水温/℃	最高水温/℃	最低水温/℃
30 cm	31.4	35.0	28.9
60 cm	32.3	35.3	30.1
100 cm	31.3	33.7	29.4
150 cm	31.6	33.9	29.9

农业气象指标同 6 月份。

渔事活动建设：

7 月份，节气是小暑到大暑季节，盛夏高温开始。水温随着气温逐渐升高，大多数的水产养殖品种进入适宜水温的上限，因此是养殖鱼类的生长旺季，但同时又是病害滋生蔓延的时期，时常出现强对流雷阵雨天气，是养殖管理的重点和难点期。

(1)加强饲料的投喂：7 月是鱼类摄食旺盛期，生长也快，要抓紧时机，增大饲料的投喂量，促进养殖动物快速生长。当天气晴朗，水中溶解氧高时，可多喂；当天气闷热或下雨时，以及水质恶化，水中氧气含量下降，鱼类食欲下降，可少喂或停食。生产中有"饱食而死"现象，是由于吃饱的比饥饿的不耐低溶氧。

(2)合理施肥：以养殖鲢、鳙、罗非鱼等肥水性鱼类为主的池塘，要保持一定的肥度。7 月高温季节也应注意合理施肥，既要经常补充肥料，保持肥料浓度，又要防止过多施肥，导致水质变坏。透明度过大，水色清淡，浮游生物数量少，对鱼类生长不利；透明度过小，水色过浓，易缺氧。透明度保持在 25～30 cm 比较合适；水色以黄绿、绿褐、茶褐色为佳。天气晴朗可适当增加施肥，否则要停止施肥。水温低时，可多施些有机肥；水温高时，为防耗氧量增加，可多施些无机肥。

(3)加强水质管理：7 月水温高，天气变化快，饲料投喂多，水质不易控制，要十分注意水质的变化，定期换去池中的老水，及时补充新水，及时开增氧机增氧，如遇到阵雨或闷热天气，应适当延长开机增氧时间，严防出现缺氧浮头，甚至死鱼事故的发生。

(4)防治病害：7 月为鱼病高发期，各种细菌性、病毒性和寄生虫性病害都可发生。疾病以预防为主，主要措施是定期进行水体消毒，同时，应定期在饲料中添加维生素 C、免疫多糖及吗啉胍等药物添加剂，以增强机体的抗病力。

农业气象服务事项：

(1)梅雨期天气预报及措施建议。

(2)鱼泛塘预报。

(3)高温天气预警报。

8 月份

8 月为盛夏季节，月平均气温 27.5 ℃，降水量 239.8 mm。主要气象灾害有雨涝、伏旱、高温热害、强对流天气。

8 月水温已开始出现明显下降，虽然最高水温达到甚至超过 35 ℃，但月平均水温与 7 月份相比，下降了 2～3 ℃，最低水温也降至 25 ℃以下(表 4.7)。

表 4.7 8 月不同层次水温分布

深层	平均水温/℃	最高水温/℃	最低水温/℃
30 cm	28.1	35.3	23.1
60 cm	28.7	35.5	24.0
100 cm	28.2	34.0	23.3
150 cm	26.6	34.3	20.9

渔事活动建议：

8 月要历经大暑、立秋、处暑 3 个节气，这几个节气交替的过程中，天气的变化较为频繁，有炎热、闷热的高温天气，也有凉爽的低温天气，大自然气候的突变必然会引起养殖环境较大的变化，甚至会产生恶劣的影响，如水温的过高，温差的悬殊，溶氧的偏低，鱼类生长都将产生不利的影响，甚至会破坏水体环境的生态平衡，引发疾病造成成鱼的死亡。

农业气象服务事项：

(1)鱼泛塘预报。

(2)高温天气预警报。

9 月份

9 月是从夏到秋的过渡季节，降温较快，雨水逐渐减少，晴天增多，气温日较差大，有的年份上、中旬出现“秋老虎”，有的年份则可能出现 8～12 ℃的极端最低气温。常年月平均气温为 22.9 ℃，稳定通过 22 ℃的终日在 9 月中旬末至 9 月下旬初，月降水量为 239.5 mm。主要农业气象灾害有连阴雨，干旱。

9 月水温也明显下降，平均水温在 24 ℃左右，最低水温可降至 18 ℃左右(表 4.8)。

表 4.8　9 月不同层次水温分布

深层	平均水温/℃	最高水温/℃	最低水温/℃
10 cm	24.3	32.8	18.2
30 cm	24.1	30.7	16.2
60 cm	24.8	31.7	17.8
100 cm	24.5	31.0	17.8
150 cm	22.5	31.1	14.8

渔事活动建议：

9 月份，气温水温将会有下降趋势，且降幅较大，此时正值夏秋之交，会有强降雨、强对流等天气出现，9 月也是鱼类发病的第二个高峰期。水体内各种病原非常活跃，若管理不当，容易引起鱼病流行，造成较大程度的经济损失。

(1)9 月是多数鱼类鱼种培育的旺季，也是育肥期，需加强营养，增大规格和体质。加强饲料的投喂和水质的管理，增加换水量保持合理的透明度，合理地使用增氧机，定期使用石灰和复合有益微生物制剂，保持很好的养殖水环境。

(2)9 月仍是鱼类发病季节，因此要继续抓好病害防治工作，草鱼将迎来出血病、烂鳃病、赤皮病等常见细菌性疾病发生的又一个高峰期，应定期泼洒生石灰及含氯制剂等消毒水体。

(3)9 月水温仍较高，而且多数池塘的载鱼量接近最大值，晚上应加强巡塘，尤其是闷热的天气，注意观察“浮头”，切不可造成“泛池”。

(4)9 月可进行合理的轮捕，减轻池塘的压力。

农业气象服务事项：鱼泛塘预报。

10 月份

10 月是秋季向冬季过渡季节，气温下降很快，常年月平均气温为 17.3 ℃，降水量为 151.9 mm。水温也下降很快，平均水温在 20 ℃左右(表 4.9)。

表 4.9　10 月不同层次水温分布

深层	平均水温/℃	最高水温/℃	最低水温/℃
10 cm	20.1	26.9	15.6
30 cm	19.8	24.4	14.1
60 cm	20.4	24.7	14.3
100 cm	20.1	24.1	14.0
150 cm	17.6	24.0	12.3

渔事活动建议：

进入 10 月后，气温逐渐下降，池塘载鱼量大，且秋季气候多变，阴雨天较多，光照相对减少，易造成缺氧浮头，同时也因氨氮、亚硝酸盐、硫化氢浓度升高而易导致水质恶化。

(1)加强水质管理，改善生态环境。控制水质，使溶氧保持在 5 mg/L 以上，pH 值 7.5～8.5，透明度保持在 30～40 cm，氨氮、亚硝酸盐、硫化氢等指标控制在适宜范围内。要及时注换水，并适时使用增氧设备，根据不同天气状况在不同时间开启增氧机或水泵。坚持晴天中午开，傍晚不开；阴天清晨开，白天不开；浮头之前开，连绵阴雨天半夜开的原则。同时备好急救的化学增氧剂，预防缺氧浮头发生，减少不必要的损失。

(2)加强施肥管理，确保生长和保膘。10 月份平均气温仍然维持在 20 ℃以上，是鱼类生长旺季，肥料投入不但不能放松，而且要加强，不仅可为鱼类生长提供充足天然饵料，而且可保膘增肥，为鱼类顺利越冬奠定基础。

(3)加强饲喂管理，增强鱼体抗病力。秋季气温虽逐渐转凉，但水温仍适于常规鱼的生长，尤其是鱼体的增重更为明显。10 月上旬，鱼病高发季节已过，天气正常，可延续 9 月的投饲量，保证鱼能够吃足吃好。10 月中旬以后，水温降低，鱼的食量将减退，可逐步减少投喂量，只要求保鱼不掉膘，保持正常的代谢需要。

(4)加强病害防治，控制和消灭病原体。秋季“返热”可能成为鱼类又一个发病高峰期，要做到以防为主，防治结合。对水体消毒可采用菌毒双杀，二氧化氯、菌毒绝杀或溴氯海因等全池泼洒，杀灭水中的病原菌，用以防治细菌性鱼病。可视水质情况适量施用生石灰，调节 pH 值。一旦发生病害，应对症下药。

农业气象服务事项:鱼泛塘预报。

11 月份

本月已进入深秋,月平均降水量明显减少,气温下降幅度较大,常年月平均气温为 11.4 ℃,个别年份强寒潮来得早,强度大,可造成低温、严寒、冰冻天气,月极端最低气温达－3 ℃。月降水量为 55.0 mm。平均水温也降至 15 ℃左右,如遇冷空气过程,水温甚至会达到 10 ℃以下(表 4.10)。

表 4.10　11 月不同层次水温分布

深层	平均水温/℃	最高水温/℃	最低水温/℃
10 cm	16.2	20.8	10.2
30 cm	15.1	18.8	9.6
60 cm	15.5	19.1	10.1
100 cm	15.2	18.9	10.5
150 cm	14.0	18.1	9.9

渔事活动建议:

11 月是水产养殖后期管理阶段,是渔业生产的主要收获季节及安全越冬初始季节。该月水温随着北方冷空气的到来明显下降,下降的幅度大于上月,平均水温将降至 15 ℃左右;光照时间明显缩短;雨量稀少。由于水温的下降养殖动物的摄食量明显减少、耗氧量也大大下降,11 月上、中旬常规鱼在水温低于 15 ℃前仍需适量投饵,占全年饲料量的 1%左右,在晴好天气每天中午投食一次。11 月是一年中鱼类发病率最低时期,如肠炎病、烂鳃病,暴发性鱼病、草鱼赤皮病和指环虫害等病的发病率和死亡率会降低,但水霉病的发病率会升高,主要危害干池过程中受擦伤的鱼,可使用食盐、小苏打泼洒治疗。

农业气象服务事项:寒潮预警预报。

12 月

开始进入冬季,气温迅速下降,雨量减少,是强冷空气侵袭和寒潮多发月份,常发生大幅度降温,出现降雪严寒天气。常年月平均气温为 5.9 ℃,月降水量为 27.3 mm。主要农业气象灾害有寒潮、冻害等。

渔事活动建议:

12 月是水产养殖承前启后的阶段,既是收获也是放养的关键时期,应及早为下一年的生产认真做准备。

(1)抓紧对养殖塘开展修整堤埂,清除过多淤泥,使用生石灰消毒并改善底泥,施充分发酵有机肥改善养殖环境。

(2)及早落实鱼种来源,做好放养(水温 5～10 ℃较为适宜)工作。

农业气象服务事项:寒潮预警预报。

4.2 小龙虾养殖与气象

4.2.1 小龙虾养殖关键期适宜气象指标

4.2.1.1 摄食气象指标

小龙虾食性较杂，植物性饵料和动物性饵料均能食用，且以前者为主。植物性饵料有植物秸秆和水草等，动物性饵料有砸碎的螺蛳、小杂鱼和动物内脏等。饵料不足或小龙虾群体过大时，克氏螯虾常常相互蚕食，大虾吃小虾，硬壳虾吃软壳虾，因此在蜕皮时与蜕皮后不长一段时间内最易被蚕食。在饵料不足时还会越塘逃离。小龙虾常在水底并多在夜间摄食，摄食的最适温度为 25～30 ℃，水温低于 8 ℃或超过 35 ℃摄食明显减少。

4.2.1.2 繁殖气象指标

小龙虾生长适宜水温为 24 ～30 ℃，当温度低于 20 ℃或高于 32 ℃时，生长率下降，水温 15 ℃以下时幼体成活率极低。饲养水域昼夜温差不能过大，仔虾、幼虾昼夜水温差不可超过 3 ℃，成虾不可超过 5 ℃。一般情况下可自然越冬，为防较强寒潮袭击，可将越冬成虾投放于较深的养殖池中，并在养殖池的北边搭挡风墙或防寒棚。

在其不同的生育阶段，小龙虾对气象条件的要求不同。在苗种繁育期水温升至 20 ℃以上时，亲虾开始产卵。这样一般于春、夏、秋季交配，在正常情况下，交配产卵后的抱卵虾需要 1～2 月的孵化过程(即胚胎发育)。抱卵虾孵化的适宜水温为 22～27 ℃，孵化时间 6～10 周。期间若遇冷空气、寒潮、雨凇(冰冻)、倒春寒、低温阴雨寡照，孵化成活率较低。小龙虾 1 年可产卵 3～4 次。4 月中旬至 5 月上旬，水温 15 ℃以上，性成熟的雌虾即开始生殖蜕皮，蜕皮过程 2 min 左右。蜕皮后雌雄虾腹部相对交配，持续时间 5 min 左右。交配后 3～10 h 雌虾抱卵，卵为黄色。抱卵量随亲虾大小而异，个体大的抱卵多，个体小的抱卵少，变幅在 500～2000 粒之间。雌虾抱卵期间，第 1 对步足常伸入卵块之间清除杂质和坏死卵，游泳足经常摆动，以扰动水流使卵能获得充足的氧。卵的孵化与水温、溶氧量、透明度等水质因素相关。孵化期一般约需 11～15 d，在 35 ℃以下水温越高，时间越短。卵经过孵化后发育成幼虾，一般 1 尾亲虾最终“抱仔”约 50～200 尾，成活率 10%左右。幼虾脱离母体后，很快进入第一次蜕皮，每一次蜕皮后其生长速度明显加快，一般发育成虾需有 4 次以上的蜕皮过程。稚虾孵化后在母体保护下完成幼虾阶段的生长发育过程。稚虾一离开母体，就能主动摄食，独立生活。在稚虾培育上，水温适宜范围为 27～29 ℃，且变化幅度不宜超过 2 ℃，若水温低于 20 ℃，生长速度减缓，将严重影响成活率，因此在整个培育期间都要保持水温的相对稳定。

成虾的培育，是通过蜕壳实现生长的，蜕壳后的新体壳在 12～24 h 后硬化。在水温 25～30 ℃条件下，通过 2～3 个月饲养，体重可达 60～150 g。一般在 6—9 月水温适宜，是虾体生长旺期。

亲虾越冬，其生存水温最低值为 5 ℃。但当水温低于 9 ℃时，身长 3 cm 左右的虾在越冬期间死亡率很高，成虾虽能生存，但在 2～3 个月之后也会出现大量死亡。因此，要保障亲虾越冬期间的水温在 16～18 ℃。

4.2.1.3 生长发育生态指标

由于水体是其生存的环境，水质的好坏直接影响其健康和发育，良好的水质条件可以促进虾体的正常发育。小龙虾健康生长对溶解氧需要的最低指标为 3 mg/L，水体 pH 值适宜范围为 7.5～8.5，水体透明度低于 20 cm 和高于 25 cm 时，小龙虾的生长发育都会受到不同程度的影响。

稻虾共生期间，越冬期前的 10—11 月，大田水位控制在 30 cm 左右，使稻茬露出水面 10 cm 左右；越冬期间（12 月至翌年 2 月），大田水位控制在 40～50 cm，因为越冬水温较低，而龙虾畏寒，所以就需提高水位；3 月以后，一般水温达到 12 ℃以上，龙虾就开始生长，故这时水位要稍微降低，控制在 20～30 cm；4 月中旬以后，虾沟水位应逐渐提高至 50～60 cm，有利于提高产量。冬季要保持虾沟（塘）水深 1 m，并保持水位稳定，以利亲虾和幼虾越冬。

4.2.2 气象条件对小龙虾养殖的影响

4.2.2.1 夏季虾苗放苗成活率与气象条件关系

肖玮钰等（2020）根据不同遮盖处理，设置增温处理即单层薄膜遮盖，模拟比自然环境下水温略高的环境；设置遮阳处理的为遮阳网遮盖处理，对照处理的无任何遮盖处理的自然条件。在夏季投苗 15 d 后即适应期结束后，开始观测不同遮盖处理下的小龙虾存活率。

根据实验观测结果，遮阳处理组小龙虾整体存活率低于增温处理和对照组，也就是阴天条件下小龙虾存活率最低。第一组试验（7 月 25 日放苗）存活率观测，遮阳处理组存活率最高的网箱为 80%，最低的网箱为 65%，遮阳处理的最大值比增温处理和对照处理的 25%分位数还低；而增温处理组和对照处理组的初测存活率相对比较高，除了最小值低于 80%，其他 5 个网箱均在 85%以上。第二组试验（8 月 3 日）遮阳处理组小龙虾投苗存活率最高的网箱为 70%，最低的网箱仅为 35%，其他 4 个网箱集中在 40%～65%，遮阳处理组最高值比增温处理组的最小值和对照处理组的 25%分位数还低。增温处理组整体投苗存活率最高，在 75%～90%，对照处理组其次，在 65%～90%。综合来看，增温处理组和对照处理组平均投苗存活率分别为

84.2%±5.4%、81.7%±10.7%;遮阳处理平均投苗存活率为52.5%±12.5%,遮阳处理组平均投苗存活率最低。遮阳处理与增温处理和对照处理均存在显著差异($P<0.05$),而增温处理与对照处理则不存在显著差异($P>0.05$)。

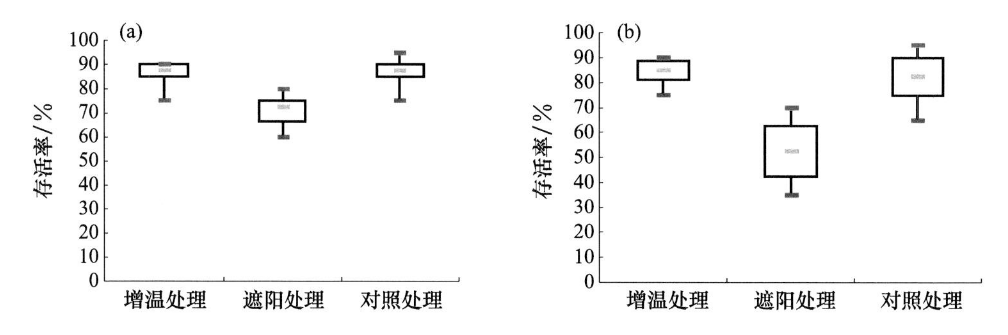

图4.1 不同遮盖处理条件下小龙虾存活率差异

(a)7月25日放苗;(b)8月3日放苗

根据实验过程中水温、溶氧观测情况对比(表4.11),遮阳处理水温最低,增温处理最高,遮阳处理溶解氧明显低于增温处理和对照处理,增温处理溶氧量观测均值略高于对照处理组。存活率显示遮阳处理最低;增温处理与对照处理差别不大。从小龙虾可生存生长水温范围看,遮阳处理的水温更适宜,说明此时温度并不是影响小龙虾幼体存活的主要因子。在夏季小龙虾投苗后影响存活率高低的主导因子是溶氧含量的多少,溶氧含量高,存活率高;溶氧含量低,则存活率低。水温的高低对存活率影响不大。由此可见,在生产实际中要提高小龙虾存活率,必须提高养殖水体溶氧含量,如尽量选择阴雨天气转折时,即一段晴好天气前期投苗可以确保水体有较高的溶氧量,避免投苗后连阴雨天气的影响。也可在小龙虾投苗前对养殖水体清淤或换水,以降低底泥呼吸和水呼吸对溶氧的消耗。

表4.11 不同气象条件下小龙虾投苗存活率、网箱水温及溶氧含量(适应期观测均值)

处理	投苗存活率/%	水温/℃	溶氧含量/(mg/L)
增温处理	84.2	32.6	7.5
遮阳处理	52.5	29.4	3.0
对照处理	81.7	31.4	7.3

4.2.2.2 小龙虾生长量与气象条件关系

根据放苗后小龙虾生长量连续观测资料(图4.2),8月3日(即小龙虾投苗后的第19 d),小龙虾已经完全度过了环境适应期,3组小龙虾重量均出现了不同程度的增长,即遮阳处理的生长量为3.1~5.2 g;对照处理则在1.6~3.4 g;增温处理的生长量最低,范围在0.5~3.2 g。遮阳处理的25%分位数比其他2组的最大值还高,最小值也与其他 2 组的最大值相差不大。再经过 10 d 的生长(8 月 13 日),遮阳处理的 25%分位数同样比增温处理的生长量最高值还高。直到最后一次称重(9 月 3 日)遮阳处理生长量仍然整体高于其他 2 组,其最高值达到 19.7 g,中位数达到 13.9 g,比其他 2 组的最高值还高。增温处理和对照处理的除了最高值以外,其他 5 个值均比遮阳处理的 25%分位数还要低。4 次称重均是遮阳处理小龙虾生长量比对照处理、增温处理要高,相对生长量同生长量一样,遮阳处理整体也高于对照处理和增温处理。

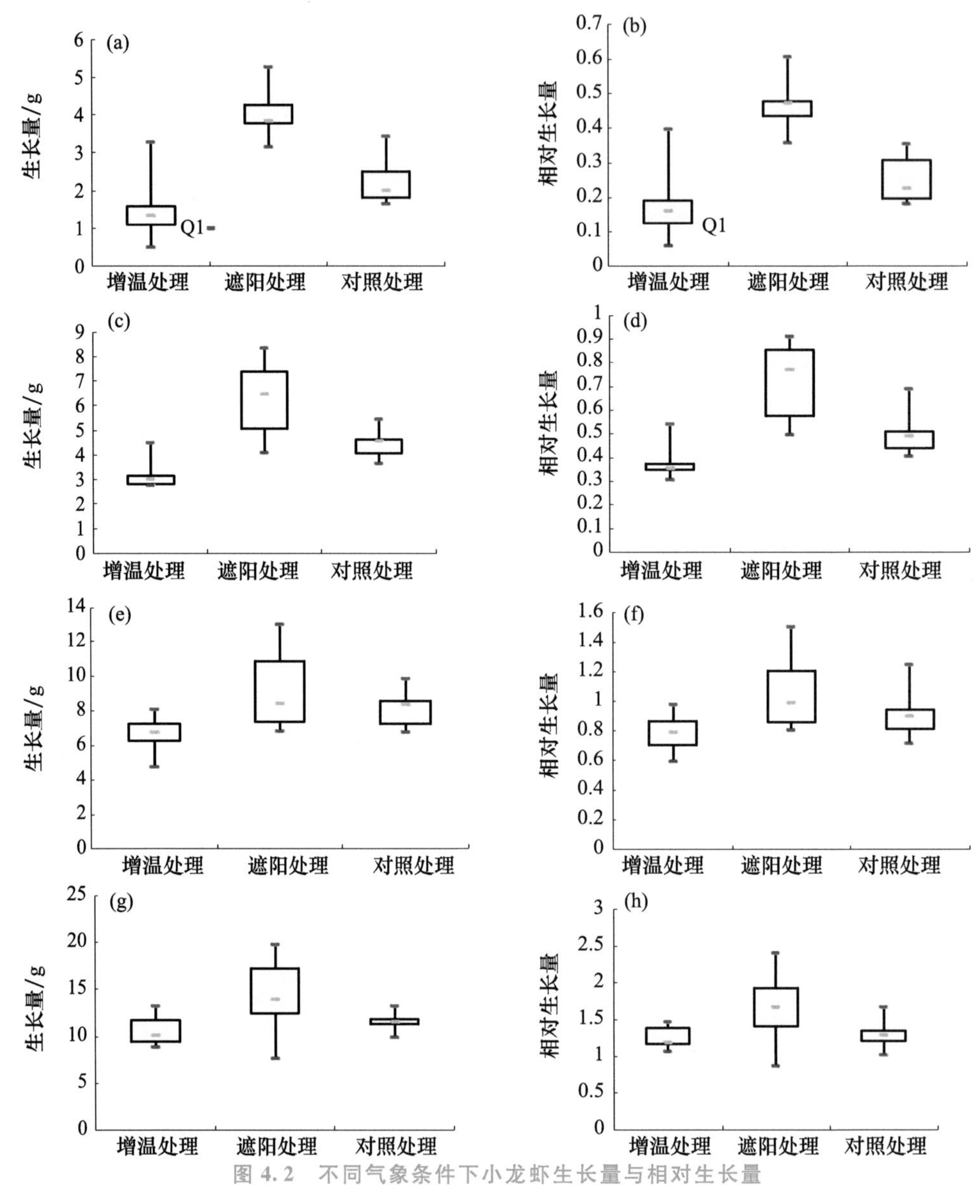

图 4.2 不同气象条件下小龙虾生长量与相对生长量

(a)、(b)8 月 3 日放苗;(c)、(d)8 月 13 日放苗;(e)、(f)8 月 23 日放苗;(g)、(h)9 月 3 日放苗

由表 4.12 可以看出，不同气象条件下小龙虾生长量与相对生长量均呈增加趋势，从 4 次称重结果可以看出，遮阳处理与对照组和增温处理均存在显著差异($P<0.05$)，而对照组和增温处理则不存在显著差异($P>0.05$)。小龙虾虾苗在度过适应期后，决定其生长发育快慢的主要因子是水温，溶解氧的影响则相对较小。当水温超过 30 ℃时，小龙虾生长速度明显变慢，说明盛夏高温对小龙虾生长发育有一定不利影响。因此，在盛夏时期采取适当措施(如遮阳、虾塘适量增加地下水)降低水温，有利于小龙虾生长(肖玮钰 等，2020)。

表 4.12　不同气象条件下小龙虾平均生长量、网箱水温及溶氧含量(生长期观测平均值)

处理	平均生长量/g	水温/℃	溶氧含量/(mg/L)
增温处理	10.6	30.7	5.5
遮阳处理	14.5	27.8	2.9
对照处理	11.5	29.5	5.1

4.2.3　稻虾养殖周年气象服务方案

以湖北省荆州地区为例，制定的稻虾种养周年气象服务方案如下。

1 月

小龙虾处于越冬蛰伏期：停止生长、冬眠。

气象指标：

(1)当冬季日平均气温达到 0 ℃或极端最低气温低于－5 ℃时，小龙虾休眠，不宜投食。

(2)在冬季，连续 3 旬降水量负距平百分率达 60%以上，或者连续 2 旬负距平百分率达 90%以上，10 a 4～5 遇，会引起缺水。

(3)亲虾越冬期间保证深层水温 16～18 ℃是整个繁殖工作的重要环节。

(4)亲虾越冬生存水温最低值为 5 ℃。但水温低于 9 ℃时，身长 3 cm 左右的虾在越冬期间死亡率很高；成虾虽能生存，但在 2～3 个月之后也会出现大量死亡。

农事建议：

(1)冬季每 3～5 d 可投喂 1 次，于日落前后进行，投喂量为虾体重的 1%～2%。

(2)遇水面结冰，可击破冰层见洞，以防因封冻造成缺氧。

(3)整修虾池，防止人畜破坏周围环境。

(4)严寒期虾池注意保持适当水层，并且不要惊扰小龙虾，不可投饲料。

气象服务事项：

(1)开展小龙虾越冬气候趋势分析和评价。

(2)加强寒潮、大风、低温雨雪冰冻的监测与预警预报。

2 月

小龙虾继续处于越冬蛰伏期:停止生长、冬眠。

气象指标:

(1)当冬季日平均气温达到 0 ℃或极端最低气温低于－5 ℃时,小龙虾休眠,不宜投食。

(2)在冬季,连续 3 旬降水量负距平百分率达 60%以上,或者连续 2 旬负距平百分率达 90%以上,会引起虾池缺水。

(3)亲虾越冬生存水温最低值为 5 ℃。但当水温低于 9 ℃时,身长仅 3 cm 左右的虾,在越冬期间死亡率很高;成虾虽能生存,但 2～3 个月后也会出现大量死亡。

农事建议:

(1)冬季每 3～5 d 可投喂 1 次,于日落前后进行,投喂量为虾体重的 1%～2%。

(2)整修虾沟,防止人畜破坏周围环境。

(3)严寒期虾池注意保持适当水层,且不要惊扰小龙虾,不可投饲料。

气象服务事项:

(1)加强寒潮、大风、低温雨雪冰冻的监测与预警预报。

(2)进行小龙虾越冬安全调研,发布小龙虾越冬状况气象信息。

3 月

小龙虾由越冬转入“惊蛰”期:随着春季回暖的早迟,常有一些初始活动。

气象指标:

(1)日平均气温稳定通过 10 ℃的时间出现在 3 月下旬为宜,无陡然增温天气时段,以免有小龙虾过早出洞活动。

(2)遇 48 h 内日平均气温下降 10 ℃以上,其中有 1 d 下降 8 ℃以上且最低气温在 5 ℃以下的寒潮(下同)大风天气,其降温与大风共同影响,对过早活动的小龙虾易引起伤害,不利于培育壮苗,增加后期白斑综合征风险。

农事建议:

(1)发生春旱要适时春灌。虾沟要注意整修,存留虾种不足者,要及早联系虾苗补充。

(2)不可过早盲目投饵料,否则若诱虾出洞后再急剧降温,其后果不堪设想。

气象服务事项:

(1)3 月初结合春播期 3—4 月天气预报,提出农事管理建议。

(2)3 月中旬发布小龙虾越冬调研后的龙虾气象信息与建议。

(3)实时发布与小龙虾有关的“倒春寒”、连阴雨、低温、大风预警预报。

(4)适时发布小龙虾投苗、投食气象适宜性预报。

4 月

小龙虾处于开始活动期:陆续活动、摄食,随温度升高,亲虾性成熟开始交配。

气象指标：

(1)一般水温达 20 ℃以上时，其亲虾开始交配。

(2)水温持续达 20 ℃以上，受精卵在雌虾腹中 40 ～70 d 可孵出稚虾，并在母体保护下完成幼虾阶段的生长发育过程。

(3)日平均气温持续下降 8 ℃，或连续 2 d 高于 25 ℃(水温超过 30 ℃)，对孵化会产生不利影响。

农事建议：

(1)在小龙虾活动后，虾沟水深可降至 60～100 cm 左右，既有利于增温，又不至于因倒春寒导致水温迅速下降。急剧降温前可加深水层保温。

(2)在日平均气温达 15 ℃以上后，开始移植水草。

(3)驱散蛇、鸟等天敌。

(4)从 4 月份开始，逐步增加投饲量，确保小龙虾吃饱、吃好，以免农药对虾体造成危害。

(5)补投虾苗宜选择较稳定的晴天，有利于保证高溶解氧水平，提高投苗存活率，度过适应期。

气象服务事项：

(1)根据回暖早迟的气象预报，制作小龙虾繁殖期预报。

(2)重点发布对小龙虾可能产生危害的“倒春寒”、低温连阴雨、干旱、冰雹、大风等气象灾害预警预报，提出对策建议。

(3)发布小龙虾投苗、投食气象适宜性预报。

5 月

小龙虾进入积极生长期：抱卵虾进入孵化适宜期。

气象指标：

(1)小龙虾生长适宜水温为 24～30 ℃，当温度低于 20 ℃或高于 32 ℃时，生长率下降，水温在 15 ℃以下时幼体成活率极低。

(2)抱卵虾孵化的适宜水温为 22～27 ℃，孵化时间 6～10 周。

(3)遇日平均气温 30 ℃以上或极端最高气温 35 ℃以上高温，不利于抱卵虾正常孵化，易出现畸形致死。

(4)高温闷热、微风、气压低，尔后骤然降温，使水体中溶解氧降低，或池水底硫化氢、亚硝酸等有害气体逸出，易引起泛塘死虾。

(5)80 mm 以上的暴雨，易导致池水漫溢，引起龙虾逃逸。

农事建议：

(1)注意天气变化，针对不同气象灾害，提前采取相应防御措施。

(2)要因势利导利用有利天气，科学投饵，促进龙虾健康成长。在正常天气条件下，逐步增加投饲量，确保小龙虾吃饱、吃好，但要避免农药对虾体造成危害。

(3)继续移植水草,为龙虾创造良好的生长环境,在易泛塘的天气条件下,应节食喂养。

(4)日平均气温 28 ℃以上时,可采取薄膜覆盖等方式,遮阳降温。

(5)连阴雨和急剧降温前后,要重点关注小龙虾蜕壳、上草等活动情况,关注白斑综合征发生情况。

(6)加大捕捞力度,降低存塘密度,减少病害相互传播风险。特别是天气突变前后,需要增加捕捞频次。

气象服务事项:

(1)在 5—9 月汛期天气趋势预报中,应标明可能产生的洪涝灾害与干旱大致时段,以便做到有备无患。

(2)作好日常农事活动天气预报,注意发布暴雨、大风、泛塘预警预报。

(3)监测水温、水质、溶解氧含量变化。

(4)关注小龙虾白斑综合征等病害,开展预报预警。

6 月

小龙虾生育期:成虾与虾苗共生期,也是生长旺盛期。

气象指标:

(1)6 月 20 日以前日平均气温稳定通过 23 ℃,6 月下旬日平均气温 24～28 ℃,最高气温 34 ℃以下,有利于小龙虾加快生长。

(2)6 月下旬出现日平均气温连续 3 d 低于 20 ℃,最低气温 17 ℃以下的低温,不利于稚虾生长发育。

(3)出现日降水量超过 100 mm 大暴雨,易引起龙虾池水漫溢,使龙虾逃逸。

(4)高温闷热、微风、气压低,急剧降温,使水体中溶解氧降低,或池水底硫化氢、亚硝酸等有害气体逸出,易引起泛塘死虾。

6 月上中旬是直播虾稻播种集中期,6 月下旬—7 月上旬是追施分蘖肥集中期。播种-追肥期间,要维持虾沟低水位,追肥后 16 d,开始抬升水位,引导小龙虾到田间活动。关注极端降水导致缺苗断垄,以及因虾沟和稻田串水,导致虾沟水质恶化,引发小龙虾死亡的情况。

农事建议:

(1)以防洪涝为主线,谨防漫池龙虾逃逸;防泛塘,注意科学投喂饵料。

(2)平时投足饵料,防因饵料不足,龙虾因争食出现强食弱肉现象,尤其对刚蜕壳的龙虾。

(3)逐步增加投饲量,确保小龙虾吃饱、吃好,避免农药对虾体造成危害。

(4)6 月底开始每周换水 1/5～1/4,以调节水质。

气象服务事项:

(1)发布梅雨期天气预报,对小龙虾提出相关措施建议。

(2)随时监测暴雨洪涝、高温干旱、大风、冰雹等灾害性天气,及早发布预报预警。

(3)开展小龙虾病害气象风险预报和水稻适宜播种期预报。

7月

进入盛夏最热月份,极端最高气温可达 38.7 ℃,月平均气温达 28.2 ℃,降水量为 157.7 mm。一般在 7 月上旬末到中旬初出梅,降水年际变化大,是旱涝的多发月份。龙虾主要气象灾害有洪涝、伏旱、高温热害、大风等。

龙虾生育期:小龙虾积极生长发育期,也是伏旱、高温、洪涝多发期。

气象指标:

(1)温度 22～26 ℃,最高气温 34 ℃以下,无 7 d 以上的连阴雨或中等强度的暴雨洪涝,降水分布均匀,是小龙虾积极生长发育的适宜气象条件。

(2)出现 100 mm 的大暴雨,是造成小龙虾水漫池逃逸的要因。

(3)连续 3 d 以上达 35～38 ℃的晴热高温,不利于龙虾活动,往往躲藏洞穴避暑,使捕捞量锐减。

(4)高温闷热、微风、气压低、急剧降温,使水体中溶解氧降低,或池水底硫化氢、亚硝酸等有害气体逸出,易引起泛塘死虾。

农事建议:

(1)为龙虾安全越夏,在高温时段注意串换温度较低的地下水,但不可大放、大灌,以防温差过大,产生伤害。

(2)7 月若集中捕捞,可先用地笼网、手抄网等工具捕捉,最后再干池捕捉。也可以采取常年捕捞,捕大留小。

(3)注意保持池中水草,并在池埂种植诸如灌木绿肥,既可遮阳,又可作水稻肥料。

(4)投喂一般以菜粕、麦麸、水陆草、瓜皮、蔬菜等植物性饲料为好。

(5)在水稻有效分蘖终止期,应放水晒田,排水宜缓,以利于小龙虾落沟。水位降至露田面为度。内埂宜多开口子,便于虾落入环沟。在放水的同时,可用地笼捕虾,减小环沟因虾密度过大造成死亡,晒田时间宜短,若小龙虾有异常反应即刻复水。

(6)每周换水 3～4 次,换水量为田水的 1/3 左右,以调节水质。

(7)高温期间,可采取薄膜覆盖遮阳的方式,降低虾沟水温。

气象服务事项:

(1)适时发布水稻晒田期预报。

(2)开展暴雨、洪涝、大风、冰雹、伏旱、高温热害、凉夏等灾害性天气预报预警。

8月

小龙虾生育期:持续高温,小龙虾因钻洞避暑休食,生长缓慢。

气象指标:

(1)若遇多云间有小到中雨天气,气温在 26 ℃以上,无连续 3 d 以上 35～38 ℃高温,小龙虾可积极生长发育。

(2)凉夏:月平均气温低于 26 ℃,其中有连续 3 d 或以上日平均气温低于 23 ℃的时段,尤其是出现 24 h 日平均气温降幅达 3 ℃以上,最高气温降幅达 5 ℃以上的过程,易导致龙虾生理伤害,尤其对抱卵虾孵化后的稚虾产生危害。

(3)7 月上旬和 8 月上旬 2 旬平均气温高于 30 ℃,最高气温连续 5 d 以上高于 35 ℃的伏旱天气,高温加之缺水,妨碍小龙虾生长发育,抱卵虾孵化甚至出现畸形稚虾而死亡。

(4)高温闷热、微风、气压低、急剧降温,使水体中溶解氧降低,或池水底硫化氢、亚硝酸等有害气体逸出,易引起泛塘死虾。

农事建议:

(1)在高温时段注意串换温度较低的地下水,但要涓涓细流,不可大放大灌,以防温差过大,对小龙虾造成伤害。

(2)尽力保护池中水草活力,使其能起到遮阳、净化水质、利于龙虾"攀爬"生息的作用。

(3)中稻抽穗期遇连续 3 d 出现 35 ℃以上高温,可灌深水降温,防止高温不实,提高结实率,也有利于小龙虾安全生长发育。

(4)对于因高温等原因引起的病害或生理病害死亡的龙虾,要尽快从池中清除,以免腐臭污染水体环境。

(5)投喂菜粕、麦麸、水陆草、瓜皮、蔬菜等植物性饲料。

(6)每周换水 3～4 次,换水量为田水的 1/3 左右,以调节水质。

(7)在此交配季节,一般交配后 7～45 d 即可产卵。须在 8 月底至 10 月中旬,直接从养殖的池塘或天然水域捕捞的成虾中挑选亲虾。要求颜色暗红或黑红色,有光泽,体表光滑无附着物;个体要大,雌虾个体重都要在 40 g 以上,雄虾个体大于雌虾个体;亲虾要求附肢齐全,无损伤,体格健壮,活动能力强。

气象服务事项:

(1)编制监测小龙虾生长发育动态与气象条件关系的分析情报。

(2)及早发布伏旱、高温热害、急剧降温、暴雨洪涝、泛塘等灾害性天气预警预报。

9 月

小龙虾生育期:仍处于积极生长发育期,但秋寒出现早的年份,会使其生长率下降。

气象指标:

(1)气温在 22～28 ℃,无连续 3 d 日平均气温低于 20 ℃的过程,较适应小龙虾生长发育。

(2)若日平均气温连续 3 d 低于 20 ℃,有时在 18 ℃以下,会使小龙虾摄食减少,影响增重。

(3)一般"秋寒"平均出现在 9 月 23 日左右,最早在 9 月上旬末。早秋寒:9 月 15

日前日平均气温连续 3 d 低于 20 ℃(或 22 ℃)、最低气温小于 16 ℃(或 18 ℃),影响迟播的中稻籽粒灌浆,使秕粒率增加,千粒重下降。

(4)伏秋持续的干旱年份,易引起虾池缺水。

(5)每 5～10 d 换水 1 次,每次换水 1/4～1/3,保持虾沟水体透明度在 25～30 cm。田间沟内,每 15～20 d 用生石灰水泼洒 1 次,每次每亩用量为 5～10 kg,以调节水质。

农事建议:

(1)对夏季蓄留的温水应加以保存,并要保护水草加以净化,以尽量延长龙虾积极生长期的环境。

(2)对于成虾或抱卵虾,都应加强投饵,以免因养殖代数“多代同堂”,又因为缺食而自相蚕食导致减产。

(3)较晚熟的一季中稻,出现“秋寒”时,可适当加深水层保温,促进继续灌浆充实。

(4)在小龙虾交配季节,一般交配后 7～45 d 即可产卵。须在 8 月底至 10 月中旬,直接从养殖的池塘或天然水域捕捞的成虾中挑选亲虾。要求颜色暗红或黑红色,有光泽,体表光滑无附着物;个体要大,雌虾个体重都要在 40 g 以上,雄虾个体大于雌虾个体;亲虾要求附肢齐全,无损伤,体格健壮,活动能力强。

气象服务事项:

(1)开展小龙虾水体生态环境和小龙虾长势监测。

(2)加强“秋寒”的预报预警。

(3)做好小龙虾大批量上市的适应捕捞期的预报。

10 月

小龙虾生育期:由积极生长发育阶段向缓慢生长期转换,可实施秋季捕捞。

气象指标:

(1)气温在 20 ℃以上,以晴到多云为主,无连阴雨,适宜小龙虾后期生长增重。

(2)若 8—10 月降水连续偏少,伏秋连旱,引起虾池缺水;或华西秋雨东扩,出现较大降水,气温下降到 18～20 ℃以下,会使小龙虾活动减缓,摄食降低,影响增重。

(3)秋高气爽,有利于水稻收获;若华西秋雨东扩,月降水量超过 150 mm 的连阴雨,不利于共生稻收割。

农事建议:

(1)集中捕捞期,可先用地笼网、手抄网等工具捕捉,最后再干池捕捉。原则是捕大留小。要选择少云到多云好天,在阴雨低温条件下不利于小龙虾留蓄再养。

(2)气温较高年份,应科学喂养,力争在捕捞前增加虾体重量。可多投一些动物性饲料,日投喂量为虾体重的 6%～8%,早、晚各投喂 1 次,晚上投喂日饵量的 70%。

(3)抢晴收割中稻,注意晾晒入库;机收稻要注意在田小龙虾的安全转移。

(4)在此交配季节，一般交配后 7～45 d 即可产卵。10 月中旬或以前，直接从养殖的池塘或天然水域捕捞的成虾中挑选亲虾。要求颜色暗红或黑红色，有光泽，体表光滑无附着物；个体要大，雌虾个体重都要在 40 g 以上，雄虾个体大于雌虾个体；亲虾要求附肢齐全，无损伤，体格健壮，活动能力强。

(5)水稻收割后，缓缓上水，促进水稻秸秆腐烂，引导小龙虾进入田间活动。

气象服务事项：

(1)开展小龙虾水体生态环境和小龙虾长势监测。

(2)继续开展"秋寒"的预报预警。

(3)发布水稻适宜收获期、小龙虾安全捕捞期预报。

11 月

小龙虾生育期：属于可生长后期，并渐进入越冬。

气象指标：

(1)如亲虾越冬生存水温最低值为 5 ℃。当水温低于 9 ℃时，身长 3 cm 左右的虾在越冬期间死亡率很高；成虾虽能生存，但 2～3 个月后也会出现大量死亡。

(2)遇早霜冻，若池水深度不够，会导致小虾死亡。

农事建议：

(1)越冬前适当多喂些动物饲料，增强虾的体质，提高冬季成活率。

(2)对越冬池要注意加强检修，池水应保持 1.5 m 以上的深度，尽量使水温保持在 10 ℃以上。

(3)每天巡池 2 次，发现异常应及时采取应对措施。越冬期间每 15 d，亩撒生石灰 20 kg，给水体消毒，补充钙质，预防疾病。

(4)前段可多投一些动物性饲料，日投喂量为虾体重的 6%～8%，早、晚各投喂 1 次，晚上投喂日饵量的 70%。

气象服务事项：

加强冷空气、寒潮等灾害性天气预报预警。

12 月

小龙虾生育期：一般已进入越冬期。

气象指标：

(1)亲虾越冬生存水温最低值为 5 ℃。但当水温低于 9 ℃时，身长 3 cm 左右的虾在越冬期间死亡率很高，成虾虽能生存，但 2～3 个月后也会出现大量死亡。

(2)遇早霜冻，若池水深度不够，会导致小虾死亡。

农事建议：

(1)每周巡池 1 次，发现异常及时采取对策。越冬期间每 15 d，亩撒生石灰 20 kg，给水体消毒，补充钙质，预防疾病。

(2)遇低温雨雪冰冻天气，要严防因池水结冰出现封冻现象，可适当敲碎积冰通气。

(3)越冬期间小龙虾不觅食，若天气晴暖，或会有小龙虾离开洞穴，少量觅食，可适时投喂动物性饵料，补充虾体内营养。

(4)整修虾沟，修复受损设施。

气象服务事项：

(1)监测虾沟水温、水位、水质，提出相应的小龙虾越冬管理措施建议。

(2)做好大雪、低温冰冻等灾害性天气预报预警。

4.3　河蟹养殖与气象

河蟹是一种大型甲壳动物，每年秋季常洄游到出海的河口产卵，第二年3—5月孵化，发育成幼蟹后，再溯江而上洄游，是一种典型的洄游性甲壳水生动物。河蟹一般为两年生，一生蜕壳18～21次，共经历溞状幼体、大眼幼体、仔蟹、幼蟹、黄蟹、成蟹和抱卵蟹7个阶段，只有一个繁殖周期，繁殖结束即生命结束。

4.3.1　河蟹养殖关键期适宜气象指标

4.3.1.1　河蟹关键期的划分

蟹苗从外地购买运回后，放入到养殖点，需要一个适应过程，3～5 d以上的晴朗温暖微风天气能够加速幼蟹的适应过程。因此运输、投放幼蟹的过程是一个关键过程，可单独划分一个关键期，江苏地区养殖户一般在3月份之前购入幼蟹，在2月中下旬前后投放，因此，可将2月1日—3月中旬划分为幼蟹运输、投放关键期，湖北地区养殖户投放幼蟹及河蟹发育期稍有延后。

蟹苗在养殖成品河蟹过程中一般蜕壳5～6次，每蜕一次壳，重量和个体就会增大。因天气因素、养殖的生态环境、蟹苗质量的不同，蜕壳间隔期时长时短。放养后到第一蜕壳期大致在3月中旬—4月中旬，公蟹、母蟹均处于平稳成长期，体重稳中有升，但成长较慢，此阶段可划分为成长初期，管理的重点是保证成活率。

第二蜕壳期大致在4月下旬—5月中旬，公蟹、母蟹成长较快，但个体间成长差异有所拉开，这时期的管理最为困难，既要防范灾害，保证其成活率，又要保证河蟹平稳成长。

第三蜕壳期大致在5月下旬—6月中旬，是河蟹体重增加较快的时期，根据观测资料分析，2011年9月20日公蟹、母蟹平均重量分别为6月30日的3.35倍和3.51倍；而2012年同期却仅为1.86倍和2.20倍。但此时段在两年中都是一年中成长较快时期，是河蟹体重从 50 g 的仔蟹跃升为成蟹的关键时期。

第四蜕壳期大致在 6 月下旬—8 月中旬，此时也是商品蟹养成的最关键期，亦可细分为 2 个时期：6 月下旬—7 月旬水温较高，河蟹觅食量增加，活动频繁，是成长活跃期；7 月中旬—8 月中旬是高温期，河蟹摄食量减少，活动减少，病害增加，伤亡增多，基本是成长停止期。因此，这一时期是商品蟹成长的关键时期。

第五蜕壳期大致在 8 月下旬—9 月下旬，水温逐渐下降到 25～30 ℃，河蟹在第五次蜕壳后，生理上亦到了积聚膏脂，准备生殖洄游的阶段，觅食量大增，水温适宜，蜕壳加速，体重明显增加，为河蟹一生中体重增加最快时期，商品蟹最终质量依赖于这一阶段的生长情况。

收获期大致在 10 月上旬—11 月底，河蟹趋于成熟期，并进行生殖洄游，活动量比往常增多，活力较强，河蟹成熟后，就会爬上岸边，进行生殖洄游。尤其是晚上，大量河蟹上岸活动，防护措施不到位很容易造成河蟹逃逸，此期必须加强防逃工作，及时捕捞上市，避免存塘量大而出现洄游逃逸。

4.3.1.2 河蟹关键期适宜气象指标

河蟹幼苗放养期适宜水温为 10～15 ℃，水温在 5 ℃以下，易造成蟹种冻伤，应尽可能避开低温阴雨、冰冻和大风天气。出现气温在 5 ℃以下或雨雪天气时，不能投饲（表 4.13）。

表 4.13 放养期适宜气象指标

参考时段/(月-日)	适宜程度	气象指标	生产建议
2-15—3-20	适宜	晴或多云 日平均气温≥8 ℃ 日最大风速<5 m/s	加水深度 60～70 cm；消毒；药性消失后，选择水温在 5 ℃左右的晴天放养蟹种；投种前 7～10 d 肥水、增氧。蟹种入池前要“吸水”3 次，每次 2 min，间隔 5 min 后进池，投入深水区。
	不适宜	灾害性天气： 连阴雨 风灾 雾害 气温骤降 低温冷害 不适宜气象指标： 风速≥8 m/s	

蜕壳生长期适宜水温为 18～28 ℃；连续 3 d 以上气温超过 30 ℃时，河蟹蜕壳和生长受到抑制；连续 3 d 气温超过 35 ℃时，河蟹就不能正常蜕壳生长。因此在高温天气来临之前，应提高水位来降低水温；大风、暴雨来临前，要加固网围设施和船桩。第一次、第二次、第三次、第四次、第五次蜕壳生长期适宜气象指标见表 4.14—表 4.18。

表 4.14　第一次蜕壳生长期适宜气象指标

参考时段/(月-日)	适宜程度	气象指标	生产建议
3-21—4-15	适宜	晴、少云、多云 日平均气温 10～20 ℃	饵料以高蛋白质的河蟹颗粒饲料为主 保持水位 60～70 cm,透明度 30～35 cm 随着天气变化及时调整喂食量,平均气温<5 ℃和雨天不喂食。平均气温上升到 8 ℃以上时,开始摄食,摄食量随气温的升高而逐渐增大。因此,投饵应掌握由少到多的原则
	不适宜	灾害性天气: 连阴雨 风灾 雾害 气温骤降 不适宜气象指标: 风速≥8 m/s 日平均温度<8 ℃	

表 4.15　第二次蜕壳生长期适宜气象指标

参考时段/(月-日)	适宜程度	气象指标	生产建议
4-25—5-15	适宜	晴、少云、多云 日平均气温 10～25 ℃	适宜的气象条件有利于河蟹快速生长,体质强,蜕壳顺利。 温度过低,影响河蟹生长、蜕壳,水草培育困难,雨水过多,水质较差、溶解氧低。 加强水草管理和水质调控。经常加注新水,每10～15 d 换一次水,换水时间最好选择在晴天中午。及时稀疏水草,清除过多水草。随温度升高,塘内水位要逐步提高至 70～80 cm。每天早晚各巡池一遍,观察河蟹生长及摄食情况,定期对养殖池水质进行检测,发现问题及时处理
	不适宜	灾害性天气: 连阴雨 干旱 风灾 雾害 气压骤降 高温热害 闷热天气 不适宜气象指标: 风速≥8 m/s 日降水量≥50 mm 平均温度<10 ℃	

表 4.16　第三次蜕壳生长期适宜气象指标

参考时段/(月-日)	适宜程度	气象指标	生产建议
5-21—6-15	适宜	日平均气温 15～25 ℃	温度高,光照太强,易引起水草疯长;雨水特多,易形成涝灾,河蟹易逃逸;光照差,影响螃蟹及水草的生长 雷雨、闷热天气要减少投饲,适当增高水位降低水温,在脱壳等敏感时期尤其要注意调节水温 雷雨、大风天气应注意生产安全,避免户外作业,湖面作业人员应及早避风、避雨;适当减少投饲或不投饲;及时做好雷雨过后的防汛、防病工作
	不适宜	灾害性天气: 连阴雨 干旱 风灾 雾害 气压骤降 闷热天气 洪涝	

表 4.17 第四次蜕壳生长期适宜气象指标

参考时段/(月-日)	适宜程度	气象指标	生产建议
6-21—7-20	适宜	平均气温 20～28 ℃ 日最高气温<33 ℃。	气温高于 35 ℃，河蟹食量少，体质差，生长慢，易引起高温死亡，水草易衰败 6 月下旬进入梅雨季节后，池塘光照条件差，溶解氧低气压低，湿度大，容易造成缺氧。勤开增氧机，特别是晚上和后半夜，保持充足溶氧；同时控制投饲量，做好病害预防 加强水草管理，保持水草活力 高温天气增多，池塘水位应保持在 1.0～1.2 m。保持池水新鲜。5～7 d 换水一次，换水量不宜过大，一般水位控制在 10～15 cm
	不适宜	灾害性天气： 连阴雨 干旱 风灾 雾害 气压骤降 高温热害 闷热天气 洪涝 不适宜气象指标： 风速≥8 m/s 日降水量≥50 mm	

表 4.18 第五次蜕壳生长期适宜气象指标

参考时段/(月-日)	适宜程度	气象指标	生产建议
8-15—9-20	适宜	平均气温 20～28 ℃ 日最高气温<33 ℃	此期易发生高温热害，适当加高水位，以水调温；及时增氧，特别是夜间增氧；种植水草、保持水草种植面积 1/2 左右；饲料中适量添加蜕壳素、维生素 C，促进河蟹蜕壳；慎用水体消毒剂，尽量不用刺激性较强的氯制剂和生石灰；防病、治虫 台风天气要加固网围设施和船桩，加强安全措施；湖面作业人员进港避风雨 暴雨来临前，加固看护棚和养殖池埂；适当降低池塘水位，做好池塘防淹工作；科学投饲，拌喂免疫增强剂；户外生产作业要注意安全。降水过多要及时排涝
	不适宜	灾害性天气： 连阴雨 干旱 风灾 雾害 气压骤降 高温热害 闷热天气 洪涝 不适宜气象指标： 风速≥8 m/s 日降水量≥50 mm	

成熟期适宜水温 10～25 ℃，平均气温达 30 ℃以上时，河蟹最后一次蜕壳时间将延长，并推迟成熟上市；当气温低于 10 ℃时，螃蟹提前进入休眠期（表 4.19）。高温、低压天气应适当开启增氧机进行增氧；寒潮天气来临前，应适当增高水位保持水温。

表 4.19　成熟捕捞期适宜气象指标

参考时段/(月-日)	适宜程度	气象指标	不利影响及生产建议
9-20—11-30	适宜	无连阴雨;平均气温 10～25 ℃	成熟收获期在 9—11 月,此期是河蟹育肥的关键时段。以高蛋白质颗粒饲料或动物性饲料为主 根据市场动态,于晴好天气,捕获成熟的河蟹上市销售 长时间连阴雨低温天气会影响螃蟹的最后生长,成熟期延迟 风力过大,易损坏防护设施,河蟹易爬上岸逃逸 加强巡塘注意防逃、防偷、防大雾、寒潮等恶劣天气,以免造成损失,确保做到丰产丰收
	不适宜	灾害性天气: 连阴雨 干旱 风灾 雾害 气温骤降 气压骤降 高温热害 闷热天气 不适宜气象指标: 风速≥8 m/s 日降水量≥50 mm 日最高气温≥30 ℃ 最低气温<0 ℃	

4.3.2　气象条件对河蟹养殖的影响

适宜天气及气温对河蟹投苗及生长有利,河蟹养殖生产过程中,不利气象条件主要有低温、高温、气温骤降、气压骤降以及连阴雨天气、闷热天气和暴雨洪涝、干旱、大风等极端天气事件。

4.3.2.1　低温天气

蟹种放养期,最低气温≤2 ℃会造成蟹种摄食量小或基本不摄食的现象,不利于河蟹生长,易造成蜕壳期推迟和蜕壳不遂(表 4.20)。应避开低温时段,等温度回升 5 ℃左右再投放,放养蟹种前 10～15 d 肥水增氧。蟹种入水前要试水,3 次间隔 5 min 进水,投入深水区;天气回暖后气温骤降,适当升高蟹塘水位保温,停止投喂,待天气转晴气温回升后,精养蟹池可分次将水位降至 60～70 cm,以利水温回升,促使河蟹尽早开食。

表 4.20　河蟹低温灾害指标

参考时段/(月-日)	发生程度	气象指标	不利影响及生产建议
2-1—3-31	重度	最低气温≤−2 ℃	蟹种放养期,低温造成蟹种摄食量小或基本不摄食,不利于河蟹生长,蜕壳期推迟和蜕壳不遂 适时放养,避开低温时段放养,等温度回升 5 ℃左右再投放。科学投放,放养蟹种前 10～15 d 肥水增氧。蟹种入水前要试水,3 次间隔 5 min 进水,投入深水区;天气回暖后气温骤降,适当升高蟹塘水位,停止投喂,待天气转晴气温回升后,精养蟹池可分次将水位降至 60～70 cm 左右,以利水温回升,促使河蟹尽早开食
	中度	最低气温≤0	
	轻度	最低气温≤2 ℃	

4.3.2.2 连阴雨

早春低温连阴雨持续 7 d 以上，将导致池塘气温偏低，幼蟹摄食量小或基本不摄食，不利其生长，严重时影响河蟹后期成活率和最终产量（表 4.21）。

表 4.21 河蟹连阴雨灾害指标

参考时段	发生程度	气象指标	不利影响及生产建议
全程	重度	连续阴雨≥13 d	早春低温连阴雨导致池塘气温偏低，幼蟹摄食量小或基本不摄食，不利其生长，严重时影响河蟹后期成活率和最终产量。梅雨季节连续阴雨，池塘溶氧缺乏，且水草正处于生长旺盛期，呼吸作用增强，水体 pH、氨氮、亚硝酸盐、硫化氢升高，水草因得不到光照草根腐烂，导致底质、水质恶化，造成恶性循环 做好水质调控和底质改良工作，适时开启增氧机，特别是晚上和后半夜，遇到雷阵雨、连续闷热或天气突变，延长开机时间，无增氧机池塘，适量增加增氧剂，增加溶氧，使用底质改良剂改良底质；抓好水草管理工作，及时清除池面水草和漂浮物；做好饲料投喂工作，及时增减投饵量；做好防逃工作，雨量过大时加固拦护设施，及时排水，保持水位稳定，勤巡池，防逃逸
	中度	连续阴雨 9～12 d	
	轻度	连续阴雨 7～8 d	

4.3.2.3 高温及低压闷热天气

高温天气（最高气温≥33 ℃连续 3 d 及以上）主要通过影响水质间接影响河蟹生态养殖，水质的改变会对河蟹的正常生长发育产生重大影响，河蟹生长速度降低，蜕壳难度增加，死亡率上升（表 4.22）。须及时提高水位，调节水温，加强水质调控，3～5 d 换水 1 次，或用微生物制剂调节水质。

表 4.22 河蟹高温及闷热灾害指标

参考时段/(月-日)	发生程度	气象指标	不利影响及生产建议
4-21—9-30	重度	日平均气温≥25 ℃且日最高气温≥33 ℃，平均相对湿度≥80%，最低气压≤1000 hPa 持续 5 d 或以上	夏季常出现气温偏高、气压偏低的闷热天气，易造成蟹池溶解氧低、水质恶化，河蟹食量减少，当水体溶解氧量低于 3 mg/L 时，就会出现吃食减少的现象，当水体溶解氧低于 2 mg/L 时，会抑制河蟹蜕壳变态，甚至出现窒息死亡及时增氧，加强蟹池水质、水草管理，为河蟹生长创造良好的生长环境
	中度	日平均气温≥25 ℃且日最高气温≥33 ℃，平均相对湿度≥80%，最低气压≤1000 hPa 持续 3～4 d	
	轻度	日平均气温≥25 ℃且日最高气温≥33 ℃，平均相对湿度≥80%，最低气压≤1000 hPa 持续 1～2 d	

4.3.2.4 暴雨洪涝

暴雨易引发池塘水位急剧上升，冲毁塘埂，水草下沉、腐烂，水浑、倒藻、低氧或缺氧的状况，败坏水质，河蟹出现应激反应，造成体质下降，易导致发病。不同等级的河蟹暴雨洪涝灾害指标见表4.23。

表4.23 河蟹暴雨洪涝灾害指标

参考时段	发生程度	气象指标	不利影响及生产建议
全程	重度	任意3 d内降水总量≥250 mm	暴雨易引发池塘水位急剧上升，冲毁塘埂，水草下沉、腐烂，水浑、倒藻、低氧或缺氧的状况，败坏水质，河蟹出现应激反应，造成体质下降，易导致发病 发生暴雨后及时修补塘埂、围板和围网等基础设施；降低水位，及时排出多余雨水；加强增氧，减少投喂；加强水质调节，稳水位保水草；雨后及时消毒，做好疾病预防
	中度	任意3 d内降水总量≥200 mm且<250 mm	
	轻度	任意3 d内降水总量为150～200 mm	

4.3.2.5 干旱

干旱少雨天气使池塘、水库、河水位急剧下降，蟹塘补水困难，水草晒死或上浮、腐烂，氨氮、亚硝酸盐升高，甚至出现蓝藻，河蟹生长迟缓，蜕壳期延后甚至不蜕壳，死亡率上升。不同等级河蟹干旱指标见表4.24。

表4.24 河蟹干旱指标(P_a)

参考时段	发生程度	气象指标	不利影响及生产建议
全程	重度	$-90\%<P_a\leqslant-80\%$	出现少雨干旱天气时，池塘、水库、河水位急剧下降，蟹塘补水困难；水草晒死或上浮、腐烂，氨氮、亚硝酸盐升高，甚至出现蓝藻；河蟹生长迟缓，蜕壳期延后甚至不蜕壳，死亡率上升。 须及时协调好养殖用水与其他农业用水的关系，科学调配，确保养殖用水供应；及时人工增氧，调节水质，保持养殖水体环境良好；重点抓好池塘防渗漏，减少投喂量、不得使用化学药物。
	中度	$-80\%<P_a\leqslant-60\%$	
	轻度	$-60\%<P_a\leqslant-40\%$	

4.3.2.6 大风天气

大风把池塘周边泥土带到水中，导致水体浑浊；大风大浪易引起池塘“泛底”，使水中有害物质浓度升高，引起河蟹中毒。而且浑水中水草自身光合作用减弱，产氧气量减少，引起池塘底部缺氧而导致河蟹伤亡。不同等级的河蟹风灾指标见表4.25。

表 4.25 河蟹风灾指标

参考时段	发生程度	气象指标	不利影响及生产建议
全程	重度	最大风速≥17 m/s	大风把池塘周边泥土带到水中，引起水体浑浊。水中的沙粒使河蟹呼吸困难，大风大浪易引起池塘“泛底”，使水中有害物质浓度升高，引起河蟹中毒，而且浑水中水草自身光合作用减弱，停止生长的同时，产氧气量减少，引起池塘底部缺氧而造成河蟹伤亡 避免在大风时作业，注意人身安全。提前使用底质改良剂，大风过后消毒水体
	中度	最大风速≥14 m/s 且<17 m/s	
	轻度	最大风速≥10 m/s 且<14 m/s	

4.3.2.7 气温及气压骤降

气温骤降时，水体产生强烈对流，河蟹易产生应激反应；水体缺氧，易出现河蟹上岸的情况；温差过大的话，河蟹食欲较差，易死亡。气温骤降对河蟹的影响及生产建议详见表 4.26。

气压骤降时，水质变化快，河蟹会产生应激反应，甚至造成“泛塘”。其对河蟹的具体影响及生产建议详见表 4.27。

表 4.26 河蟹气温骤降指标

参考时段	发生程度	气象指标	不利影响及生产建议
全程	重度	24 h 降温≥12 ℃	气温骤降时，表层水温下降，密度增大，水体产生强烈对流，河蟹易产生应激反应；水体缺氧，发生河蟹上岸现象；温差过大河蟹食欲较差，肝胰腺功能较弱的河蟹容易死亡 大幅降温时，提前对蟹塘进行增氧，以防造成损失 提前适当调节水位，提高蟹池水位，降低水温变化幅度，提高水体溶氧含量 河蟹应激强烈时，可使用抗应激和增强营养的药物，提高河蟹抵抗力，增强体质，顺利度过蜕壳期
	中度	24 h 降温≥10 ℃ 且<12 ℃	
	轻度	24 h 降温≥8 ℃ 且<10 ℃	

表 4.27 河蟹气压骤降指标

参考时段	发生程度	气象指标	不利影响及生产建议
全程	重度	24 h 降压≥10 hPa 且最低气压≤1000 hPa	气压骤降时，水中溶氧降低，加上微生物及浮游动物耗氧量增加，河蟹会产生缺氧上岸、爬草头的现象。低气压易造成“泛塘”，水质变化快，河蟹会产生应激反应，免疫力下降，极易导致病害发生与流行 加强蟹塘管理，防缺氧，降污染，重改底，多解毒，抗应激，防水变。气压骤变时，打开增氧机，持续缺氧时，增氧机可 24 h 运行。适时适量泼浇 Vc 应激灵和葡萄糖离子钙
	中度	24 h 降压≥8 hPa 且<10 hPa，同时 最低气压≤1000 hPa	
	轻度	24 h 降压≥5 hPa 且<8 hPa，同时 最低气压≤1000 hPa	

4.3.3 河蟹养殖周年气象服务方案

以江苏地区为例，制定的河蟹养殖周年气象服务方案如下。

(1)河蟹放养期服务方案

幼蟹运输、投放一般在2月上旬至3月初。服务重点：提前1个月提供2月份的长期气候预测，主要提供气温、降水、冷空气活动趋势等预测结论，包括极端最低气温、主要天气过程时间强度等；从2月1日开始，提供未来3～10 d的逐日滚动天气预报，包括未来3～10 d逐日气温、降水预报结论，以及不利的天气，比如低温连阴雨、强冷空气等天气过程的预警。在可能出现连续晴天、气温回暖等天气过程时，提供有利于幼蟹运输、投放的建议。

(2)第一、二蜕壳期(成长初期)服务方案

3—4月为幼蟹成长初期，经历第一或第二蜕壳期，此时幼蟹已投放到养殖点，但温度还较低且变化大，可在6～22 ℃之间变动，特别是此阶段前期幼蟹刚刚在转移到新的环境，觅食较少，处于适应新环境阶段，应重点关注幼蟹防病，提高成活率。

服务重点：发布30 d滚动气候预测和延伸期天气预报，主要提供气温、降水、冷空气活动趋势等预测结论；发布未来3～10 d的逐日滚动天气预报，提供未来3～10 d逐日气温、降水预报结论；发布最高、最低气温、冷空气降温、暴雨等预警；此阶段为天气系统不稳定，气温、气压、降水等变化大，应综合采用区域气象自动观测站、雷达监测资料和短时临近预报结论，开展蟹塘增氧预报。

(3)第二、三蜕壳期(成长中期)服务方案

5—6月为幼蟹成长中期，经历第二或第三蜕壳期。5月幼蟹已经适应了新环境，且体重也有所增加，此阶段幼蟹成长加快，个体之间差异增大。此阶段正处于长江中下游主汛期，大范围暴雨天气发生概率大；但有些年份会出现与此相反的情况，汛期降水偏少，局部干旱的现象亦时有发生，例如2011年6月之前，降水量偏少，水产养殖业受到严重影响。

服务重点：发布30 d滚动长期气候预测和延伸期天气预报，主要提供气温、降水趋势等预测结论；发布未来3～10 d的逐日滚动天气预报，提供未来3～10 d逐日气温、降水预报结论；发布最高、最低气温、暴雨等预警，特别是要提前预警暴雨过程可能导致洪涝灾害，洪水淹没致使河蟹外逃的风险；此阶段为天气系统不稳定，气温、气压、降水等变化大，应综合采用区域气象自动观测站、雷达监测资料和短时临近天气预报结论，开展区域强降水、蟹塘增氧等预报和短时临近灾害性天气预警。

(4)第四、五蜕壳期(成长盛期)服务方案

7—9月河蟹生长较快，但是自身消耗亦较大，该时段水温为全年中最高时期，水

温过高是最主要的威胁，35 ℃以上的水温对河蟹生长极为不利；该阶段多雷阵雨天气，亦会出现由于气压急剧下降导致水体溶解氧下降的威胁。

服务重点：发布 30 d 滚动长期气候预测和延伸期预报，主要提供高温热浪、雷雨天气趋势等预测结论；发布未来 3～10 d 的逐日滚动天气预报，提供未来 3～10 d 逐日气温、降水预报结论；提供高温热浪、雷雨等预警；综合采用区域气象自动观测站、雷达监测资料和短时临近预报结论，开展高温热害、蟹塘增氧等预报和短时临近灾害性天气预警。

(5)养成收获期服务方案

10 月—11 月底，此阶段为商品蟹养成的关键时期，河蟹生理上处于积聚膏脂、性成熟、参加生殖洄游的关键阶段，河蟹生长最快，管理上要准备充足的饵料，要加强水质管理，要注意“寒露风”等气象灾害。此阶段适宜的水温为 22～28 ℃，温度过高，河蟹自身消耗大，加快性成熟，影响河蟹体形规格；“寒露风”会导致水温过低，影响河蟹摄食，体重增加慢，同样影响河蟹体形规格。

服务重点：发布 30 d 滚动长期气候预测和延伸期预报，主要提供高温、寒露风活动趋势等预测结论；发布河蟹捕捞期 10 月上中旬的天气形势展望；发布未来 3～10 d 的逐日滚动天气预报和灾害性天气预警、评估，撰写专题服务材料。

河蟹养殖周年气象服务规程见表 4.28。

表 4.28　河蟹养殖周年气象服务规程

时段	运输投放关键期	成长初期	成长中期	成长盛期	养成期
	2 月上旬—3 月初	3—4 月	5—6 月	7—8 月	9—10 月初
适宜气象条件	气温 5～10 ℃ 溶解氧 5～7 mg/L	气温 10～20 ℃ 溶解氧 5～7 mg/L	气温 20～25 ℃ 溶解氧 5～7 mg/L	气温 25～30 ℃ 溶解氧 5～7 mg/L 水位<120 cm	气温 22～28 ℃ 溶解氧 5～7 mg/L
不利气象条件	气温<0 ℃存活率低 溶解氧<2 mg/L	气温<10 ℃不摄食，<15 ℃不易脱壳 4 月中、下旬水位≥40 cm	5 月中旬水位≥60 cm	气温>30 ℃抑制脱壳 7 月水位<150 cm 溶解氧>10 mg/L	气温>28 ℃或<22 ℃，且持续 3 d 以上
关注气象条件	关注低温连阴雨、强冷空气等不利天气	幼蟹适应新环境阶段，河蟹防病，提高成活率	大范围暴雨天气和汛期降水偏少，局部干旱的现象；	雷雨天气导致气压、水体溶解氧下降；35 ℃以上的水温	秋老虎、寒露风等灾害性天气

续表

时段	运输投放关键期	成长初期	成长中期	成长盛期	养成期
	2月上旬—3月初	3—4月	5—6月	7—8月	9—10月初
采取的措施和河蟹养殖气象服务	提前1个月提供2月的气候预测；2月1日开始提供未来3～10 d逐日滚动天气预报；提供河蟹运输和投放适宜期的预报。	提供30 d滚动长期气候预测和延伸期预报、未来3～10 d的逐日滚动天气预报；开展河蟹增氧预报；短时临近灾害性天气预警。	提供区域强降水的短时临近预警，预警河蟹外逃风险；在天气系统不稳定，导致气温气压降水变化巨大时，开展河蟹增氧预报。	提供高温热害、雷雨天气趋势等预测和预警；开展河蟹增氧预报。	提供高温、寒露风的趋势预报、灾害预警和评估；进行10月上、中旬的天气形势展望。

4.4 黄鳝养殖与气象

黄鳝，俗称鳝鱼、长鱼、无鳞公子等，属于鱼类，但生活习性与常规养殖鱼类有诸多不同，如穴居、昼伏夜出、性逆转等，生长适宜范围为15～30 ℃，最适温度范围为22～28 ℃。当水温下降到10 ℃以下，黄鳝停止摄食，钻入土下20～35 cm处越冬。当夏季水温超过28 ℃时，黄鳝摄食下降，在天然环境下会钻入泥下或洞中低温处蛰伏。在人工养殖环境里，若池底为水泥或砖石结构，黄鳝会表现不安、浮游于水面，长时间高温会导致死亡。在长期进化中黄鳝鳃部严重退化，已经能用口腔直接呼吸，并有肠道和侧线等辅助呼吸器官。当水体中溶解氧达到3.00 mg/L时，黄鳝摄食旺盛，饲料系数低，生长速度快；当水体中溶解氧降到2.00 mg/L以下时，鳝鱼摄食减少、活动异常，经常将头伸出水面呼吸空气中的氧气。经测定，黄鳝的窒息点为0.17 mg/L。黄鳝的辅助呼吸器官发达，能直接利用空气中的氧气，因此养殖水体短时间缺氧一般不会导致泛池；但缺氧时间长会影响生长，严重缺氧时会使黄鳝发生窒息死亡。

4.4.1 鳝苗投放气象指标

黄鳝苗种的好坏直接关系到成鳝产量的高低，因此必须认真做好苗种繁育、饲养管理，培育出体质健壮、规格整齐的优质黄鳝苗种。

鳝苗来源有两个方面：一是采捕天然苗，夏季5—8月是黄鳝繁殖的旺季，可在稻田、沟渠、江河、湖泊浅滩杂草丛生的地方以及成鳝养殖池内寻找泡沫堆聚的产卵孵化巢，用瓢或密眼捞网将卵连同泡沫一起轻轻捞起，然后放入水温为25～30 ℃的水体内孵化，以获得鳝苗。但野生苗种存在来源紧缺、进苗时间短、死亡率高等问题。二是人工繁殖获得鳝苗。鳝鱼人工种苗规模化繁育难题已在2019年由中国水产研究院长江水产研究所专家团队攻克。鳝苗放养时，要注意同一个育苗池必须放养同一批孵化出膜的仔鳝，避免仔鳝大小规格不一致而影响摄食，甚至相互蚕食。同时，要注意鳝苗下池时，孵化池和盛苗容器的水温与育苗池的水温相差不能超过3 ℃，否则会使鳝苗染病和死亡。如果温差太大，应慢慢相互舀水调节温度，或将盛苗容器放入育苗池一段时间，待温度平衡后再倒苗入池。

鳝种主要有以下三种来源：一是直接从野外捕捉鳝种，目前是解决黄鳝苗种来源的主要途径。二是从市场上采购，应选择健壮无伤的黄鳝作为鳝种。三是人工繁殖的苗种培育，主要有三种方式：①模拟野外自然产卵环境，在养殖池让其自然繁殖；②在野外收集黄鳝受精卵，然后人工孵化成苗；③在野外直接收集野生鳝苗，放入鳝苗池中培养。野生种苗与人工繁育出的种苗放养时间不同，放养野生种苗以夏放为主，长江中下游地区在每年6月20日—7月30日期间投放较好，人工种苗可以提前到4月初，但其放养时水温应在15 ℃以上，不宜过低，且选择晴天投放为好。

武汉区域气候中心主持的气象行业专项《水产养殖气象保障关键技术》(GYHY201006029)，通过在中国科学院水生生物研究所开展的黄鳝鱼种投放气象模拟实验，探讨了不同温度(9 ℃、12 ℃、15 ℃、18 ℃、21 ℃、24 ℃)对黄鳝运输投放的影响。结果表明：①在6 h的运输期间，各温度组的溶氧浓度均有所下降，其中24 ℃组最为明显。pH变化不显著，均在6.86～7.56。氨氮浓度均有所上升，其中24 ℃组最为明显。24 ℃组的亚硝酸盐含量高于其他各组。水质参数的变化与温度引起的鳝鱼呼吸代谢和活动水平有关。②在3 d的暂养期间，不同温度组之间的水质指标存在一定的差异，随着温度升高和时间推移，氨氮和亚硝酸盐的浓度呈增加的趋势，但没有表现出明显的规律性。③在运输的6 h和暂养的72 h期间，各温度组鳝鱼均未出现死亡，但活动状况存在一定的差异。24 ℃时鳝鱼游动频繁，整个容器底部均有分布；其他温度组中，鳝鱼游动迟缓，常常集中于箱底一角。

根据养殖户反映，在春季水温低于20 ℃(3月—4月初)时，1龄黄鳝鱼种在运输投放后养殖期间出现大量死亡现象；运输投放时水温高于20 ℃(4月中旬以后)可以提高养殖期间的存活率。但基于上述的室内模拟运输投放试验，发现不同温度对黄鳝运输6 h和投放3 d后的存活率没有任何影响，说明运输投放时低水温(＜20 ℃)不是导致养殖期间黄鳝死亡的直接原因，可能是间接的诱发因子；而直接的原因可能是越冬后黄鳝体质较差，抵抗力较低，因而在3月较低温度运输投放后容易感染水霉病，从而导致死亡率增加。

基于试验研究和养殖户实地调查资料，确定1龄黄鳝鱼种运输投放适宜季节为5月中下旬—6月上旬，水温为22～26 ℃。

4.4.2　黄鳝养殖期气象服务方案

以长江中下游地区为例，制定的黄鳝养殖期气象服务方案如下。

（1）黄鳝投苗期

一般要求天气晴好，水温在 20～25 ℃，并且未来有持续 4 d 以上的晴好天气，有利于提高鳝苗投放存活率。在鳝苗投放过程中，盛鳝苗容器的水温与育苗池塘的水温相差不能超过 3 ℃，否则会使得鳝苗染病和死亡。此外，出现日最高气温 30 ℃以上的晴热高温天气或者 4 d 以上阴雨天气，也不利于鳝苗投放和存活。

渔事建议：密切关注天气变化和水质变化，择时投放鳝苗。

气象服务重点：鳝苗投放期气象服务。

（2）一般生长期

主要生长时段为 4—11 月，水温在 15～32 ℃之间为最适宜，最适水温为 22～30 ℃。若水温高于 32 ℃，黄鳝会钻入洞底温低处蛰伏；冬季水温低于 10 ℃时停止摄食，低于 5 ℃钻入泥土中越冬。

渔事建议：夏季高温时应在鳝池周围种植丝瓜、豆角等攀缘植物以及鳝池中种植浮萍等水生植物方式遮阳降温，必要时采取换水方式，确保鳝池水温在 30 ℃以内。

气象服务重点：高温期气象服务

（3）繁殖孵化期

繁殖期一般为 5—9 月，产卵盛期为 6—7 月。孵化期适宜水温为 22～32 ℃，最适水温 28～30 ℃，水温变幅不超过 1 ℃。若期间出现水温急升骤降，温差达到 3～5 ℃时，会导致胚胎发育畸形，孵化率降低，甚至仔鳝死亡。

渔事建议：孵化期水深应控制在 10 cm 左右，保持水质清新，防止污染和水体缺氧，注意调控和稳定水温，在受精卵放入孵化器之前进行消毒，防止细菌滋生。

气象服务重点：繁殖孵化期农用天气预报

（4）越冬期

一般在 11 月至次年 2 月。气温降低至 10 ℃以下，水温在 1 ℃以上，且越冬池泥保持湿润，有利于鳝鱼越冬。若温度大于 10 ℃或低于 0 ℃，鱼池出现冰冻，或池水水位偏低，越冬池泥土偏干等不利于其越冬存活。

渔事建议：在秋初水温适宜时应加大投喂量，以备越冬体能消耗；在黄鳝冬眠前用消毒过的水草填充网箱；当气温低于 10 ℃时排干池水，在池泥上覆盖少量稻草或草包，保持池泥在 0 ℃以上，避免黄鳝受冻。

气象服务重点：低温灾害预警预报。

4.5 水产养殖气象服务产品样例

水产养殖气象服务产品种类较多，本节列举了中国气象局和农业农村部联合认定的淡水养殖气象服务中心（湖北省农业气象中心）2021 年分别针对高温热害和低温连阴雨以及渔事活动发布的水产养殖气象服务产品。

(1)防御高温热害服务产品

淡水养殖气象服务

2021 年第 1 卷第 12 期

淡水养殖气象服务中心
湖北省农业气象中心

2021 年 7 月 14 日

未来一周长江中下游以晴热高温天气为主
注意防范水产养殖高温热害

目前长江中下游地区大宗淡水养殖鱼类为快速生长期，商品小龙虾捕捞结束，成虾逐渐进入生殖生长阶段，河蟹即将进入第四次蜕壳生长期。

自 4 月以来长江中下游地区淡水养殖逐渐进入养殖关键期。据统计，4 月 1 日以来长江中下游地区大部平均气温在 20.0～25.7 ℃，与常年同期相比，除湖南西部、湖北中西部及鄂东局部较常年同期偏低 0.1～1.0 ℃外，其他大部地区气温偏高，其中江苏大部、江西南部偏高达 1.0～1.8 ℃。湖北大部、安徽中南部、江苏大部、湖南中北大部 4 月以来平均气温在 20 ℃以上日数在 70～80 天，湖南东南部、江西大部 80～95 天，与常年相比，流域内除湖南北部、湖北局部平均气温 20 ℃以上日数略偏少 0.1～2.0 天外，其他大部地区较常年同期偏多，其中江苏南部、安徽南部及江西北部偏多达 7～13 天，其他大部地区偏多 1～6 天。7 月以来，梅雨结束后各地进入盛夏高温期，湖南中南大部、江西大部、安徽东南部及江苏南部出现日最高气温 35 ℃以上日数达到 5～13 天。夏季温度升高，水温也逐渐升高。据湖北荆州养殖鱼塘水体生态监测站显示，目前 40 cm 深日平均水温在 30 ℃左右。且经过几个月的投喂，鱼塘饵料残渣物已有相当累积；近期水温高，鱼类新陈代谢加快，排泄物增加，底层水缺氧，底质环境恶化，水质变化快；各种病毒、细菌等病原体也更加活跃。

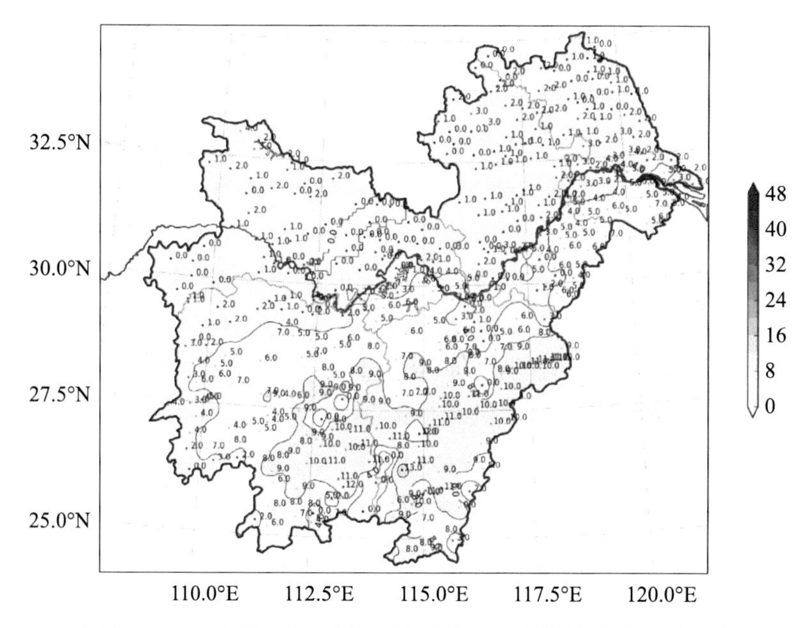

7月1—13日长江中下游地区日最高气温≥35℃的日数(单位:d)

根据后期天气形势分析,未来一周江淮地区、江南大部高温天气仍将持续,湖北中东大部、湖南、江西、江苏、安徽等地有3～7天晴热高温天气,日最高气温35～37℃,局地超过39℃;气温将进一步升高,预计水温可能升高至33℃以上,导致鱼虾心率增加、血红蛋白结合氧的能力降低,引发组织缺氧;部分鱼塘可能因高温缺氧,出现浮头泛塘等现象。为此建议:

1. 加强巡塘,适时增氧。坚持早、中、晚各巡塘一次,及时观察水色、水质变化、鱼类活动、摄食情况和有无浮头,视情况及时开启增氧机或使用化学制剂进行水体增氧。

2. 做好水质调控,确保养殖环境稳定。高温时期鱼类排泄物、残饵增加,底层环境易恶化,可采取加注新水、泼洒生石灰或者施用微生态制剂等方式,确保养殖水体环境稳定。

3. 科学投喂,增强鱼虾抵抗力。高温季节鱼虾摄食旺盛,在保障鱼虾生长对营养基本需求的同时,增强抵抗力,避免过度投喂影响鱼体代谢和健康。特别是如鲤鱼、鲫鱼和青鱼等,忌过度投喂饲料,最好投喂一些适口的天然饵料,如草鱼投喂草料、青鱼投喂螺蛳等。

4. 加强病害防治。夏季为水产养殖病害高发期,应适时做好水体消毒预防,泼洒采用生石灰等方式进行消毒,亦可使用免疫促进剂等内服药物提高鱼体免疫与抗病力。

(2)防御低温连阴雨服务产品

淡水养殖气象服务

2021年第1卷第4期

淡水养殖气象服务中心
湖北省农业气象中心

2021年3月29日

近期有连阴雨低温,水产养殖做好风险防范

一、近期天气概况

3月中旬以来,长江中下游地区气温起伏大,前期受冷空气影响,中旬后期出现明显降温过程,但后期升温快,总体气温明显偏高,长江沿岸及以北地区大部偏高2～3 ℃,以南地区偏高3～4 ℃。累计降水量湖北东部、安徽中南部、江西北部及湖南中部地区50～160 mm,其中湖北东北部、安徽中部及北部雨量较常年偏多5成～1.5倍,湖北省西部及南部、湖南大部、江西、安徽东南部、江苏南部较常年偏少2成以上,其中湖南东南部及江西南部偏少9成以上。3月28日区域内大部天气晴好,湖南东南部、江西南部平均气温达20～25 ℃,其他大部地区为16～19 ℃。伴随气温升高水温上升,据武汉农业气象试验站28日水温监测,30 cm、60 cm、150 cm最高水温分别达到22.6 ℃,22.1 ℃和18.1 ℃。

目前大部河蟹处于第一蜕壳生长期,小龙虾为春季虾苗补投期和越冬库虾捕捞上市期,其他淡水鱼类将逐渐进入春季生长期。

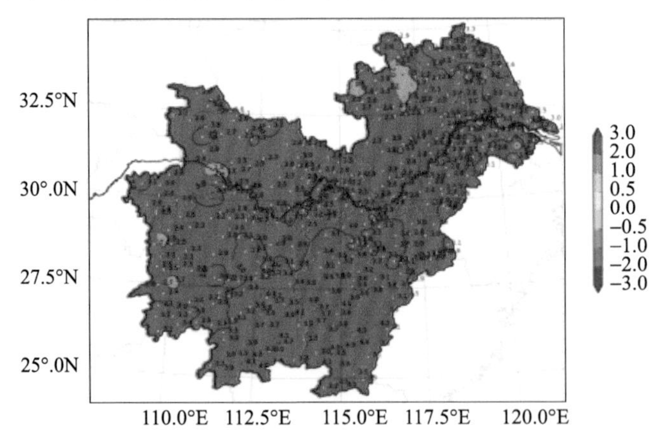

长江中下游3月11日—3月28日气温距平分布(℃)

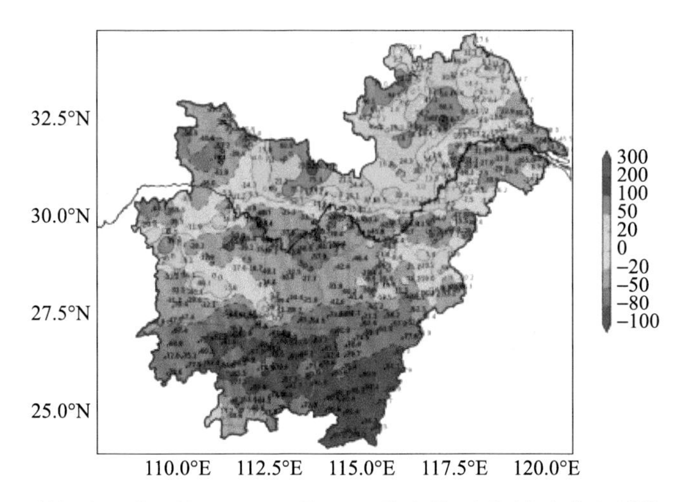

长江中下游3月11日—3月28日降水量距平百分率分布(%)

二、未来十天天气对淡水养殖生产的影响

根据后期天气预报，未来十天(3月29日—4月7日)以连续降雨天气为主，其中3月29日—4月2日长江中下游地区有较强降雨过程，大部地区日雨量为小到中雨，沿江附近地区有中到大雨，局部暴雨，大部地区累计雨量20～50 mm，湖南北部、湖北东部、江西北部、安徽南部等地部分地区雨量60～100 mm，局部可达120～150 mm，后期4月3—5日江淮、江南等地有小到中雨，6～7日又有一次降水过程，江汉、江南等地多小到中雨，局地大雨。气温也明显呈下降趋势，湖北中西大部、湖南北部气温偏低1～2 ℃，而安徽大部、江苏、江西、湖南南部大部地区正常或偏高1～2 ℃。未来十天以阴雨天气为主，阴雨寡照易造成水体溶氧偏低，不利于养殖品活动和摄食；沿江附近局部有暴雨，强降水可能导致鱼塘底泥或残饵等有机物质上翻，导致氨氮、亚硝酸盐等有毒有害物质上升及病原体被释放，一方面加剧鱼类应激反应，免疫力降低，且刚经历越冬后的鱼体质虚弱，肠道功能、免疫系统等较为脆弱；另一方面水体各类病原体增加对鱼、虾、蟹等造成危害；导致后期病害发生风险上升。为此建议：

1. 尚未投放的鱼种、蟹苗、虾苗错开近期阴雨突变天气投放，早繁鱼苗投放也要注意避开降温天气，必要时可采取保温措施，以减少损失。

2. 持续阴雨天，将导致池塘水位上涨，水体透明度下降，溶氧低，小龙虾及鱼类摄食减少，适当减少投喂量或不投喂，谨防饲料过剩加剧水质恶化。

3. 连绵阴雨天气要预防水霉病发生，水温低于15 ℃时尽量减少渔事活动，避免鱼体受伤，降低病原体对鱼体危害，谨防疫病暴发。应密切关注存塘鱼养殖水体变化，合理使用增氧机，保持水中溶氧充足，防止因缺氧导致泛塘。

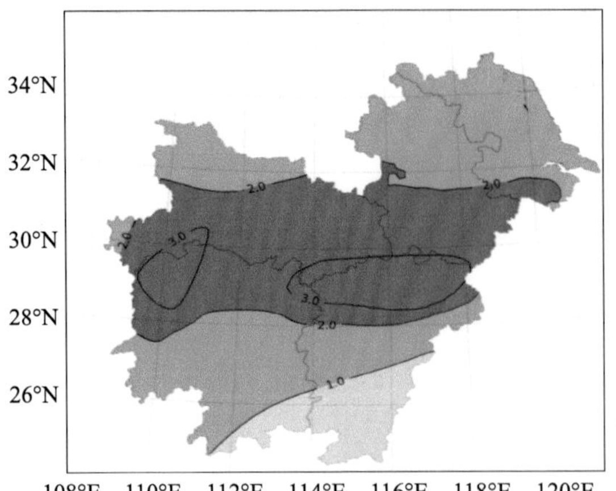

长江中下游水产养殖风险分布

(3)渔事关键期气象服务产品

淡水养殖气象服务

2021年第1卷第5期

淡水养殖气象服务中心
湖北省农业气象中心

2021年4月21日

近期为淡水养殖关键期，合理安排孵化等渔事活动

一、近期天气概况

4月以来长江中下游地区出现持续阴雨，湖北大部、湖南、江西等地降水量达50 mm以上，其中湖南、江西北部累计雨量为100～220 mm，其他地区为10～50 mm。与历史同期相比，湖北中西部、湖南西部、江西中部偏多1～9成，其他地区偏少。江西大部、湖南南部平均气温在16 ℃以上，其他大部为13～16 ℃；与历史同期相比，江苏大部、安徽南部、江西南部偏高0.1～1.0 ℃，其他大部地区偏低0.1～2.0 ℃，其中湖南西南部偏低2.0 ℃以上。根据湖北荆州水产小气候观测站监测，4月上中旬水温波动上升，4月上旬水温较低，4月15日开始平均水温上升到20 ℃以上，19—20日受阴雨天气影响，养殖水体溶解氧偏低。

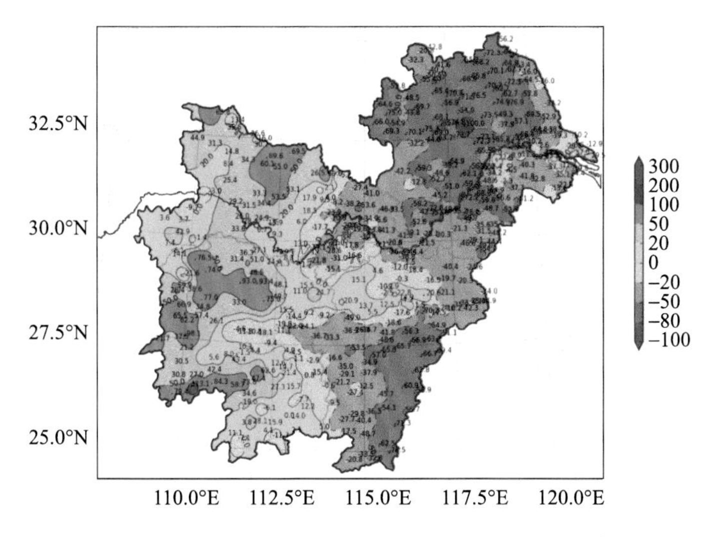

长江中下游4月上中旬降水量距平百分率分布(%)

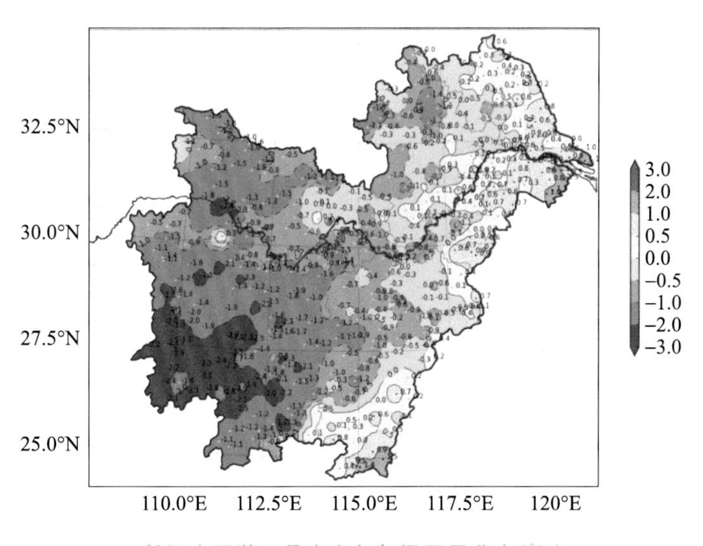

长江中下游4月中上旬气温距平分布(℃)

二、水产养殖情况及影响

目前,河蟹处于第二次蜕壳生长期,稻虾为虾苗补投、培育及库虾捕捞期,淡水鱼为春季生长期,其中四大家鱼进入繁殖孵化关键期。受前期阴雨天多、气温偏低等因素影响,养殖鱼、虾、蟹摄食量不高,生长偏缓,加之3月以来出现多次较明显冷空气过程,水温骤降使养殖鱼、虾、蟹产生应激反应,抵抗力下降,导致水产养殖病害暴发情况较重。据湖北省荆州市水产部门调查,截至4月4日荆州市鱼病发生面积

30870 亩，损失成鱼 2451 t，造成直接经济损失近 5000 万元。发病品种主要是养殖规模较大的四大家鱼、黄颡鱼、鲫鱼，其中草鱼与黄颡鱼病害暴发严重。

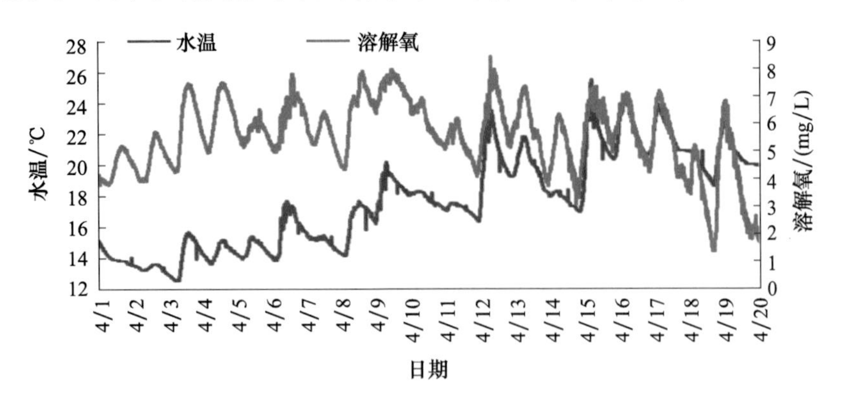

荆州水体小气候观测站 4 月 1—20 日水温水质监测

三、未来十天天气对淡水养殖生产影响

4 月下旬天气预测：21—22 日江汉、江淮、江南西部和北部有小到中雨，其中江淮西部、江南北部局地有大雨，并伴有短时强降水等强对流天气；23—25 日江汉、江南大部中到大雨，局地有暴雨；26 日后大部天气转好，无明显降水过程。平均气温除江南东部较常年略偏高外，其他地区大部接近常年。

前期有明显降水过程，部分地区有短时强降水，强降水会导致鱼塘底泥或残饵等有机物质上翻，导致氨氮、亚硝酸盐等有毒有害物质上升及病原体被释放，会加剧鱼类应激反应，导致免疫力降低，另一方面水体各类病原增加对鱼、虾、蟹等造成危害，病害风险加大；后期无明显降水过程，气温大部正常或略偏高，有利于鱼苗繁殖孵化工作的开展。为此建议：

1. 做好大宗淡水鱼孵化各项准备工作。密切关注近期天气变化，利用 4 月下旬后期天气转好、水温稳定时开展繁殖工作。人工孵化场所及时根据天气变化，采取相应措施确保水温稳定。

2. 根据天气变化合理调整饲料投喂量。近两天仍多阴雨，且部分地区有短时强降水，将导致池塘水位上涨，水体透明度下降，溶氧低，鱼虾等摄食减少，适当减少投喂量或不投喂，谨防饲料过剩加剧水质恶化，待后期天气转好后方可加强投喂，增强鱼虾体质。

3. 加强淡水养殖品的病害防治。当水温 18 ℃以上时有利于淡水鱼烂鳃病、细菌性肠炎病、小龙虾白斑综合征等病害暴发；当前水温正处于一些病害易发的适宜范围，建议：一方面加强存塘鱼、虾捕捞，适当降低养殖密度；另一方面加强水产养殖的病害监测和巡视，阴雨天气及夜间应注意及时开设增氧机，必要时配合使用增氧剂，确保鱼塘水体溶解氧含量在 4 mg/L 以上。

4.6 长江中下游地区淡水养殖气象服务系统

长江中下游地区淡水养殖气象服务业务系统基于气象部门大数据云平台（天擎），采用SOA（面向服务的体系结构）、J2EE（Java2平台企业版）架构和Spring Boot构件进行分层次、组件化的应用软件构建，实现软件平台的前后端分离。其中前端采用JavaScript、CSS、HTML编程语言，结合HXLC-UI组件库及组件技术的VUE框架，实现系统前端界面的开发设计与交互；后台采用Java、Python编程语言及其对应的Spring Boot/Flask框架，其中业务数据相关接口（包括数据传输、数据增删改查等）均采用Java语言实现，业务数据分析处理部分（算法处理、数据制图等）则采用Python语言实现，具有安全易用、规范易扩展等特点。

4.6.1 系统结构

系统总体上分为气候分析子系统、水体生态要素监测子系统、淡水养殖气象灾害监测预警子系统、淡水养殖气象预报子系统、系统管理子系统。其中气候分析子系统包括气象要素查询、统计等功能；淡水养殖生态要素监测子系统包括养殖水体水温、溶解氧等生态要素查询、统计等功能；淡水养殖气象灾害监测预警子系统基于智能网格预报产品和灾害监测预警模型，实现精细化的水产养殖气象灾害监测预警；淡水养殖气象预报子系统基于智能网格预报和实况产品实现水温、溶解氧等水体生态要素预报和渔事活动气象适宜等级预报；系统管理子系统包括系统用户、产品等级和色标等管理；系统主要功能结构如图4.3所示。

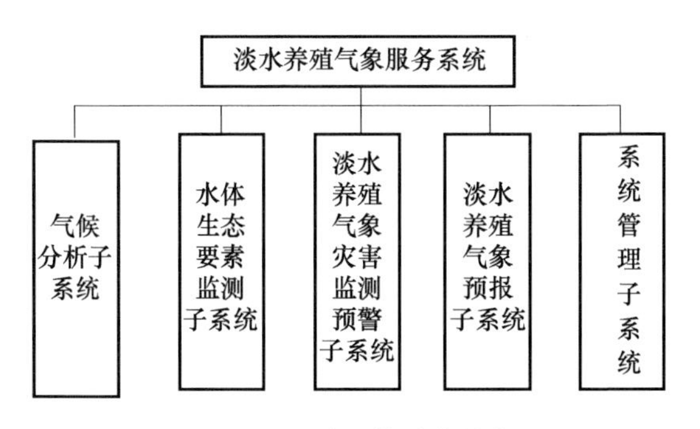

图4.3 系统总体功能结构

4.6.2　系统主要功能

淡水养殖气象服务系统主要功能模块包括：气象要素查询统计、水体生态要素监测、渔用天气气象预报、气象灾害监测预警。

气象要素查询统计模块实现对淡水养殖影响较大的日平均气温、最高气温、最低气温、降水量、日照时数、平均气压、风速等气象要素的任意时段、任意范围的平均、极值查询统计以及与历史同期距平、排位等查询统计，查询统计结果保存导出为EXCEL等格式，绘制为空间分布图，空间分布图保存为BMP等格式，气象要素查询统计界面如图4.4所示。

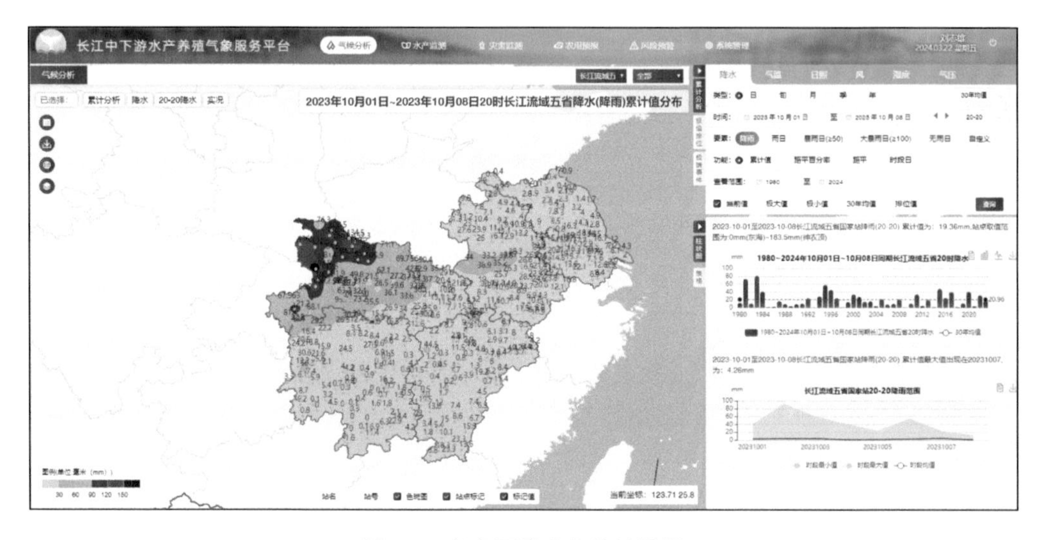

图4.4　气象要素查询统计界面

水体生态要素监测模块实现淡水养殖生态气象监测站分层水温、溶解氧、pH值、叶绿素等水体生态要素的任意时段逐小时查询，任意时段平均、极值统计，查询统计结果可以柱状图、折线图显示或导出为EXCEL文件。水体生态要素监测界面如图4.5所示。

淡水养殖渔用天气气象预报模块基于气象格点实况和智能网格预报，实现未来10 d养殖水体水温、溶解氧等水体生态要素预报以及四大家鱼繁殖、孵化、投苗和黄鳝投苗等受天气影响较大的渔事活动气象适宜等级预报等功能，预报图可分省、市、县绘制色斑图显示，保存为BMP等图片格式。渔用天气气象预报界面如图4.6所示。

气象灾害监测预警模块（图4.7）基于气象格点实况和智能网格预报，实现四大家鱼浮头泛塘、小龙虾越冬期低温冻害、高温热害等淡水养殖气象灾害、细菌性病害发生气象等级监测及未来 10 d 气象灾害和病害发生气象等级预警，监测预警结果可以分省、市、县绘制色斑图显示，保存为 BMP 等图片格式。

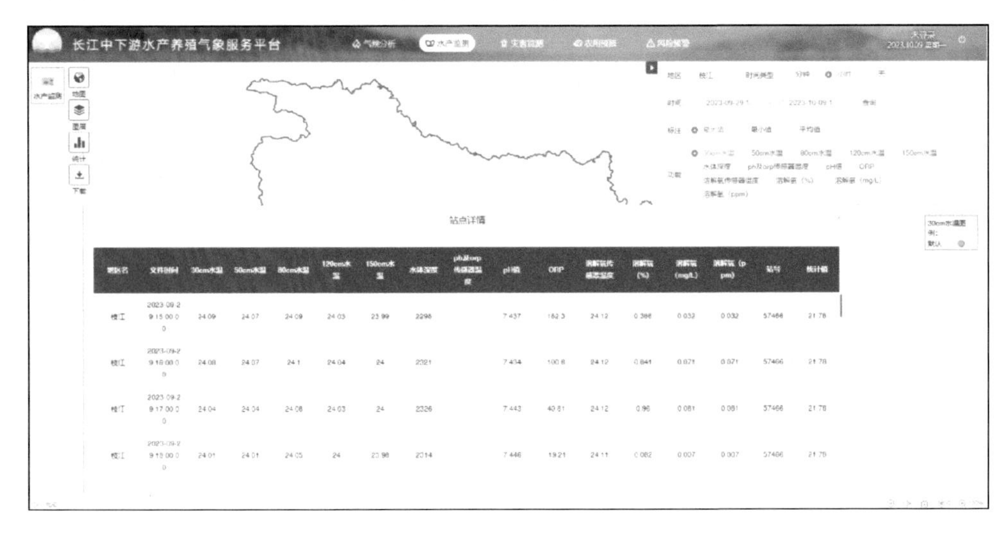

图 4.5　水体生态要素监测界面

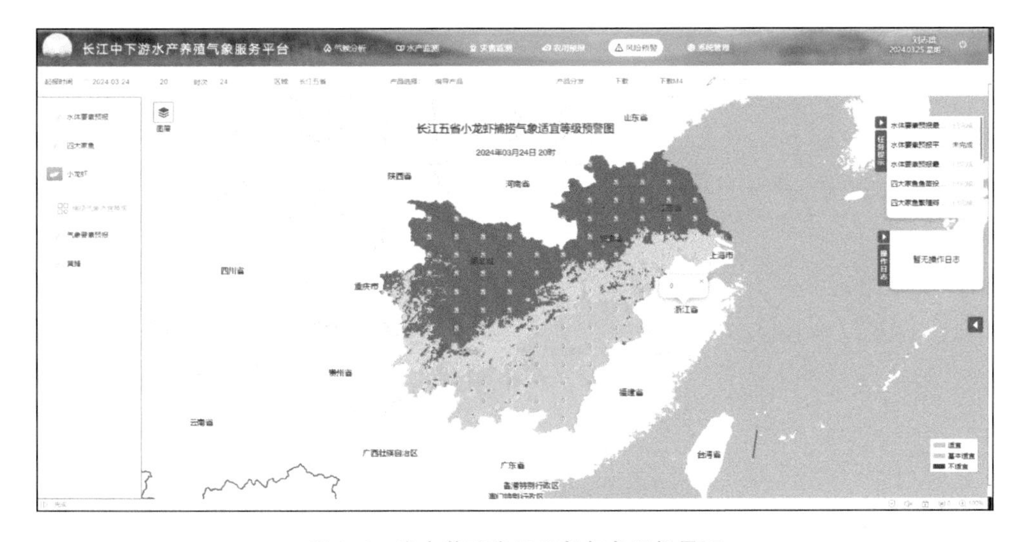

图 4.6　淡水养殖渔用天气气象预报界面

图 4.7　气象灾害监测预警模块

第 5 章

淡水养殖渔事活动气象条件预报

5.1 淡水养殖农用天气预报

根据试验研究及调查，确定不同养殖产品的预报对象、预报时段、预报因子。其中预报因子为对渔事活动影响较大的气象因子，可以是单因子，也可以是多种因子。预报对象主要有三类：淡水养殖渔事活动（人工繁殖、投放、捕捞等）气象等级、鱼类病害发生气象等级、鱼类浮头泛塘气象等级。以淡水养殖产品重要渔事活动的气象等级作为预报对象，渔事活动的关键时段定为预报时段，建立了 10 种淡水养殖重要渔事活动、5 种鱼类病害及浮头、泛塘的农用天气等级预报模型。将渔事活动气象等级分为 3 级：不适宜、较适宜、适宜（表 5.1）。

表 5.1　养殖对象重要渔事活动、关键时段及预报因子

渔事活动	养殖对象	预报内容	关键期	预报因子
繁殖孵化	四大家鱼	未来 1～7 d 气象等级	4—6 月	水温、降水、24 h 变温
	小龙虾繁殖孵化	未来 1～7 d 气象等级	3—5 月	水温、降水
	龟、鳖繁殖孵化	未来 1～7 d 气象等级	4—5 月	水温、降水
苗种投放	黄鳝	未来 1～7 d 气象等级	5—7 月	水温、平均气温、降水
	小龙虾	未来 1～7 d 气象等级	3—5 月	降水、水温、水温变幅
	河蟹	未来 1～7 d 气象等级	12 月—次年 3 月	降雨量、水温、最低气温、变温幅度等
	龟、鳖	未来 1～7 d 气象等级	4—5 月	水温
	青虾	未来 1～7 d 气象等级	2—3 月	水温、降水、温差
	黑尾鲌	未来 1～7 d 气象等级	3—4 月	水温、水温差、降水
捕捞	河蟹	未来 1～7 d 气象等级	10—11 月	降水、风速

续表

渔事活动	养殖对象	预报内容	关键期	预报因子
鱼类病害防治	四大家鱼细菌性败血症	未来1～7 d气象等级	5—10月	水温、变温
	四大家鱼肠炎	未来1～7 d气象等级	5—10月	水温、变温
	四大家鱼烂鳃病	未来1～7 d气象等级	5—10月	水温、变温
	罗非鱼肤霉病	未来1～7 d气象等级	5—10月	水温、变温
	黄鳝感冒病	未来1～7 d气象等级	5—10月	水温、水温日较差、变温
浮头泛塘	四大家鱼	未来1～7 d气象等级	5—8月	最高气温、水温、气压、溶解氧等

5.2 淡水养殖重要渔事活动气象等级指标

5.2.1 水产繁殖孵化气象等级

5.2.1.1 四大家鱼人工催产孵化气象等级(4月下旬—6月上旬)

(1)适宜

① 日降水量 $R\leqslant5$ mm，且次日降水量 $R_1\leqslant5$ mm

② 未来5 d平均水温 T_W 22～28 ℃

③ 平均水温 T_W 24 h变温≤3 ℃

(2)不适宜

① 日降水量 $R\geqslant15$ mm，且次日降水量 $R_1\geqslant15$ mm

② 未来5 d平均水温≤18 ℃，或平均水温≥31 ℃

③ 平均水温 T_W 24 h变温≥6 ℃

(3)基本适宜

不满足适宜、不适宜条件。

5.2.1.2 小龙虾繁殖孵化气象等级(4月中旬—5月上旬)

(1)适宜

① 平均水温 T_W 为20～31 ℃

② 日降水量 $R\leqslant15$ mm

(2)不适宜

① 平均水温 T_W≤15 ℃,或平均水温 T_W≥34 ℃

② 日降水量 R≥25 mm

(3)基本适宜

不满足适宜、不适宜条件。

5.2.1.3　龟、鳖孵化气象等级(5月上旬—8月上旬)

(1)适宜

平均水温 T_W为 25～31 ℃

(2)不适宜

平均水温 T_W≤20 ℃,或 T_W≥33 ℃

(3)基本适宜

不满足适宜、不适宜条件。

5.2.2　水产苗种投放气象等级预报模型

5.2.2.1　鳝苗投放气象等级(5—6月)

(1)适宜

① 平均水温 T_W为 22～26 ℃

② 连续 5 d 晴到多云,无雨

(2)不适宜

① 平均水温 T_W≤20 ℃,或 T_W≥30 ℃

② 连续 5 d 中任意 1 d 日降水量 R≥5.0 mm 或连续 3 d R≥0.1 mm

(3)基本适宜

不满足适宜、不适宜条件。

5.2.2.2　小龙虾苗种投放气象等级(12月或次年 3—4月)

(1)适宜

① 平均水温 T_W为 19～23 ℃

② 平均水温日变温≤3 ℃

③ 日降水量 R≤0.1 mm

(2)不适宜

① 平均水温 T_W≤17 ℃,或 T_W≥25 ℃

② 平均水温日变温≥5 ℃

③ 日降水量 R≥15 mm

(3)基本适宜

不满足适宜、不适宜条件。

5.2.2.3 河蟹苗投放气象等级(12 月—次年 3 月)

(1)适宜

① 平均水温 T_W 为 10～15 ℃

② 连续 5 d 晴到多云,无雨

(2)不适宜

① 平均水温 $T_W \leqslant 8$ ℃,或 $T_W \geqslant 18$ ℃

② 当日降水量 $R \geqslant 5.0$ mm,或前 1 日降水量 $R_1 \geqslant 5.0$ mm,或前 2 日降水量 $R_2 \geqslant 5.0$ mm

(3)基本适宜

不满足适宜、不适宜条件。

5.2.2.4 龟鳖种苗投放气象等级(4 月中旬—5 月上旬)

(1)适宜

平均水温 $T_W \geqslant 20$ ℃

(2)不适宜

平均水温 $T_W \leqslant 18$ ℃

(3)基本适宜

不满足适宜、不适宜条件。

5.2.2.5 青虾苗投放气象等级(2—3 月)

(1)适宜

① 平均水温 $T_W \geqslant 12$ ℃

② 日降水量 $R \leqslant 0.1$ mm

③ 未来 2 d 24 h 水温变温≤5 ℃

(2)不适宜

① 平均水温 $T_W \leqslant 10$ ℃

② 未来 2 d 24 h 水温变温≥8 ℃

③ 当日降水量 $R \geqslant 5$ mm,或前 1 日降水量 $R_1 \geqslant 5$ mm ,或前 2 日降水量 $R_2 \geqslant 5$ mm

(3)基本适宜

不满足适宜、不适宜条件。

5.2.2.6 黑尾鲌鱼苗放养气象等级(3—4 月)

(1)适宜

① 平均水温 $T_W \geqslant 12$ ℃

② 日降水量 $R \leqslant 0.1$ mm

③ 未来 2 d 24 h 水温变温≤5 ℃

(2)不适宜

① 平均水温 $T_W \leqslant 10$ ℃

② 未来 2 d 24 h 水温变温≥8 ℃

③ 当日降水量 $R \geqslant 5$ mm,或前 1 日降水量 $R_1 \geqslant 5$ mm ,或前 2 日降水量 $R_2 \geqslant$ 5 mm

(3)基本适宜

不满足适宜、不适宜条件。

5.2.3 水产起捕气象等级预报模型

5.2.3.1 河蟹捕捞气象等级(10—11 月)

(1)适宜

① 平均气温 20 ℃≥T ≥12 ℃

② 日降水量 $R \leqslant 0.1$ mm

③ 风速 $V \leqslant 3$ m/s

(2)不适宜

① 平均气温 $T>25$ ℃,$T<12$ ℃

② 日降水量 $R \geqslant 15$ mm

③ 风速 $V \geqslant 8$ m/s

(3)基本适宜

不满足适宜、不适宜条件。

5.2.3.2 小龙虾起捕气象等级

(1)适宜

① 无雨或小雨,日降水量 R<10 mm

② 日最高气温为 15～35 ℃

③ 风力≤4 级

④ 能见度≥1000 m

(2)不适宜

① 日最高气温≥37 ℃

② 日最低气温<5 ℃

③ 日降水量 $R \geqslant 50$ mm 或出现雷暴

④ 风力≥6 级

⑤ 能见度<50 m

(3)基本适宜

① 日降水量 10mm≤R<25 mm

② 15 ℃<日最高气温≤35 ℃

③ 能见度 200～1000 m

(4)较不适宜

① 35 ℃≤日最高气温<37 ℃

② 5 ℃≤日最低气温<15 ℃

③ 日降水量 25 mm≤R<50 mm

④ 风力 5 级

⑤ 50 m≤能见度<200 m

5.2.3.3 罗非鱼起捕气象等级

(1)适宜

① 平均气温 T>18 ℃

② 日降水量 R≤0.1 mm

③ 风速 V≤3 m/s

(2)不适宜

① 平均气温 T≤18 ℃,水温差 5 ℃以上

② 日降水量 R≥15 mm

③ 风速 V≥8 m/s

(3)基本适宜

不满足适宜、不适宜条件。

5.2.4 鱼病发病气象等级指标

主要淡水鱼病发生气象等级指标如表 5.2 所示。

表 5.2 主要淡水鱼病发生气象等级指标

病害种类		发病气象等级		
		适宜	不适宜	基本适宜
1	肠炎	水温 25 ~35 ℃	水温 20 ℃以下,或大于 37 ℃	水温 20~25 ℃或 35~37 ℃
2	细菌性烂鳃病	水温 25~35 ℃	水温 20 ℃以下	水温 20~25 ℃
3	细菌性败血病	水温 25~30 ℃	水温 20 ℃以下	水温 20 ~25 ℃
4	罗非鱼肤霉病	水温 16 ℃以下	水温 20 ℃以上	水温 16~20 ℃
5	黄鳝感冒病	水温日较差 10 ℃以上	水温日较差 6 ℃以下	水温日较差 6~10 ℃

5.2.5 鱼类浮头泛塘等级指标

浮头:溶解氧≤1.8 mol/m^3;

严重浮头:溶解氧≤1.2 mol/m^3;

泛塘:溶解氧≤0.8 mol/m^3。

5.3 淡水养殖气象等级预报模型的建立

对大多数淡水养殖农事活动而言，受多种气象因子的影响。按照 5.2 节渔事活动气象条件分级指标，对每个因子进行分级。由于不同因子气象等级并不一致，需要建立多因子综合的适宜气象等级判别模型。

设定隶属函数为线性关系，将气象因子指标作为模糊集合，利用模糊集的隶属函数来计算单项气象因子的评判值，建立各气象适宜度隶属函数模型，再利用线性加权求和的方法，建立各农事活动气象适宜等级预报模型。

以四大家鱼繁殖孵化气象等级模型为例，影响因素有当天的天气、次日的天气、水温、水温日较差等 4 个因子。根据 5.2 节中四大家鱼人工催产孵化气象等级指标，所有 4 个因子都满足适宜等级，综合气象等级为适宜，当其中一个因子满足不适宜条件，综合气象等级为不适宜，4 个因子都不满足适宜等级、也不满足不适宜等级时（即 4 个因子都在适宜、不适宜之间），综合气象等级为基本适宜。上述 4 个因子隶属函数（I_r、I_{r1}、I_{tw}、I_{dtw}）模型分别见式（5.1）—式（5.4），r、r_1、t_w、d_{tw} 分别表示预报日降水、预报次日降水、预报日平均水温、预报日水温日较差。

（1）日降水量隶属函数模型

$$\mu(I_r)=\begin{cases}1 & r\leqslant 5\\ \dfrac{15-r}{10} & 5<r<15\\ 0 & r\geqslant 15\end{cases} \tag{5.1}$$

（2）次日降水量隶属函数模型

$$\mu(I_{r1})=\begin{cases}1 & r\leqslant 5\\ \dfrac{15-r_1}{10} & 5<r<15\\ 0 & r\geqslant 15\end{cases} \tag{5.2}$$

（3）日平均水温隶属函数模型

$$\mu(I_{tw})=\begin{cases}1 & 22\leqslant t_w\leqslant 28\\ \dfrac{31-t_w}{3} & 28\leqslant t_w<31\\ \dfrac{t_w-18}{4} & 18<t_w\leqslant 22\\ 0 & t_w\leqslant 18,t_w\geqslant 31\end{cases} \tag{5.3}$$

(4)日水温日较差隶属函数模型

$$\mu(I_{dtw})=\begin{cases}1 & d_{ut}\leqslant 3\\ \dfrac{6-d_{ut}}{2} & 3<d_{ut}<6\\ 0 & d_{ut}\geqslant 6\end{cases} \tag{5.4}$$

构造 4 个因子的隶属函数和函数 $f_1(I)$、积函数 $f_2(I)$：

$$f_1(I)=\sum_i \mu(I_i)=\mu(I_r)+\mu(I_{r1})+\mu(I_{ut})+\mu(I_{dwt}) \tag{5.5}$$

$$f_2(I)=\prod_i \mu(I_i)=\mu(I_r)\times\mu(I_{r1})\times\mu(I_{ut})\times\mu(I_{dwt}) \tag{5.6}$$

由隶属函数式(5.1)—式(5.4)可以得到：

当影响四大家鱼繁殖孵化的 4 个气象因子都满足适宜等级时，$f_1(I)=4$，$f_2(I)=1$；

当 4 个因子中有一个满足不适宜等级时，$f_1(I)<4$，且 $f_2(I)=0$；

当 4 个因子都在基本适宜范围时，$0<f_1(I)<4$，且 $f_2(I)\neq 0$。

所以四大家鱼繁殖孵化的气象适宜等级预报模型可以总结如下表 5.3：

表 5.3　四大家鱼繁殖孵化气象适宜综合等级预报模型

综合气象等级	适宜	基本适宜	不适宜
判别模型	$f_1(I)=4$，$f_2(I)=1$	$0<f_1(I)<4$，且 $f_2(I)\neq 0$	$f_2(I)=0$
对应气象条件	预报日当日、次日无降水，水温为 22～28 ℃，水温日较差小于 3 ℃	不满足适宜条件，也不满足不适宜条件	预报日当日或次日有降水；水温大于 31 ℃，或小于 18 ℃；或水温日较差大于 5 ℃，满足之一

同样方法，可以建立其他多种水产养殖渔事活动、鱼类病害、养殖池塘泛塘的气象等级预报模型。

5.4　三种鱼浮头泛塘气象预报概念模型

黄永平等(2014)通过分析 2011—2012 年湖北省荆州地区发生的 25 个鱼泛塘实例的气象条件，分析其发生时间发现，5 月出现 5 次，占 20%；6 月出现 4 次，占 16%；7 月出现 6 次，占 24%；8 月出现 7 次，占 28%；9 月出现 2 次，占 8%；10 月出现 1 次，占 4%。可见夏季出现最多，春季次之，秋季相对较少。

利用湖北省荆州农业气象试验站 2011—2012 年气象观测资料，分析发生浮头、泛塘前的天气特征，并根据表征天气特征气象要素之间相互配置，对造成鱼浮头、泛塘的天气特点进行分型。可将这 25 个实例归纳为 3 种概念类型：急剧降温降压型(8 次，占 32%)、寡照型(3 次，占 12%)、高温闷热型(14 次，占 56%)(黄永平 等，2014)。

5.4.1　急剧降温降压型

(1)前期天气特征

3 d 以上晴好天气，日平均气温维持在 25 ℃以上，日最高气温 32 ℃以上，前 3 d 开始气压持续下降。

(2)触发条件

冷空气过境，气温骤降 8 ℃以上，10 cm 水温下降 4 ℃以上，气压降至 995 hPa 以下，且雨量大于 4 mm。

(3)实例分析

2011 年 5 月 11 日发生泛塘时的气象要素之间的配置如图 5.1。5 月 4—9 日连续 6 个晴天，日照充足，日辐射总量在 20 MJ/m² 左右，8 日平均气温达到 29 ℃，最高

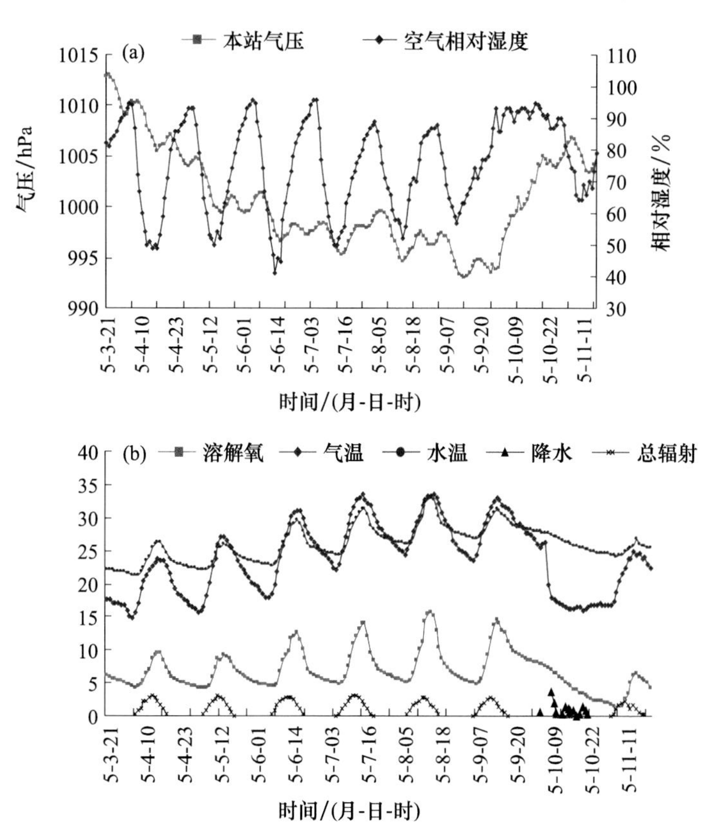

图 5.1　2011 年 5 月 3—11 日逐小时溶解氧含量变化与气象要素配置

(a)逐小时气压、空气相对湿度配置；(b)逐小时溶解氧含量(mol/m²)变化与气温(℃)、水温(℃)、降水量(mm)、总辐射量(MJ/m²)配置

气温达到 33 ℃,溶解氧最高含量达到 15.6 mg/L。5 月 10 日开始冷空气过境,气温急剧下降,10 日 07—08 时下降 6.3 ℃,08—09 时又下降 2 ℃,气压也波动下降,连续下降 7 d,从 5 月 3 日 22 时的 1013.1 hPa 降到 5 月 10 日 03 时的 993.8 hPa。10 日 05 时开始出现弱的阵性降水,气温进一步下降,导致表层水温明显下降,48 h 水温持续下降 7 ℃,10 日白天溶解氧含量不升反降,到 11 日凌晨降至 2 mg/L 左右,虽然仍高于引起窒息死亡的指标,11 日 06 时左右还是出现池鱼严重浮头,部分鱼类死亡 。

(4)成因分析

泛塘前虽然温光适宜,溶解氧充足,但气压持续下降,引起鱼类食欲减退,活力下降。冷空气过境时,上层水温骤然下降,比重加大而下沉,溶解氧被底层有机物消耗,下层水上升,溶解氧得不到及时补充而缺氧。特别是水温骤然下降,刺激鱼神经末梢,引起生理功能紊乱,加之下层水上升时,常伴有有毒气体如硫化氢等上升,产生毒害,鱼类一时难以适应而导致泛塘,尤其底层淤泥厚的池塘有毒气体更多,加重泛塘严重程度。

5.4.2 阴雨寡照型

(1)前期天气特征

4 d 以上的阴雨天气,最大日降水量小于 25 mm,全天日照时数小于 2 h,且前一天溶解氧含量在 3 mg/L 超过 10 h。

(2)触发条件

冷空气过境,前一天或前半夜有对流性天气和阵性降水,前一天相对湿度大于 95% 超过 5 h。

(3)实例分析

2012 年 9 月 13 日发生的一次因光照不足而导致的鱼泛塘气象要素配置如图 5.2 所示。从 9 月 8 日起连续 5 d 以阴天为主,每天日照时数均在 1.5 h 以下,日辐射总量在 1 MJ/m^{2}以下,并伴有短时阵性降水,日最大降水量 15 mm 以下。9 月 8—11 日连续 4 d 溶解氧含量在 5 mg/L 以上的时间均不足 10 h,夜间的溶解氧含量均降至 2 mg/L 以下,鱼类的呼吸受到影响。9 月 12 日冷空气过境,气温下降,并出现短时阵性降水,致使溶解氧进一步下降,12 日全天溶解氧都在 2 mg/L 以下,13 日 04 时溶解氧含量仅 0.44 mg/L,发生了严重的泛塘。

(4)成因分析

泛塘前气压正常,水温稳中有降。引发泛塘的主要原因是前期连阴雨,光照不足,水生生物光合作用微弱,白天增氧少,夜间消耗后得不到有效补充,水体溶解氧含量偏低。9 月 12 日的降温过程使得溶解氧进一步降低,最终导致泛塘。

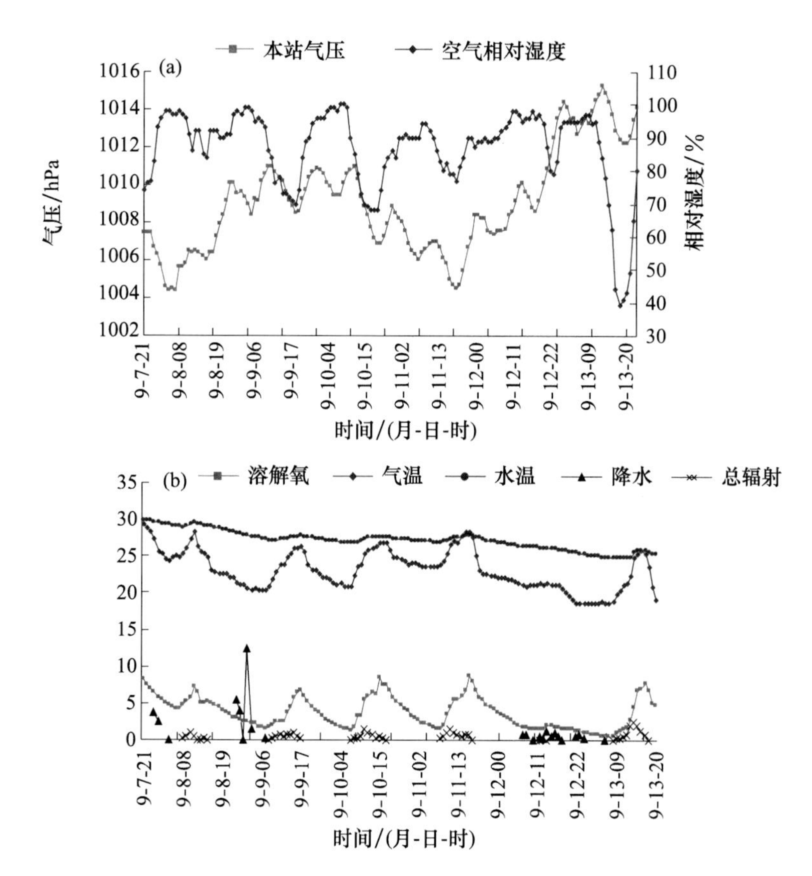

图 5.2 2012 年 9 月 8—13 日逐小时溶解氧含量变化与气象要素配置

(a)逐小时气压、空气相对湿度配置;(b)逐小时溶解氧含量(mol/m^2)变化与气温(℃)、水温(℃)、降水量(mm)、总辐射量(MJ/m^2)配置

5.4.3 高温闷热型

(1)前期天气特征

4 d 以上的晴好天气,日平均气温维持在 27 ℃以上,日最高气温在 34 ℃以上,相对湿度在 70%以上,10 cm 水温在 28 ℃ 以上。

(2)触发条件

冷空气过境,前一天日照时数小于 2 h,并伴有对流性天气和阵性降水,且前一天风向发生变化。

(3)实例分析

2012 年 8 月 14 日发生的一次因为高温闷热引发严重鱼泛塘气象要素配置如

图 5.3 所示。从 8 月 8 日开始，日平均气温都达 33 ℃左右，日最高气温超过 35 ℃。各个层次水温变化不明显，10 cm 水温一直维持在 30～31 ℃，说明水体没有发生强的上下层对流。13 日中午出现了短时阵性降水，溶解氧从 13 日凌晨降低到 2 mg/L 以下后，到 14 日发生泛塘前仅有 1 h 溶解氧在 3 mg/L 以上，14 日 07 时发生严重泛塘，造成的损失惨重。

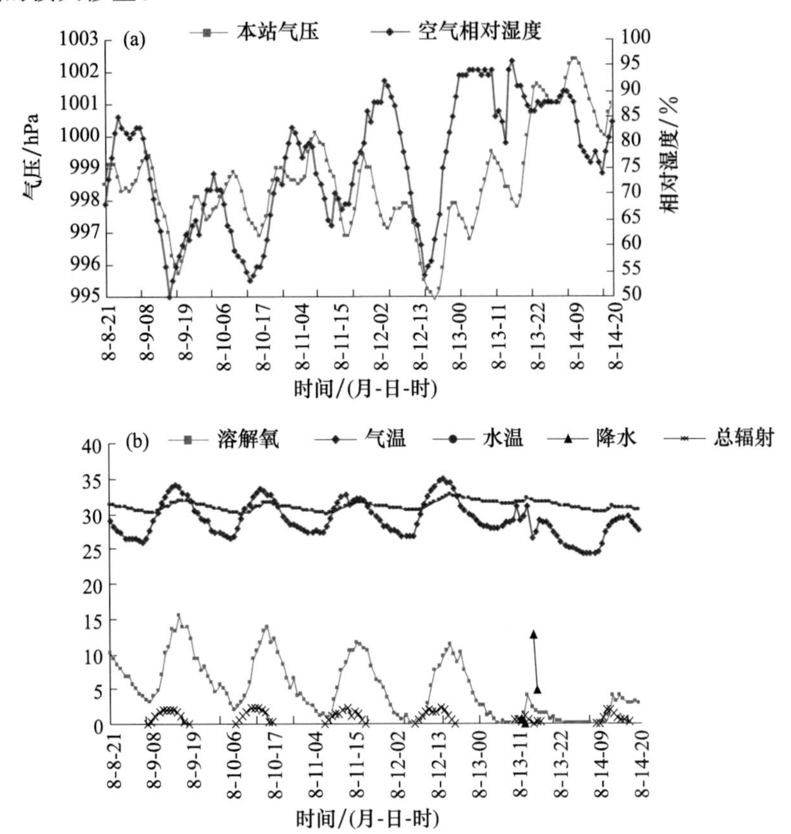

图 5.3　2012 年 8 月 9—14 日逐小时溶解氧含量变化与气象要素配置

(a)逐小时气压、空气相对湿度配置；(b)逐小时溶解氧含量（mol/m²）变化与气温（℃）、水温（℃）、降水量（mm）、总辐射量（MJ/m²）配置

(4)成因分析

此次泛塘前期，日照时间长，日辐射总量均在 20 MJ/m² 左右，溶解氧含量也比较正常，日最大溶解氧含量都能恢复到 10 mg/L 以上。但分析溶解氧变化曲线时发现，溶解氧含量的最高值和最低值均逐日递减，此时日照时数和日辐射总量并未减少，但高温促进了水体中有机物的分解，氧气消耗增大。且水温 30 ℃左右时，光合作用旺盛，水生生物繁衍快，也加快了水生动植物氧气消耗，日内溶解氧含量大起大落。8 月 13 日出现降水，光合作用微弱，但白天气温仍维持在 30 ℃左右，水温在

30 ℃以上，且白天相对湿度只有 4 h 在 80～90%，其他时段均维持在 90%以上，属典型高温闷热天气。高温引起水生动植物呼吸耗氧增加，使溶解氧含量迅速降低，从而出现低氧造成泛塘。

5.5　小龙虾物流及消费气象指数等级

5.5.1　小龙虾物流气象指数等级

(1)适宜

① 无雨或小雨

② 日最高气温<35 ℃

③ 风力<4 级

④ 能见度≥1000 m

(2)基本适宜

① 10 mm≤日降水量<25 mm

② 35 ℃≤日最高气温<37 ℃

③ 风力 4～5 级

④ 200 m≤能见度<1000 m

(3)较不适宜

① 25 mm≤ 日降水量<50 mm

② 37 ℃≤日最高气温<40 ℃

③ 风力 6 级

④ 50 m≤能见度<200 m

(4)不适宜

① 日最高气温≥40 ℃

② 日降水量≥50 mm 或出现雷暴

③ 风力≥7 级

④ 能见度<50 m

5.5.2　小龙虾线下消费气象指数等级

(1)非常适宜

① 无雨

② 最高气温≥28 ℃

(2)适宜

① 无雨或小雨,日降水量≤10 mm

② 22 ℃≤日最高气温<28 ℃

(3)基本适宜

① 10 mm≤日降水量<25 mm

② 16 ℃≤日最高气温<22 ℃

(4)较不适宜

① 25 mm≤日降水量<50 mm

② 10 ℃≤日最高气温<16 ℃;

③ 风力 6～7 级

(5)不适宜

① 日降水量≥50 mm 或出现雷暴

② 日最高气温<10 ℃

③ 风力≥8 级

第6章

淡水养殖主要气象灾害及风险区划

6.1 淡水养殖主要气象灾害及其对养殖生产的影响

淡水养殖气象灾害有高温热害、低温冻害、旱灾、暴雨灾害、低温阴雨、浮头泛塘等，给淡水养殖造成的影响主要包括两个方面：一方面是直接影响，主要是指气象灾害直接影响到养殖生物的具体活动。灾害性天气如暴雨等引起的严重洪涝造成的"硬杀伤"，例如2008年7月底受第8号台风"凤凰"带来的大暴雨影响，安徽省滁州市损失鱼种1000万尾、河蟹215 t、虾20 t、成鱼15000 t，水产养殖直接经济损失2.00亿元。另一方面是间接影响，指气象灾害通过对养殖环境造成影响，进而危害生物的正常养殖。如温度等变化引发水生物适生环境条件发生变化，导致生理不适应出现"软杀伤"。例如2008年低温冰冻雨雪天气给我国南方地区水产养殖造成巨大损失，冰冻雨雪导致鱼苗大量死亡，越冬小龙虾直接死亡率在50%左右，冬季蟹苗放养成活率降至50%，仅湖北省水产养殖损失高达12.45亿元。近年开展的高投饲料密集养殖，天气突变造成浮头泛塘已成为水产养殖的主要灾害之一，例如1989年4月初泛塘造成广东省佛山市顺德区死鱼150～450万kg。近年来长江中游地区(湖南省、湖北省和江西省)春季的"倒春寒" 给鱼类人工繁殖育苗造成的经济损失都在8000万元以上。珠江三角洲近年来频发的"寒害"对广东罗非鱼产业造成很大的危害。鱼类病害与气象条件的关系也非常密切，气温剧烈变化导致某些鱼病的发生，例如2006年4月中下旬温度的急剧变化导致湖北省鱼类病害迅速蔓延，造成大量鮰鱼死亡，经济损失达1500万元以上。

6.1.1 干旱事件对淡水养殖的影响

淡水养殖区域主要集中分布于我国长江中下游、东南沿海流域和黄渤海流域三大区域，大多处于亚热带季风气候区，降水时空分布不均，干旱事件在春夏季节时有发生。20世纪以来，长江流域干旱出现频率有所加剧，旱涝转换频繁，出现干旱次数远远超过20世纪以前，如1959年、1966年、1978年、2011年等年份出现了严重干旱。根据对近50 a来春季干旱事件的分析，发现近10 a来湖北省春季极端干旱事件发生站次为最高，年均达到33.5站次。通过对洪湖地区近50 a各季节降水量的分布特征，发现洪湖地区春季降水量呈减少趋势，尤其是春季少雨年频率增加比较明显。而在降水偏少时精养鱼池面积增加导致水资源短缺，加速洪湖水位下降，渔业的大量蓄水造成旱年更旱。近20 a来，随着社会经济的发展洪湖地区土地利用变化很大，尤其是水产养殖面积的快速增加，周边洪湖、监利两县市精养鱼池面积增加了近7倍，即20 a增加了5×10^4 hm^2，面积相当于1.6个洪湖的湖面面积。当春季降水量低于历年同期的20%时便会导致水资源不足，低于历年同期的45%可能产生大旱。而春季降水量明显偏少或出现旱情，一方面因水资源减少会导致池塘养殖鱼容量大大下降；另一方面养殖鱼类过多会造成水资源紧缺，水质也会变差，导致鱼塘缺氧或者泛塘，旱情严重则会造成鱼类直接缺水死亡，给水产养殖业造成巨大创伤(刘可群 等,2014)。

6.1.2 暴雨洪涝对淡水养殖的影响

每年5—9月是淡水养殖区域多雨季节，也是水产养殖的黄金季节，同时也是水生动物疾病的高发季节，暴雨洪涝的影响包括：①洪水冲毁堤坝，鱼虾逃逸，造成直接经济损失；②持续阴雨、光照不足，浮游植物死亡，光合产氧停止，而水体中下层水生动物密集，耗氧增多，价值水底淤泥深，氧债多，造成水体分层，极易造成养殖鱼类浮头泛塘；③养殖水生生物为应对环境的应激，消耗大量的能量，体能下降，免疫力降低，潜伏在体内的有害病原菌抬头，易产生疾病，间接导致水产养殖经济损失；④洪水的冲刷，也会使得鱼体受伤，诱发鱼病，大风暴雨来临，养殖鱼类受惊吓相互撞击，网箱撞击，网箱养殖鱼的凶猛鱼类极易受伤，伤口感染，从而产生疾病；⑤暴雨洪灾对水质有严重影响，会导致养殖水体pH下降，溶氧降低，水温骤降，亚硝酸盐、氨氮、硫化氢等有害化学成分含量升高，从而导致浮头泛塘的发生；⑥养殖水生生物在暴雨洪灾的应激条件下，会少摄食或基本不摄食，食欲下降，生长缓慢或停止(刘崇新 等,2011)。

6.1.3 夏季高温对淡水养殖的影响

夏季高温，尤其极端高温天气的发生，也是引发夏季水产病害多发、鱼类死亡率增大的重要因素之一。高温对养殖鱼类的不利影响在于：①过高的水温会影响鱼类的生长，在气温达到36～38 ℃以上时温水性鱼类的摄食功能下降，消化吸收率降低，生长速度减慢，且水温进一步升高会引起鱼类生理代谢不良，抗应激能力下降，严重的会引发鱼类死亡；②水温高，水体有机质污染严重。水体中有机质的污染，在高密度精养的情况下，主要是鱼类排泄物的污染，随着水温升高，鱼类摄食量增加，排泄物也相应增加，有机质的养分分解作用加快，当排泄的有机质大量积累超过水体自身的氧化功能时，就会产生各种有害物质，导致水质变差，鱼病增多，严重的会造成鱼类大量死亡（王彦波 等，2002）；③夏季高温用药不当会引起鱼类中毒死亡。消毒药物和杀虫药物对鱼类都有不同程度的毒害作用，尤其是夏季水温高的时期。药物毒性随着水温上升而增加，温度每上升 10 ℃，药物毒性就会增加 2～3 倍，也最易损伤鱼鳃引起死亡。

6.1.4 冬季低温冻害对淡水养殖的影响

冬季低温冻害主要是冰冻危害，冬季冰冻时间长，冰层较厚，会引起鱼类在越冬期死亡。其主要原因就在于低温导致水面结冰，若封冻时间过长，造成水中严重缺氧，就可能使得越冬的鱼、虾类窒息死亡。如 2008 年冬季低温雨雪冰冻，导致 1 月下旬开始出现死鱼，主要品种有罗非鱼、鲮鱼、罗氏沼虾、南北美对虾、淡水白鲳等品种。截至 2008 年 2 月 12 日，全国 19 个省（区、市）受灾淡水养殖面积 970 khm^2，损失水产品 87 万 t，直接经济损失达 68 亿元（区又君，2008）。

6.1.5 春季冷空气活动对淡水养殖的影响

春季是水产养殖关键期，冷空气过程所导致的水温大幅度下降会对水产养殖业和水体生态环境造成重大影响。由于大多数淡水鱼类的产卵繁殖主要集中在春季，繁殖期间对水温条件要求严格，若在亲鱼催产后遭遇倒春寒或明显降温，不仅会影响幼体成活率，还会直接影响幼体新陈代谢速度，甚至会使整个繁殖过程归于失败。此外，冷空气带来的水温骤降，还可能导致水产养殖病害暴发（广东省水生动物疫病预防控制中心，2011）。

6.2 淡水养殖主要气象灾害风险区划

6.2.1 湖北省黄梅县青虾暴雨洪涝灾害风险区划

6.2.1.1 致灾因子危险性

以青虾生长期 10 a 一遇的日降水量作为致灾因子危险性指标，对湖北省黄梅县内自动气象观测站资料进行订正延长，利用耿贝尔方程计算 10 a 一遇降水量，然后进行插值，黄梅县青虾生长期 10 a 一遇的日降水量为 111～166 mm(图 6.1a)。

6.2.1.2 孕灾环境敏感性

海拔高度差越大，暴雨致灾危险性越大，同时高海拔地区暴雨致灾可能性越小，因此以海拔高程及高程标准差衡量黄梅县青虾生长期孕灾环境的敏感性，具体指标值如表 6.1 所示。

表 6.1 不同等级地形孕灾环境敏感性指标

地形高程/m	高程标准差/m		
	一级(≤1)	二级(1～10)	三级(≥10)
一级(≤100)	0.7	0.8	0.9
二级(100～300)	0.6	0.7	0.8
三级(300～700)	0.5	0.6	0.7
四级(>700)	0.4	0.5	0.6

基于上述指标的黄梅县青虾生长期孕灾环境敏感性分析结果如图 6.1b 所示。

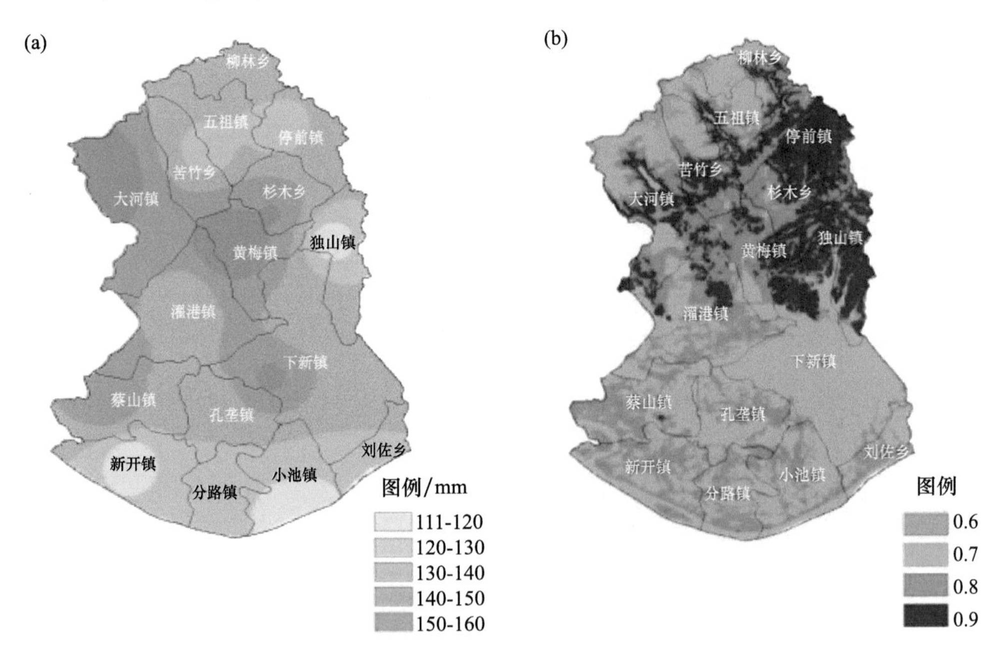

图 6.1 湖北省黄梅县青虾生长期暴雨洪涝致灾因子危险性

(a)10 a 一遇日降水量；(b)孕灾环境敏感性

6.2.1.3　青虾生长期暴雨洪涝风险区划

青虾生长期暴雨洪涝风险指数(V)计算方法如下：

$$V = \sum_{i=1}^{n} W_i \cdot D_i \tag{6.1}$$

式中，W_i为第i个风险因子权重，D_i为第i个风险因子，$i=1,2,3,\cdots,n$。

对致灾因子危险性和孕灾环境敏感性进行标准化，赋予不同的权重，计算风险指数，进行风险区划，区划结果图6.2所示。

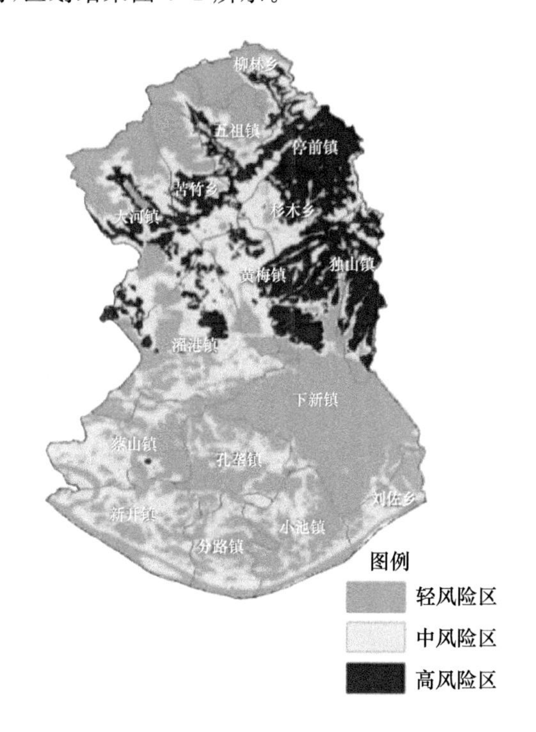

图6.2　湖北省黄梅县青虾生长期暴雨洪涝风险区划

6.2.2　湖北省大冶市黑尾鲌暴雨洪涝风险区划

6.2.2.1　暴雨洪涝致灾因子危险性

以10 a一遇的日降水量作为致灾因子危险性指标，对湖北省大冶市各自动站资料进行订正延长，利用耿贝尔方程计算10 a一遇降水量，然后进行插值，大冶市黑尾鲌生长期10 a一遇的日降水量为90～210 mm。

6.2.2.2　黑尾鲌生长期暴雨洪涝风险区划

利用水文分布SCS模型，基于GIS模拟10 a一遇暴雨洪涝积水淹没深度、淹没范围。积水 10 cm 为轻度风险区、10～15 cm 为中度风险区、15 cm 以上重度风险区，区划结果如图 6.3 所示。

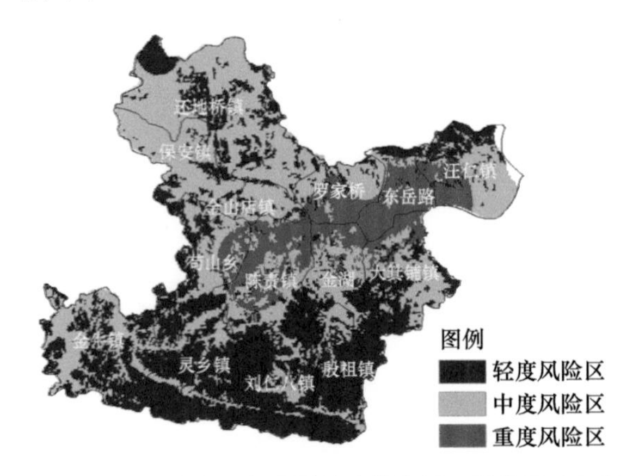

图 6.3 湖北省大冶市黑尾鲌生长期暴雨洪涝风险区划

6.2.3 湖北省鄂州市石斑鱼寒害风险区划

6.2.3.1 石斑鱼生长气象指标

淡水石斑鱼为热带鱼类，通常在淡水中生长，也可在盐度为 10‰以下海水中生长。其适宜温度范围在 25～30 ℃；当水温下降至 20 ℃时，摄食明显减少；水温下降至 15 ℃时身体失去平衡；故冬季期间池水会降至 15 ℃以下的地区不适合淡水石斑鱼生长。越冬期间淡水石斑鱼生长的适宜水温在 19 ℃以上。淡水石斑鱼的苗种培育方式主要有两种，即土池培育和水泥池培育。淡水石斑鱼养殖面积可稍大一些，但一般以不大于 1 亩为宜，水深 1.0～1.5 m，池中可种植少许水草(底层及表层水草都可以，如苦草、水花生、水葫芦等)。水泥池培育的鱼池面积约 30～80 m^2，水深 1.2～1.5 m，可选择方形或圆形池塘，要求排灌水方便，无死角。据了解，引进湖北的淡水石斑鱼养殖，在越冬期必须通过保温大棚保温才可安全越冬，且当水温低于 5 ℃时必须采取加热棒加热的方式给鱼池加热保温。当自然水温达到适宜其生长的温度(高于 20 ℃)时，可撤除大棚在自然条件下进行养殖。

6.2.3.2 区划指标的确定

根据引进湖北的淡水石斑鱼的耐受低温指标，水温低于 5 ℃时必须采取加热棒加热的方式给鱼池加热保温，因此将水温低于 5 ℃的日数作为发生寒害的灾害指标。

参考一般淡水鱼类养殖池塘 150 cm 平均水温预报模型式(6.2)(邓爱娟 等，2013)，对鄂州地区水产养殖池塘 150 cm 深度水温进行推算。

$$T_{150}=2.951-0.302T_3+0.296\times T_1+0.333\times T_{min3}+0.121\times T_{min2}+0.220\times T_{min}+0.210\times T_{max3}+0.073\times T_{max} \quad (6.2)$$

式中，T_{150}为 150 cm 处平均水温，T_3、T_{min3}、T_{ma3}为前 3 d 的日平均气温、最低气温和最高气温，以此类推。

6.2.3.3　区划方法及结果

利用鄂州及周边县市大冶、汉口、黄陂、黄冈、黄石、江夏、浠水、新洲气象观测站建站以来的逐日平均气温、最高气温、最低气温，利用 150 cm 水温与其建立的关系模型，计算出逐日水温。根据计算结果，统计逐年 150 cm 水温低于 5 ℃的日数并计算得出各站平均值，利用 IDW（反距离权重插值法）进行插值，将低值区作为低风险发生区，相对高值区作为中风险区，高值区作为高风险发生区，结果如图 6.4 所示。

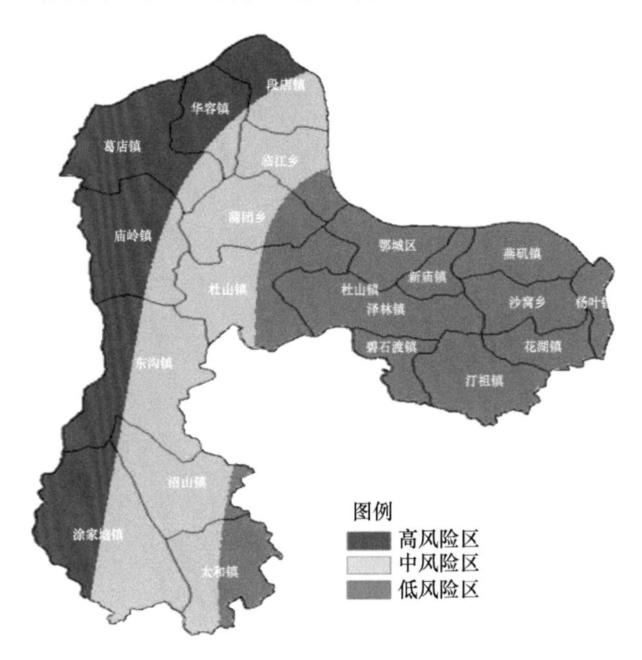

图 6.4　湖北省鄂州市石斑鱼寒害区划

6.2.4　鮰鱼干旱风险区划

鮰鱼养殖要求放养池塘淤泥少，单口面积 4～6 亩、水深 1.5 m 以上，水质清新，塘中放养一些水浮莲等水生植物，以适合长吻鮠喜暗避光的特点。鮰鱼养殖要求水域广泛，对水体深度和水质要求较高，6—9 月是其生长旺季，当水温低于 12 ℃后鮰鱼停止进食进入越冬期。在其生长旺季若出现干旱，将不利于鮰鱼生长和生存，同时干旱出现也可能导致水质下降，当水质恶劣、养殖密度高、鱼体抵抗力下降时，其常见病小瓜虫病也会易于发生。根据《气象干旱》(GB/T 20481—2017)(全国气候与气候变化标准化技术委员会,2017b)国家标准中以季降水量距平百分率在－25％以下为季干旱定义,具体划分如表 6.2 所示。

表 6.2　基于季降水距平百分率的干旱指标

等级	类型	季降水量距平百分率(*Pa*)/％
1	无旱	－25％<*P*a
2	轻旱	－50％<*P*a≤－25％
3	中旱	－70％<*P*a≤－50％
4	重旱	－80％<*P*a≤－70％
5	特旱	*P*a≤－80％

根据此定义,对湖北省嘉鱼县及周边气象观测台站(洪湖、蔡甸、赤壁、咸宁、江夏、仙桃、汉川、崇阳)的四季干旱情况进行统计,结果显示嘉鱼地区四季都有可能出现干旱,但程度多为轻旱。将各站发生春旱、夏旱、秋旱、冬旱的次数分别与经纬度、海拔高度建立回归模型,发现春旱和秋旱发生次数与经纬度、海拔的相关性较好,显著性水平在 0.1 以内,而夏旱和冬旱则不显著。将嘉鱼自 1970 年以来的春旱和秋旱发生次数与经纬度、海拔做细网格推算模型,将春旱和秋旱累计发生次数推算到 1∶25 万网格点,夏旱和冬旱则采取 IDW 反距离插值法,得出嘉鱼地区小网格点的四季干旱发生次数分布(图 6.5)。

将各图层采用加权平均法进行叠加,得出嘉鱼鮰鱼生长期干旱风险区划图(图 6.6)。

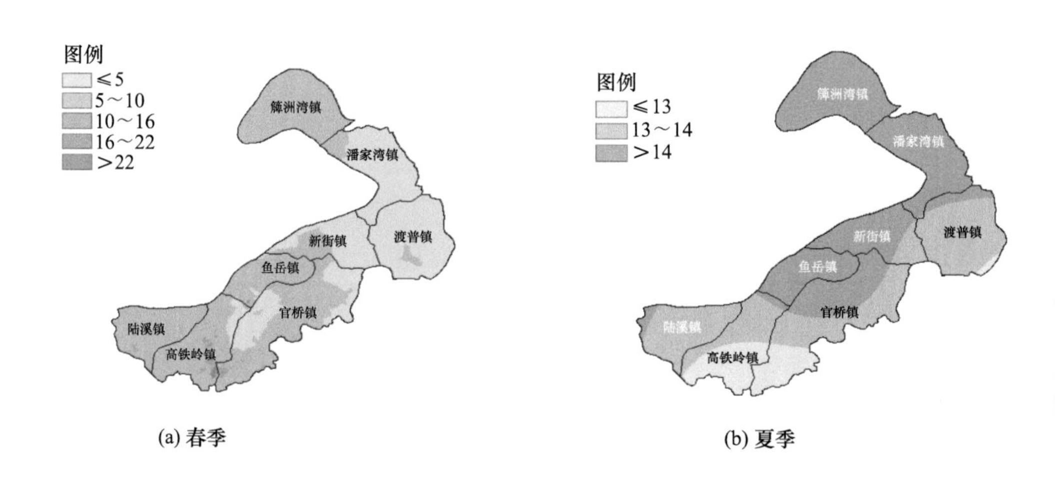

(a) 春季　　(b) 夏季

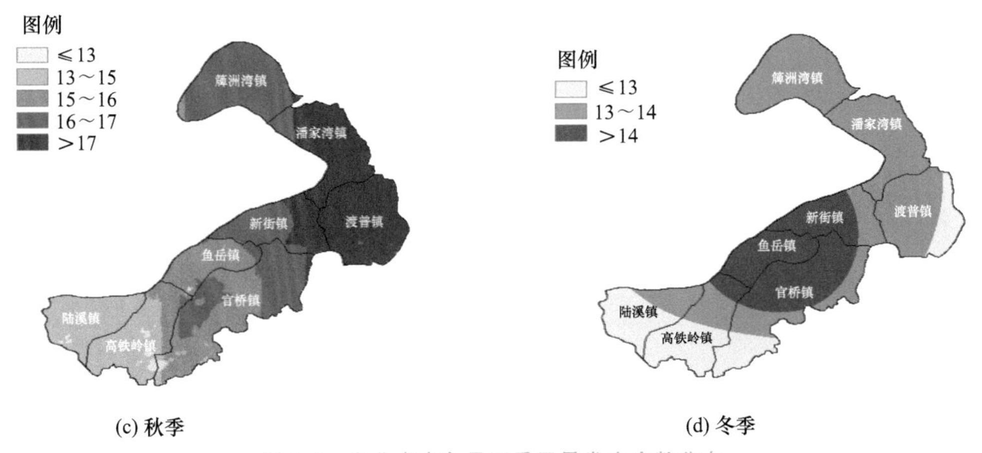

图 6.5　湖北省嘉鱼县四季干旱发生次数分布

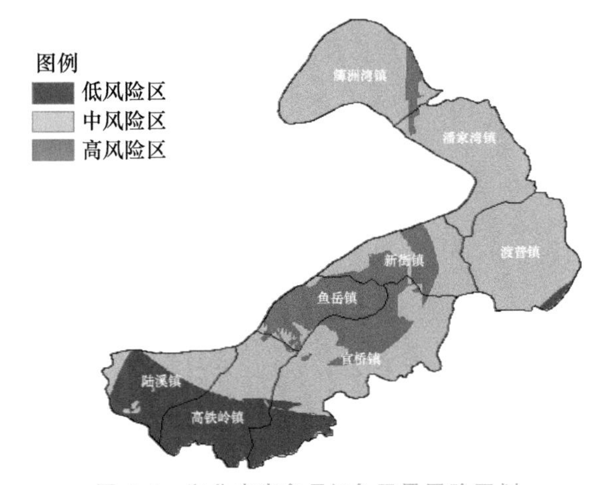

图 6.6　湖北省嘉鱼县鮰鱼干旱风险区划

6.2.5　小龙虾高温热害风险区划

6.2.5.1　小龙虾高温热害区划指标

根据小龙虾夏季生长气候条件，选取小龙虾高温热害区划指标为：7—8 月最高水温高于 32 ℃日数及高于 32 ℃的累计危害温度。

杨青青等(2021)利用湖北省潜江地区后湖小龙虾养殖基地盛夏季 7—8 月虾稻共作虾沟水温自动观测资料，分析了夏季虾沟 10 cm 水温与平均气温、最高气温、最低气温、日照、降水量等气象要素的相关关系，并构建了相关水温关系模型。

$$T_w = 6.141821 + 0.073262 \times T + 0.208877 \times T_m + 0.62969 \times T_n + 0.124784 \times s \quad (R^2 = 0.801264, P < 0.001) \tag{6.3}$$

式中，T_w为虾稻共作 10 cm 水温，T 为日平均气温，T_m为日最高气温，T_n为日最低气温，s 为日照时数。

6.2.5.2 区划方法及结果

选取潜江及周边台站监利、荆州、天门、荆门、仙桃、洪湖、石首、钟祥、京山、公安共 11 站，利用以上台站自 1961 年以来的逐日平均气温、最高气温、最低气温及日照时数，结合夏季 7—8 月虾沟 10 cm 水温模型，计算得出历年夏季 7—8 月的逐日最高水温。根据计算结果，统计逐年 7—8 月虾沟 10 cm 水温＞32 ℃的日数和累积危害温度，并统计其平均值。在 GIS 里利用反距离加权平均插值法进行插值，得到潜江市稻虾共作田虾沟 10 cm 水温＞32 ℃的日数与累积温度的空间分布，如图 6.7 所示。

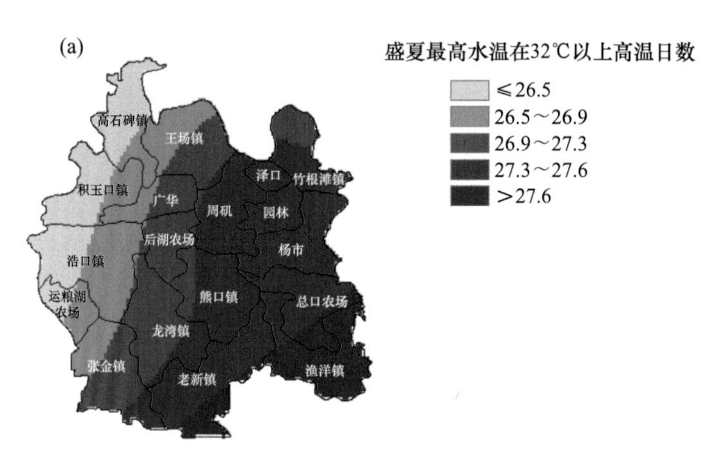

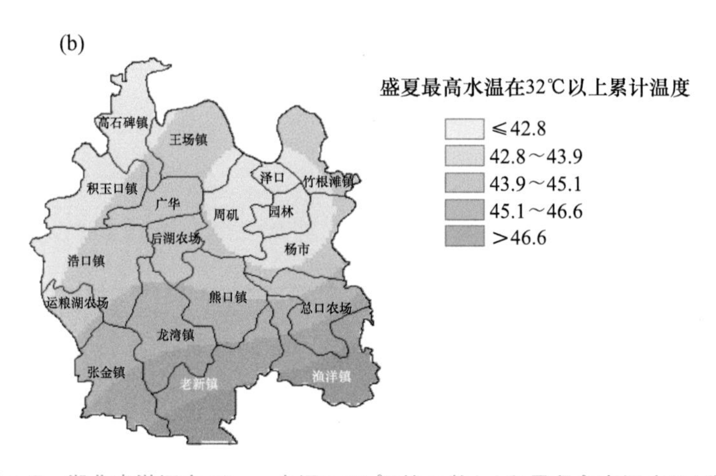

图 6.7 湖北省潜江市 10 cm 水温＞32 ℃的日数(a)和累积危害温度(b)分布

利用专家打分法，得到潜江小龙虾高温热害风险区划结果如图 6.8 所示。

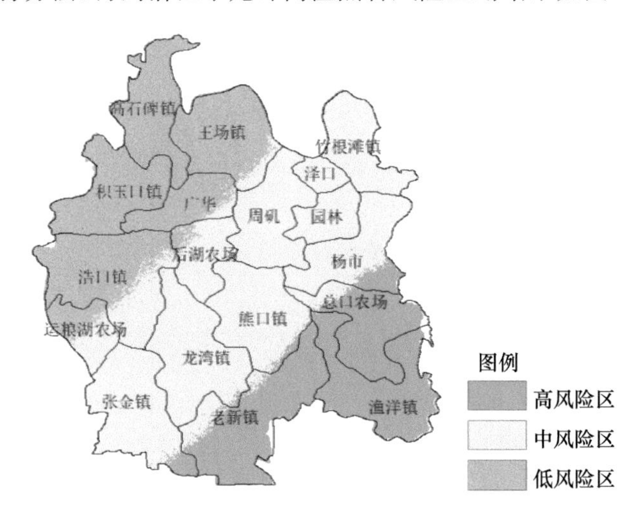

图 6.8 湖北省潜江市小龙虾高温热害风险区划

6.2.6 河蟹高温热害风险区划

河蟹养殖是露天生产，与天气条件息息相关，气象灾害（特别是高温热害）直接影响河蟹产量和品质，而未来随着气候变暖的加剧，全球范围内极端气候事件发生频率、强度、影响范围和持续时间都将呈增多、增强趋势，因而高温热害备受学者和生产者的关注。利用包含光、温、水三要素的河蟹高温热害综合评估指数进行历史反演，基于高温热害发生频率和河蟹因灾死亡率构建风险评估指数，借助 ArcGIS 的空间分析功能，考虑河蟹养殖对地形和土壤的需求，利用该指数的空间分布将江苏河蟹养殖高温热害分成 3 个风险等级，进行高温热害风险区划，为河蟹高温热害防御技术研究、精细把握灾害风险空间布局、有效防灾减灾提供科学依据（张旭辉 等，2021）。

6.2.6.1 数据来源与方法

（1）气象数据：1961—2019 年江苏、山东、安徽及浙江省共 85 个气象观测站气象资料，包括逐日气温、降水量、日照时数，由江苏、山东、安徽及浙江省气候中心提供。

（2）河蟹生产信息：2002—2018 年江苏河蟹生长情况、伤亡率以及有关水体生态环境变化情况，由江苏省渔业技术推广中心和各市、区水产局提供。

（3）河蟹农业统计信息：2002—2018 年江苏河蟹产量、经济效益数据，由江苏省统计局提供。

（4）基础地理信息：江苏省 1 ∶ 25 万基础地理信息数据由国家基础信息中心提供；1 ∶ 100 万土壤属性数据由南京土壤研究所提供。

6.2.6.2 养殖地理背景

河蟹养殖生态环境不仅与气象条件有关，还与土壤、地形、水质等环境条件密切相关。鉴于江苏省优越的水资源条件，本文仅考虑地形和土壤的背景影响。首先按照壤土＞黏土和沙土＞盐土进行土壤类型初步分类为1(适宜)、2(较适宜)、3(不适宜)类；再根据1984年全国农业区划委员会颁布的《土地利用现状调查技术规程》，将基于DEM(数字高程模型)提取的坡度数据中0°～2°的坡度范围作为适宜水产养殖的区域。

6.2.6.3 高温热害综合指数构建

(1)单因子高温热害指数

研究表明，引发河蟹高温热害的主要气象因素是高温强度及其持续时间、降水量和日照时数4个要素，由此4要素构建河蟹高温热害风险指标，设逐日单因子高温热害风险指数为$\mu_i(x)$($i=1$为最高气温、$i=2$为高温持续天数、$i=3$为降水量、$i=4$为日照时数)。各气象因子的具体风险指数用隶属度模型构建，可表示为：

$$\mu_i(x)=\begin{cases}1 & x \geqslant x_{dis\max} \\ \dfrac{x-x_{dis\min}}{x_{dis\max}-x_{dis\min}} & x_{dis\min}<x<x_{dis\max} \\ 0 & x \leqslant x_{dis\min}\end{cases} \tag{6.4}$$

式中$x_{dis\min}$和$x_{dis\max}$为对应气象因子高温热害发生和加重时的临界值。

(2) 综合高温热害指数

采用线性方程来综合多因子是常用方法之一，逐日高温热害综合指数I计算公式如下：

$$I = a_o + \sum_{i=1}^{4} a_i \mu_i(x) \tag{6.5}$$

考虑高温期间各气象要素对河蟹的影响特点，利用层次分析法和专家打分法给出影响权重a_0、a_1、a_2、a_3、a_4的值，依次为0、0.50、0.35、0.10、0.05。

根据河蟹养殖资料和同期对应的高温热害综合指数I统计分析，并结合生产实际，将高温热害分成3个等级，具体见表6.3。

表6.3 河蟹高温热害等级划分标准

受灾程度	轻度	中度	重度
热害综合指数	[0.25,0.50)	[0.50,0.80)	[0.80,1.00]
死亡率/(只/(d·hm^2))	1～10	10～100	≥100

江苏省每年在2月中旬—3月上旬放养蟹种，4—8月脱壳成蟹，9月底开始收获，11月底基本收完。期间，6—8月份是河蟹养殖的关键阶段，也是高温热害的常发期，故将6—8月设定为河蟹高温热害监测期。以式(6.5)计算该期逐日高温热害指数(I)，将6—8月逐日I累积量定义为当年综合高温热害指数(I_Z)：

$$I_Z = \sum_{i=1}^{m} I_i \tag{6.6}$$

式中，I_i 为逐日高温热害指数，$m=92$。

（3）灾害风险评估指数

致灾风险分析是指给定地理区域内一定时段内各种强度致灾因子发生的可能性，即研究给定区域内各种强度的自然灾害发生概率或重现期。根据高温热害的等级划分标准反演各等级高温热害发生频率，将对应河蟹死亡率作为灾害损失率（表 6.3），构建河蟹高温热害综合风险评估指数 X：

$$X = P_1 D_1 + P_2 D_2 + P_3 D_3 \tag{6.7}$$

式中，P_1，P_2，P_3 分别为轻、中、重度高温热害的发生频率，D_1，D_2，D_3 为对应的死亡率。

6.2.6.4　影响高温热害关键气象要素分布特征和综合风险区划

（1）关键气象要素时空分布特征

夏季河蟹高温热害强度主要受高温强度、高温持续时间制约，期间的持续少雨和强光照也会加重高温危害。统计 1961—2019 年 6—8 月≥35 ℃的高温日数发现，江苏省高温日数呈西南高、东北部低的分布态势，超过 10 d 的高温日主要分布在沿江苏南地区，其中南京市高淳区最多，达 20 d，其次是溧阳市和南京市有 15 d；沿淮和淮北东部夏季的高温日较少，平均在 5 d 以下（图 6.9）。从年代际分析发现，1961 年以来全省高温日数呈先降后升总体上升趋势（图 6.10），20 世纪 60 年代开始高温日数开始减少，80 年代降至最低，之后又逐渐增加，2011—2019 年间，苏南地区平均高温日数接近 21.0 d，淮北地区平均日数也达到 9.7 d。从区域分布看，苏南地区高温日最多，其次是江淮之间，淮北地区最少。但在 20 世纪 60 年代，淮北地区出现的

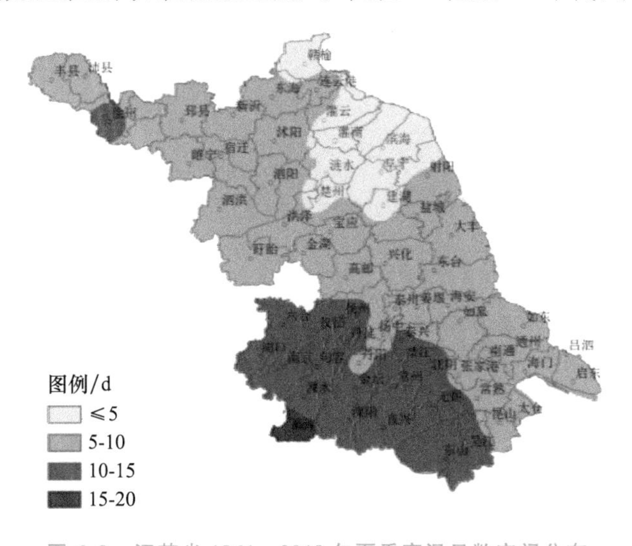

图 6.9　江苏省 1961—2019 年夏季高温日数空间分布

高温日略多于江淮之间。通过高温日数的气候趋势分析发现，苏南地区增加趋势最显著，其次是江淮之间，淮北地区最不明显。三个地区的气候倾向率分别为 2.38 d/(10 a)、1.44 d/(10 a)、0.03 d/(10 a)。图 6.10 显示，增加趋势主要出现在 20 世纪 80 年代以后。对平均最高气温的分析结果也基本相似，虽有所升高但趋势并不显著，苏南地区升温强度最大，其次是江淮之间，淮北地区相对平稳。

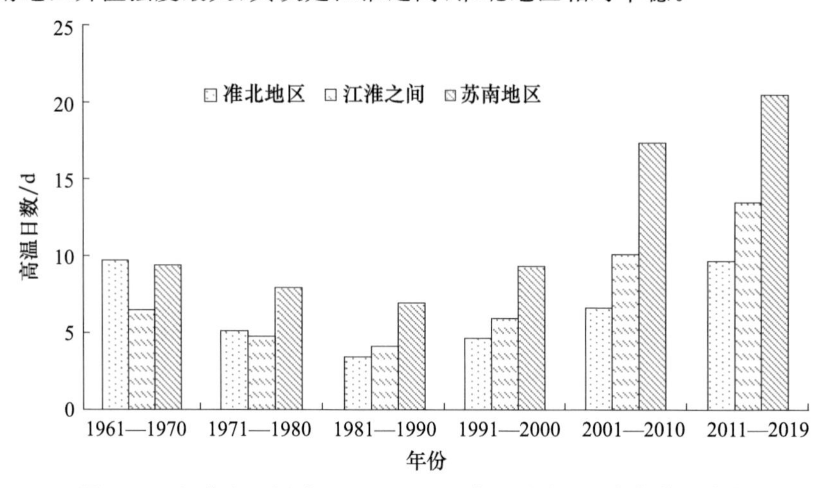

图 6.10　江苏省不同地区 1961—2019 年夏季高温日数年代际变化

江苏省夏季降水量占全年降水量的 40%～60%，其中东部沿海和江淮之间大部分地区降水量较多，平均超过 520 mm，个别极端年份超过 1000 mm(如 1991 年和 2003 年)；西北部和东南部较少，少于 500 mm(图略)。从年际变化趋势看，除苏南地区夏季降水有显著增加趋势外(气候倾向率 34.6 mm/(10 a))，其他地区夏季降水年际增减趋势并不明显。

江苏省夏季平均日照时数为 550～655 h，空间差异并不明显，其中淮北、东部沿海和苏南南部地区略高于沿江和江淮之间西部地区。对日照时数的年际变化分析发现，与气温和降水的变化不同，1961 年以来，江苏夏季日照时数呈现一致性下降(图 6.11)，气候倾向率平均大于 30 h/(10 a)，以淮北地区最为显著(R=0.6368>$\alpha_{0.001}$=0.414)。

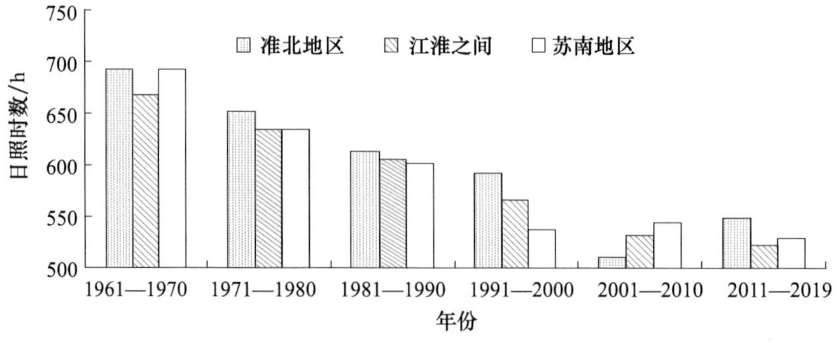

图 6.11　江苏省不同地区 1961—2019 年夏季日照时数年代际变化

（2）高温热害气象指数特征分析

计算江苏省1961—2019年6—8月逐日高温影响指数（$\mu_1(x)$）、高温持续天数影响指数（$\mu_2(x)$）、降水影响指数（$\mu_3(x)$）和日照影响指数（$\mu_4(x)$），以各参数指数逐年累计值分析各要素时空分布和气候变化特征。其中，高温影响指数呈西南高、东北低的分布态势，年平均为2.4～19.8。高值区主要分布在沿江苏南地区，固城湖地区最高达19.8；其次是溧阳市和南京市，分别为15.4和14.9；长荡湖和阳澄湖周边地区、洪泽湖西部地区均在10.0以上；淮北地区高温影响程度最轻，平均在6.0以下，赣榆、响水等地仅为4.2。高温持续天数影响指数的空间分布与高温影响指数分布在变化趋势上相一致，均呈现为由西南向东北递减。降水影响指数则是淮北西部、江淮之间北部、东南部沿海地区高于其他地区。日照影响指数没有明显的区域差异（图略）。

（3）高温热害综合风险区划

利用式（6.5）—式（6.7）反演1961—2019年江苏省各站气象资料，求得各等级高温热害发生频率，与相应河蟹死亡率加权得到河蟹高温热害综合风险值。再采用自然断点法将全省划分为高、中、低三个风险等级，依托ArcGIS的栅格分析模块与土壤和地形的适宜养殖分类数据叠加分析，最终得到江苏河蟹养殖高温热害风险区划（图6.12）。其中：高风险区主要包括南京、常州、无锡和苏州西部地区，河蟹养殖规模较大的太湖、高淳湖、滆湖、长荡湖区域均处其中，夏季高温强度和高温持续时间居全省首位，河蟹生长过程极易遭受高温影响。中度风险区在全省的范围最大，包含淮北西部、江淮之间大部以及苏南东部地区，阳澄湖、高邮湖、洪泽湖及以兴化为代表的里下河养殖区均位于其中，该区南部夏季高温强度和高温持续时间明显低于

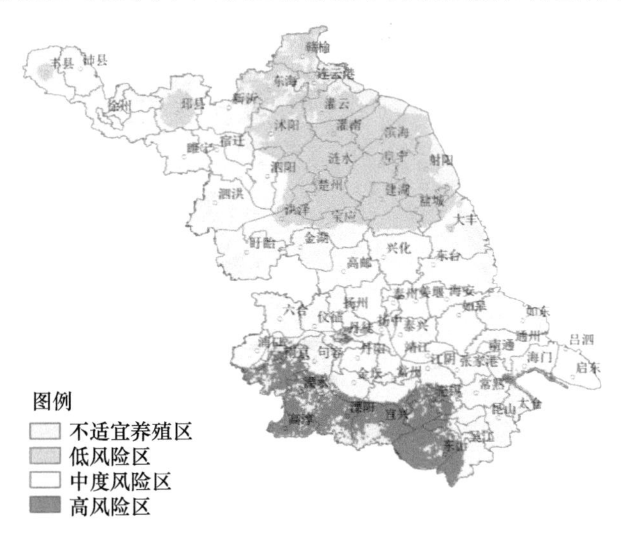

图6.12 江苏省河蟹高温热害风险区划图（1961—2019年）

苏南西南部地区，降水量适宜，高温热害影响不及苏南西南部地区，而淮北西部地区高温强度和高温持续时间则相对较弱，但降水偏少、日照充足，增加了高温危害。低风险区位于连云港、淮安和盐城的北部，该区属淮河以北地区，东部临海，夏季高温日少，高温强度全省最低，降水也相对充足，综合来说，高温热害风险是全省最低的。

(4)高温热害风险的年代际分析

为进一步了解气候变化背景下河蟹高温热害风险的分布特征，选取1961—1990年、1971—2000年、1981—2010年、1991—2019年四个时段计算高温热害风险值(图6.13)。其中，1961—1990年间，江苏省高温热害风险以中值区为主，高值区分散在西部地区，向北一直延伸到徐州市，包括南京市和镇江市等地、盱眙县和泗洪县大部分地区以及徐州市和泰兴市周边地区；风险低值区域小，分散在江淮之间中北部及连云港部分地区，为四个时段中面积最小，其他各地皆为中值区，中值区面积为四个时段之最。1971—2000年间，高温热害风险高值区为四个时段最小，回落至苏南西部；低值区范围明显扩大，南部一直延伸至高邮等地，淮北中东部全部降至低值区。1981—2010年间，高温热害风险高值区仍以苏南西部为主，向东延伸，面积有所加大，低值区范围继续向东南扩大，成为四个时段中低值区范围最大的。1991—2019年间，高温热害风险高值区在四个时段中最大，包括沿江苏南地区(南通市、启东市吕泗除外)、盱眙县和泗洪县大部分地区，低值区面积明显减少，分散在淮北地区东部、江淮之间中北部部分地区，中值区也相应减少，为四个时期范围最小的时期。分析结果表明，研究区内河蟹高温热害风险呈先减弱后明显增强趋势，1991—2019年高温热害风险达到历史最高，主要表现为高值区范围明显扩大和低风险区非同步的先扩大后缩小改变，主要是由于高温强度和持续日数的空间差异所造成，日照的减少也有一定影响。

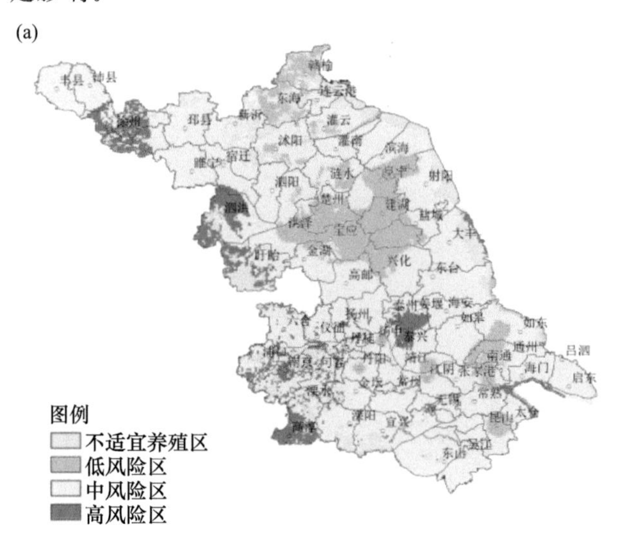

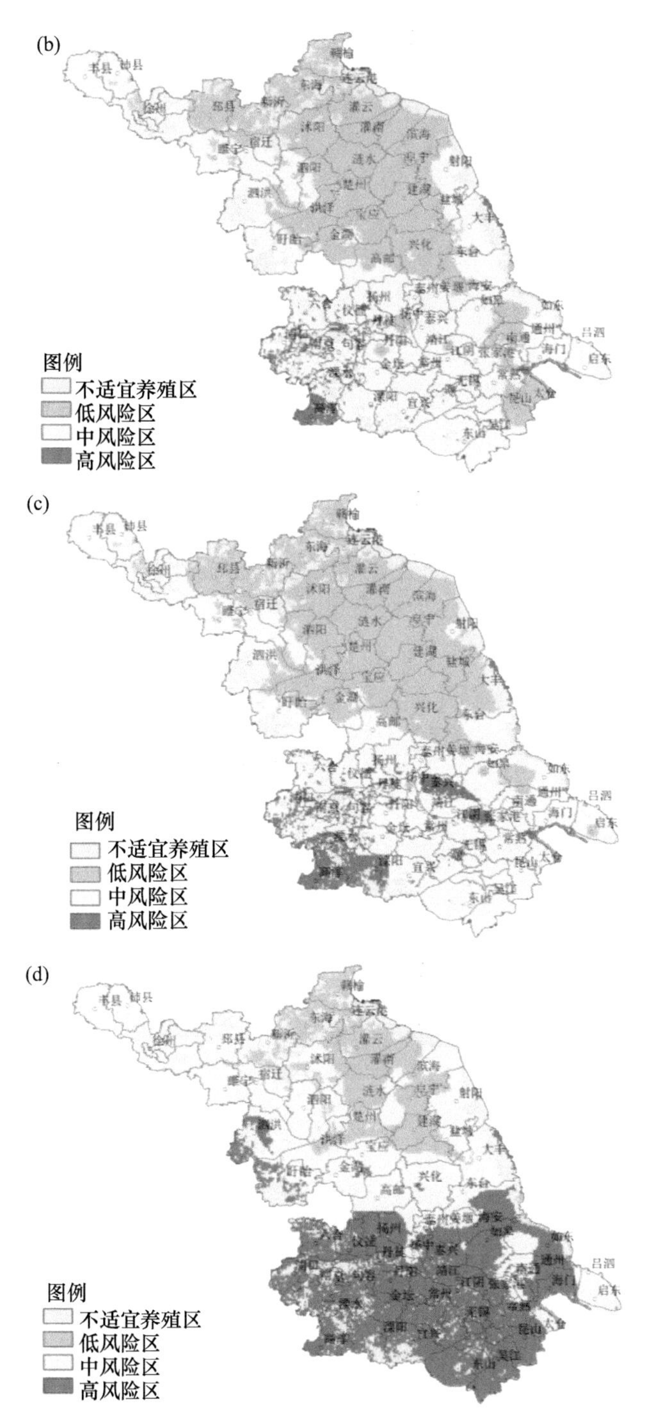

图 6.13 江苏省河蟹高温热害风险的年代际变化分析图

(a)1961—1990 年;(b)1971—2000 年;(c)1981—2010 年;(d)1991—2019 年

6.3 淡水养殖气象指数保险

农业保险是规避农业生产风险，提高防灾减灾及灾后恢复能力的有效手段。其中气象指数保险作为一种新型的农业保险形式，以客观的气象数据为依据进行费率厘定与损失赔偿，有效解决了传统保险中存在的道德风险难题、逆向选择难题以及保险费率难厘定等问题，因而得到了广泛的研究与应用。20 世纪 90 年代，国外已开始气象指数方面的研究。南非、墨西哥和美国设计了降水指数保险来降低干旱对农业造成的风险。加拿大科研人员设计了高温指数保险来减少高温对玉米和饲草产量造成的损失。南非的苹果合作社针对霜冻灾害设计了霜冻气象指数保险来分散霜冻灾害给苹果种植带来的风险。在国内，主要针对种植业开展了天气指数保险研究，如苹果花期冻害保险指数、茶叶霜冻气象指数、柑橘天气保险指数、冰雹天气气象指数等。这些种植业天气指数保险产品已得到推广应用，并取得了较好的服务效果。水产养殖天气指数保险是农业保险的重要组成部分，但目前国内关于水产养殖的气象指数保险研究相对较少，本节以近年来湖北、安徽两省开展的小龙虾天气保险和河蟹高温热害气象指数保险产品为例，介绍淡水养殖气象指数保险的设计方法，以期为实现水产养殖灾害风险转移提供有效途径。

6.3.1 小龙虾气象指数保险

6.3.1.1 气象条件对小龙虾生产的影响

春季低温直接影响小龙虾产量，数据统计分析发现，小龙虾产量的增减百分率与春季低温指数值存在良好的相关关系。其中与 $T_0=13$ ℃的低温指数的相关性最高，其相关分析图如图 6.14，低温指数每增加 10 ℃ · d，单位面积产量将减产 1.9%，低温指数越高减产幅度越大。

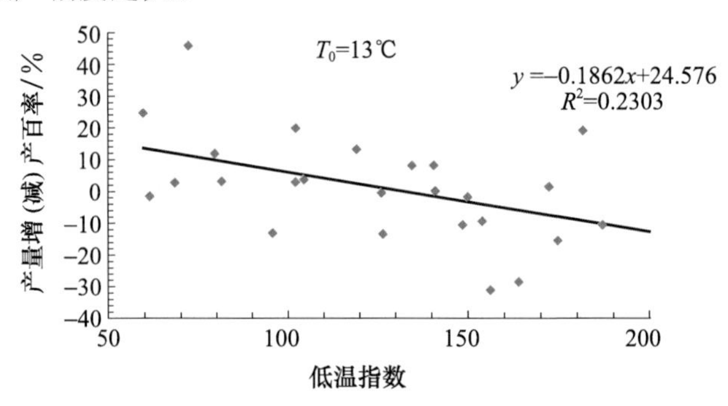

图 6.14 在 13 ℃的低温时小龙虾产量增(减)产百分率与低温关系图

通过对小龙虾产量的增减百分率与降水量的相关分析发现,5 月 1 日—6 月 20 日的降水量与小龙虾产量的增减百分率的相关性显著(图 6.15)。相关研究结果及大量调查显示,长江中下游地区进入 5 月后小龙虾病害明显加重,死亡现象不断发生。由此可见,进入 5 月后温度条件适宜小龙虾病害的滋生发展;而降水天气造成水体溶氧量下降,氨氮和亚硝酸含量上升,小龙虾抗病能力下降,是造成小龙虾大量死亡、产量下降的重要因素;如果降水导致洪涝灾害还会造成养殖鱼塘设施被破坏,虾苗逃逸或其他外来鱼种侵入造成损失。

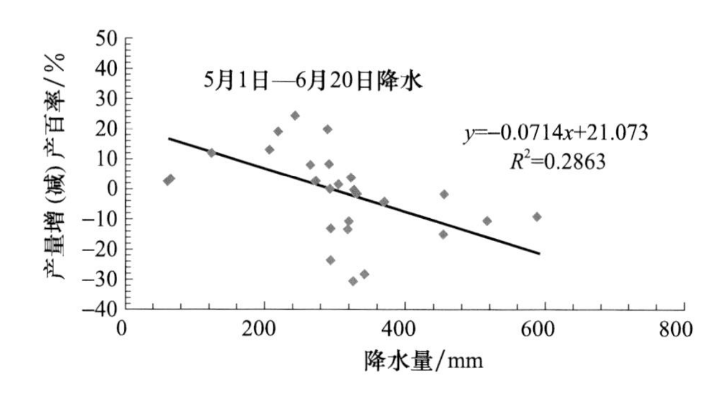

图 6.15 小龙虾产量增(减)产百分率与降水量关系图

同时,春季小龙虾价格波动受早春温度高低影响,从图 6.16 可以看出,3 月底以前单价基本上保持在每 500 g 30 元以上;4 月 20 日前价格为每 500 g 20～30 元,4 月下旬后降至 20 元以下,到 5 月初再降至 12 元以下;计算得到 4 月底前的平均销售价为 24.3 元/(500 g);5 月初至 5 月中旬的平均销售价为 10.3 元。可见早期上市对于养殖户收入特别重要。早春温度的高低将造成养殖户收入巨大波动。

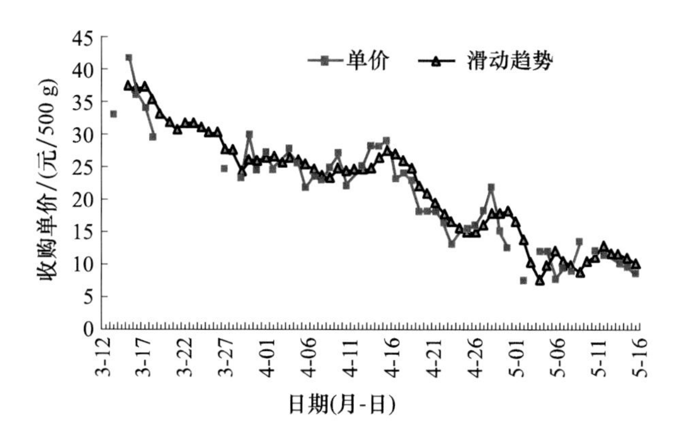

图 6.16 2017 年小龙虾收购价随时间的变化

6.3.1.2 小龙虾天气保险指数的构建

鉴于以上气象要素对小龙虾生产的影响分析，构建了小龙虾低温冷害指数、降水指数，其表达式如下。

(1)低温指数

低温指数计算公式为：

$$C_1 = \begin{cases} \sum_{i=0}^{n} (T_0 - T_i) & \text{当 } T_i < T_0 \\ 0 & \text{当 } T_i \geqslant T_0 \end{cases} \tag{6.8}$$

式中，C_1 为低温冷害指数，T_i 为自 3 月 10 日起第 i 日的日最低气温，T_0 为 13 ℃，$n = 1,2,\cdots,93$，对应日期为 3 月 10 日—6 月 10 日。

(2)降水指数

降水指数的计算公式为：

$$R = \sum_{i=1}^{n} R_i \tag{6.9}$$

式中，R 为降水指数，R_i 为自 5 月 1 日起第 i 日的日降水量，$n = 1,2,\cdots,71$。

综合气象指数综合考虑了温度和降水两个要素的综合，根据低温和降水对小龙虾减产的影响差异，确定了两个要素的权重，综合气象指数 M 的计算式为：

$$M = 0.1 \times R + C \tag{6.10}$$

6.3.1.3 结果分析

以龙虾产区湖北省潜江市为例，分析潜江 1961—2016 年的龙虾低温冷害指数、降水指数及综合天气指数，其结果如下。

选用 Weibull 模型模拟低温冷害指数的出现概率，采用 Gamma 分布模型模拟降水指数，具体见式(6.11)和式(6.12)。

$$F(x) = 1 - \exp\left(-\left(\frac{x}{\beta}\right)^{\alpha}\right) \tag{6.11}$$

$$G_a(x) = \frac{1}{\beta^{\alpha}\Gamma(\alpha)} x^{\alpha-1} e^{-\frac{x}{\beta}} \tag{6.12}$$

式中，$F(x)$为低温冷害指数的出现概率，$G_a(x)$为降水指数的出现概率，x 为冷害指数及降水指数，μ 为正态分布的数学期望值，σ 为标准均方差，α 为形状参数，β 为尺度参数，参数计算采用极大似然估计法(MLE)。

以低温冷害指数(C)、降水指数(R)出现的概率为依据，划分低温和降水等级标准，各级的初始值即为小龙虾气象保险的赔付触发值，触发值的选择原则是要使实际保险赔付概率在事先预定的设计范围之内。结合实地调研和保险产品设计要求，选定约 25％免赔概率作为启动赔付，并分别以 25％、60％、80％、90％的累积发生概率为分段赔付触发值，其阈值如下。

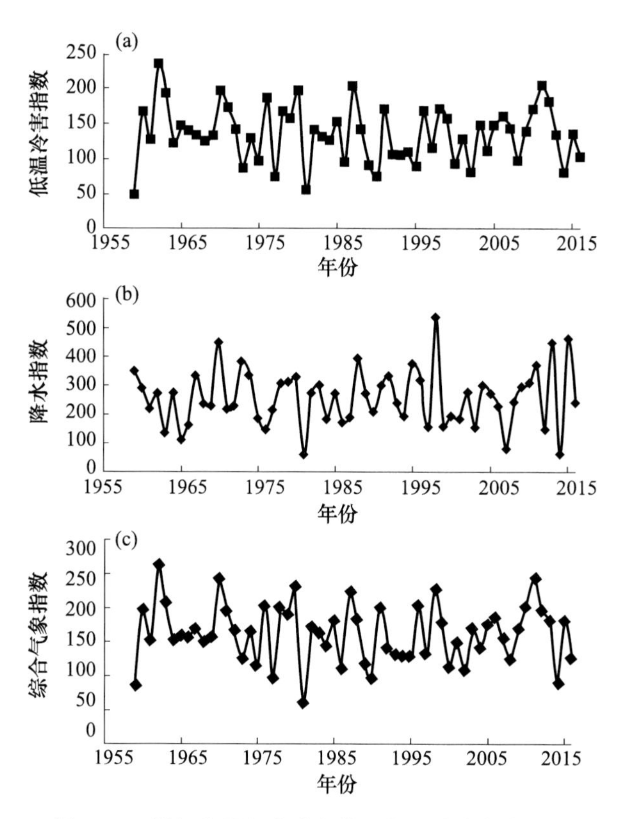

图 6.17　潜江市历年小龙虾养殖低温冷害指数(a)、降水指数(b)、综合气象指数(c)

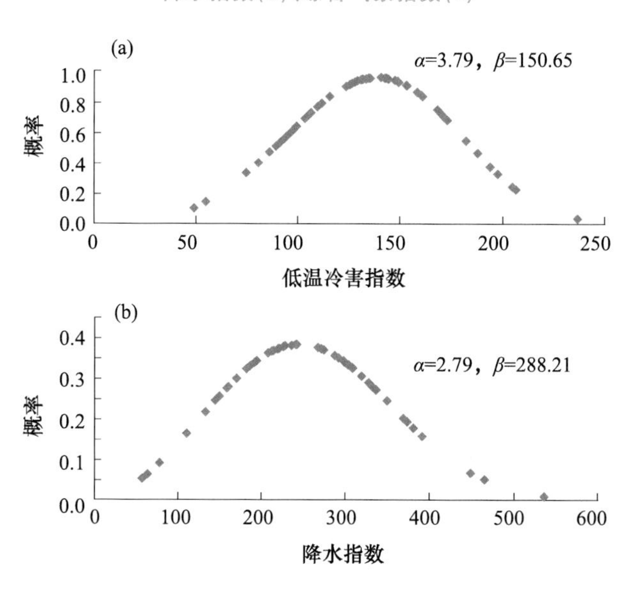

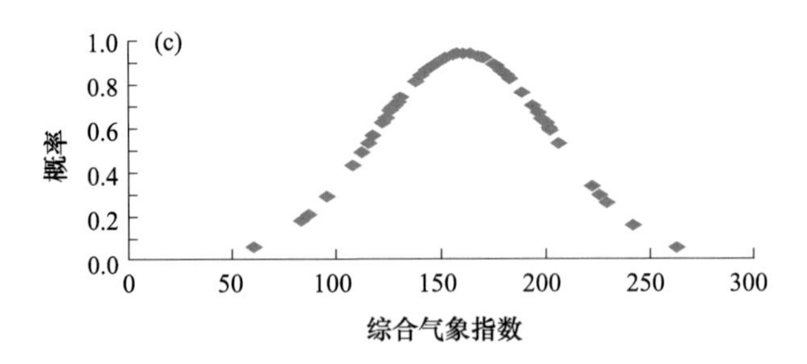

图 6.18 不同降温指数、降水指数及综合气象指数出现概率分布图

表 6.4 潜江市小龙虾气象指数保险等级及赔付触发值

致灾等级	等级号	赔付概率	赔付触发值		
			低温冷害指数(C)	降水指数(R)	综合气象指数
轻度	1	>75%	(0,108)	(0,180)	(0.0,2.1)
中度	2	(40%,75%]	[108,146)	[180,275)	[2.1,7.6)
重度	3	(20%,40%]	[146,170)	[275,340)	[7.6,13.6)
较重	4	(10%,20%]	[170,186)	[340,385)	[13.6,20.1)
严重	5	≤10%	[186,+∞)	[385,+∞)	[20.1,+∞)

6.3.2 河蟹高温热害气象指数保险

6.3.2.1 目的和意义

河蟹因其肉鲜味美，营养丰富，具有较高的经济价值，近年来养殖规模和产量持续增长。池塘河蟹养殖模式由于养殖条件好，产量较高，经济效益较好，目前是农村专业养蟹的主要方式之一。每年夏季，河蟹个体增长迅速，也是确定其品质好坏的关键阶段，而此期正是高温天气的高发时期，往往导致池塘河蟹出现不同程度的应激反应，引起蜕壳不遂和死亡现象，对养殖产量和效益造成一定影响。

物联网是现代科学技术的重要产物，是在现代互联网技术、信息通信技术、传感技术、服务与管理技术基础上发展起来的，已应用拓展到物体与物体之间的信息交换与通信。目前物联网在交通物流、公共安全、环境保护、医疗保健、家居生活等领域已具有比较成熟的应用。农业上也开始将其应用于大田种植、畜禽养殖、农产品加工等领域，实现农业的自动化生产、智能化管理、电子化交易等。我国首个物联网水产养殖示范基地于 2011 年在江苏建成。示范基地采用先进的网络监控设备、传感设备等将物联网和无线通信技术相结合，实现水质参数和水域环境实时在线监测。随着水产养殖现代化进程的快速发展，物联网技术在河蟹养殖方面得到广泛应用，通过显示终端即可实时获取水温、溶解氧、pH 值等水环境数据，可以为水产养殖天气指数保险提供精准可靠的定损参数。因此，研究基于物联网技术的水产养殖天气指数保险，不仅是水产养殖保险的发展需要，更是农业保险创新发展的题中之意。本节以安徽省当涂县为例介绍开展河蟹高温热害指数保险的技术方法。在借鉴国内外天气指数保险的理论和方法研究的基础上，基于2012—2016年当涂县河蟹养殖池塘水体物联网数据，通过分析不同深度水温与河蟹产量相关性，建立高温热害等级指标，并初步设计池塘养殖河蟹高温热害天气指数保险产品，以期为实现水产养殖高温热害风险转移提供有效途径。

6.3.2.2 河蟹高温热害气象保险指数模型构建

（1）资料收集处理

① 池塘情况

安徽省当涂县地处长江下游的江南水网地带，渔业资源丰富，其中河蟹池塘养殖发展迅速，在安徽省河蟹养殖中占有十分重要的地位。为此，选择能够代表安徽省平均养殖水平和环境条件的3个河蟹养殖池塘作为研究对象，3个池塘分别位于当涂县大陇乡水产养殖场、苦菜圩水产养殖示范区和绿野生态农业示范区。池塘水源为天然水源，进、排水口分开，进水口用密网过滤。池塘规格整齐，四周均有高0.6 m的防逃围栏，夏季平均水深均为1.2 m。塘口种植水草，品种主要为苦草，占池塘面积60%～70%。

② 物联网观测数据

3个河蟹养殖池塘自2012年均安装“农企通”物联网精确农业信息化系统。该物联网监测系统主要包括溶解氧、水温、pH、电导率和浊度等传感器，可实现多指标实时监测。其中温度传感器选用安徽产SSL3900型水温水位一体化传感器，感应范围为−30～80 ℃，探测精度为0.2 ℃。测温点在池塘水面中心，距离岸边10 m，温度感应探头安装在水面下10 cm、60 cm和100 cm深处，以实现不同深处水温(10 cm、60 cm、100 cm)变化的实时监测。气温数据取自池塘岸边约5 m处自动气象观测站。系统每小时进行数据采集，并自动存储。

③ 河蟹产量和灾情数据

2012—2016年3个池养河蟹产量数据和2017年河蟹死亡率数据来源于当地养殖户养殖日志，2001—2016年当涂县河蟹高温热害死亡率数据来源于当涂县水产局灾情记载。1985—2016年当涂县气象观测站逐日气象资料来源于安徽省气象局。

其中，河蟹高温热害死亡率(M)计算方法如下。

$$M=\frac{D}{D_0}\times 100\% \tag{6.13}$$

式中，M为河蟹高温热害死亡率(%)，D_0为蟹苗投放量(只)，D为高温热害导致的河蟹死亡量(只)。

(2)致灾临界值分析

① 致灾因子选取

高温热害主要由水温过高引起，造成河蟹死亡率上升，产量减少。因此，构建灾害指标首先考虑分析不同深度水温与河蟹产量的相关性。把2012—2016年3个池塘不同深度水温(10 cm、60 cm、100 cm)分别与河蟹历年产量进行相关分析，按照引入因子对产量的影响最大，且因子之间相关性较低的原则，确定某一深度水温作为高温热害关键因子。

由表6.5可见，60 cm深度日平均水温与河蟹产量呈极显著相关关系($P<0.01$)，10 cm深度日平均水温与河蟹产量呈显著相关关系($P<0.05$)，100 cm深度日平均水温未通过显著性检验。进一步分析不同深度日平均水温之间的相关系数可见，不同深度日平均水温之间均呈极显著相关($P<0.01$)。按照引入因子对产量的影响最大且因子之间相关性较低的原则，选取60 cm深度日平均水温作为高温热害致灾关键因子。夏季蟹塘水面下60 cm及以下的深处水温是控制河蟹摄食与活动的主要环境因素，其高低直接影响到河蟹的蜕壳、生长。

表6.5 2012—2016年3个池塘不同深处水温(T_{10}、T_{60}、T_{100})相互之间及其与河蟹产量(Y)的相关分析($n=45$)

	Y	T_{10}	T_{60}
T_{10}	0.531*		
T_{60}	0.647**	0.835**	
T_{100}	−0.474	0.861**	0.896**

注：T_{10}、T_{60}、T_{100}分别为10 cm、60 cm和100 cm深度日平均水温(℃)，Y为河蟹产量(kg·hm^{-2})。*、**分别表示相关系数通过0.05、0.01水平的显著性检验。下同。

② 关键致灾因子与气温的关系分析

选取日平均气温、日最高气温、前1日平均气温和前1日最高气温序列，与60 cm深度日平均水温进行相关分析。由表6.6可见，池塘内60 cm深处日平均水温与各气温因子间均呈极显著正相关关系($P<0.01$)，其中，与前一日平均气温的相关性最高，相关系数达0.944。因此，选择前一日平均气温作为60 cm深度日平均水温的决定因子，并将前一日平均气温与60 cm深度日平均水温进行回归分析，得到二者关系模型，即

$$T_{60}=0.8612T_{-1d}+4.8014 \quad (6.14)$$

式中，T_{60}为池塘内60 cm深度日平均水温(℃)，T_{-1d}为前一日平均气温(℃)。

表6.6 2012—2016年3个河蟹养殖池塘60 cm深处逐日日平均水温与气温的相关系数

	日平均气温/℃	日最高气温/℃	前1日平均气温/℃	前1日最高气温/℃
T_{60}/℃	0.924**	0.890**	0.944**	0.910**

③ 关键致灾因子临界值的确定

通过对关键因子(f)给予连续的不同界限值(f_i),按照 $f \geqslant f_i$ 对历年灾害样本进行筛选,并分别与灾损率进行相关性普查,当界限值大于某个值时,关键因子与灾损率的相关性维持在较高水平,说明此界限值处于判别灾害等级的门限状态,定义此界限值为该关键因子的致灾临界值。

根据以上关键因子临界值的定义,对已经确定的关键致灾因子(T_{60})给予不同的连续界限值,分别统计 2012—2016 年 3 个河蟹养殖池塘 60 cm 深处日平均水温大于等于该界限值天数的样本序列,并与 2012—2016 年河蟹产量进行相关普查,选择相关系数最大值所对应的关键因子界限值作为判定河蟹养殖高温热害的水温临界值。普查结果可用图 6.19 的皮尔逊相关系数变化曲线表示。选择相关系数最大值所对应的关键因子界限值作为判定河蟹养殖高温热害的水温临界值。已有研究表明,河蟹生长适宜水温的上限为 28.0 ℃,因此,60 cm 深度日平均水温界限值以 28.0 ℃为起始,以 0.5 ℃为间隔,最高为 34.0 ℃。

由图 6.19 可知,当界限值为 31.0 ℃时,60 cm 深处日平均水温大于等于该界限值的天数与当年河蟹产量相关性最大,在该界限值两侧,相关系数下降较快。说明 60 cm 深处日平均水温临界值等于 31.0 ℃,即 60 cm 日平均水温超过 31.0 ℃,会对当年河蟹生长和产量产生不利影响。根据式(6.12)60 cm 深度水温与气温的关系模型,60 cm 深处日平均水温为 31.0 ℃ 时,其对应的前一日平均气温为 30.5 ℃。据此确定池塘养殖河蟹发生高温热害的临界气象条件为日平均气温≥30.5 ℃。

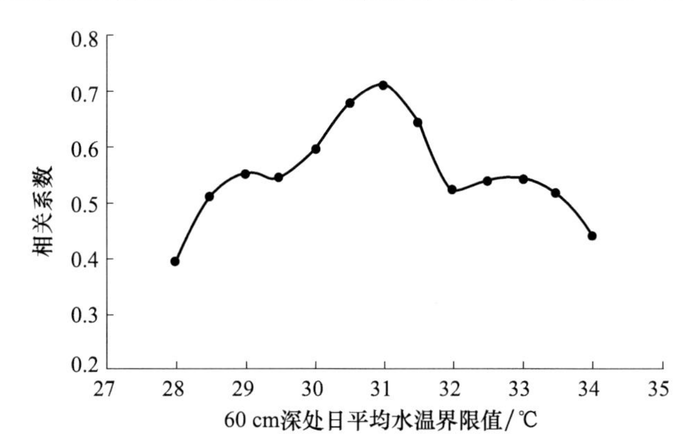

图 6.19 关键因子(T_{60})大于等于界限值的天数与河蟹产量的相关系数

(3)气象保险指数设计

① 保险时段选取

将 1985—2016 年当涂县气象观测站逐日气温数据进行汇总排序表明,在 98% 保证率下,日平均气温≥30.5 ℃高温天气主要出现在 6 月下旬—9 月上旬(6 月 21

日—9月10日)，见表6.7。此时也是河蟹生长的关键时期，因此，选定6月21日—9月10日作为池塘河蟹高温热害指数的计算时段。

表6.7　1985—2015年安徽省当涂县河蟹主要生长期(6—9月逐旬)高温发生情况

时段	高温总天数/d	出现概率/%
6月上旬	2	0.4
6月中旬	7	1.4
6月下旬	13	2.7
7月上旬	66	13.5
7月中旬	92	18.8
7月下旬	142	29.0
8月上旬	80	16.3
8月中旬	61	12.4
8月下旬	17	3.5
9月上旬	9	1.8
9月中旬	1	0.2
9月下旬	0	0.0
总计	490	100

② 指数设计

a. 指数尽可能选取受人为因素影响较小的气象灾害

每年夏季，河蟹个体增长最快，是确定其品质好坏的关键阶段，而此期正是高温天气的高发时期，往往导致池塘河蟹出现不同程度的应激反应，引起蜕壳不遂和死亡现象，对养殖产量和效益造成一定影响。这一气象灾害人力一般不可防止，所以适宜作为天气指数进行设计。

b. 指数相对稳健，能与历史实际损失较好吻合，波动较小

作为随机变量，一个合适的天气指数应满足的标准有：可观测或可测量、客观性、清晰明确、独立可验证性、及时性以及时间上的稳定性和可持续性。设计的指数应尽可能覆盖河蟹生长期的主要风险，与历史损失较好吻合。

c. 指数相对简单，便于理解和推广

池塘河蟹养殖保险天气指数是面向养殖户推广的新型保险产品，应便于养殖户、保险业务人员理解和接受，同时便于气象部门对指数进行采集和发布。另外，设计的指数应尽可能为直观并直接影响作物生长的气象环境指标。

根据以上天气指数设计原则，考虑到水温数据的可获取性和天气指数农业保险产品的简便、易懂和可操作性，基于水温和气温关系模型，选择目前使用较多的气温变量作为高温热害天气指数。结合上述确定的池塘养殖河蟹高温热害气温临界值，

将池塘河蟹养殖高温热害指数(S)定义为:6 月 21 日—9 月 10 日,日平均气温≥30.5 ℃的天数。日平均气温以参保蟹塘附近的自动气象站观测数据为准。

(4) 气象保险指数模型构建与检验

① 模型构建

利用 SPSS 软件中 K-均值聚类分析方法,通过给定需要的聚类数目,用有限次逼近法,按照聚类最优原则确定高温热害指数和高温热害死亡率的聚类中心,以相邻聚类中心的平均值为界限,确定池塘养殖河蟹高温热害等级指标。

根据高温热害气象指数保险的定义,统计得到 2001—2016 年当涂县历年高温热害指数时间序列。应用 SPSS 软件对历年高温热害指数和对应年份的河蟹高温热害死亡率进行 K-均值聚类分析,设定聚类数为 4 类,按照聚类最优原则,得到高温热害指数和高温热害死亡率的 4 个聚类中心,以高温热害指数和高温热害死亡率相邻聚类中心平均值为界限,把池塘养殖河蟹高温热害指标等级划分为轻度、中度、重度和特重共 4 个等级如表 6.8。

表 6.8 安徽省当涂县池养河蟹高温热害指标等级划分标准

等级	高温热害指数(S)/d	高温热害死亡率/%
轻度	$0<S\leqslant 14$	0～1
中度	$14\leqslant S<21$	1～3
重度	$21\leqslant S<30$	3～5
特重	$S\geqslant 30$	5～10

注:高温热害指数(S)为 6 月 21 日—9 月 10 日日平均气温≥30.5 ℃的天数。下同。

② 模型检验

2017 年 7 月安徽省出现持续高温天气,此时正值池塘河蟹生长关键时期,由于极端最高气温高、高温日数多,造成当涂县河蟹出现死亡现象。实地调查发现,高温导致大陇乡水产养殖场、苦菜圩水产养殖示范区和绿野生态农业示范区河蟹死亡率分别为 4.2%、3.6%和 4.1%。利用高温热害等级指标对该年高温热害程度进行评估,其结果与实际灾损等级见表 6.9。由表 6.9 可知,3 个池塘高温热害评估等级和实际灾损等级均为重度,准确率为 100%。由于样本数量有限,轻度、中度和特重灾害等级未得到检验。

表 6.9 2017 年 3 个河蟹养殖池塘高温热害灾害样本检验结果

养殖场	高温热害指数/d	高温热害等级	高温热害死亡率/%	实际灾损等级
大陇乡水产养殖场	29	重度	4.2	重度
苦菜圩水产养殖示范区	29	重度	3.6	重度
绿野生态农业示范区	29	重度	4.1	重度

(5) 气象保险指数赔付方案设计

① 确定保险金额和赔付触发值

当涂县池塘河蟹高温热害气象指数保险赔付可表示为：

$$I=\left[\frac{M-M_{min}}{M_{max}-M_{min}}\right]\times Q \tag{6.15}$$

式中，I 是单位面积保险赔偿金额(元/亩)；M 为河蟹死亡率(%)。M_{min} 是赔付触发值对应的河蟹死亡率，M_{max} 是最高河蟹死亡率(10%)，Q 是保险金额。因此赔付标的制定包括确定单位面积保险金额和天气指数触发值及其对应的减产率。

据调研，在不发生灾害情况下，安徽省当涂县正常年份河蟹养殖平均产值在2万元/亩。由表6.8可知，高温热害最高可导致的河蟹死亡率为10%，则高温热害最高导致河蟹损失2000元/亩，即高温热害保险金额为2000元/亩。

由于气象指数保险赔偿不需要田间勘查过程，可能会出现天气指数赔付和实际损失不匹配的现象，称为基差风险。为了避免或降低基差风险，将历史天气指数平均赔付与平均产量损失进行对比。通过迭代计算发现，河蟹高温热害天气指数触发值为21 d时，即当指数等级达到中度时，历史气象指数保险平均赔付与平均损失最接近，满足赔付基差风险最小的原则，故将天气指数21 d作为当涂河蟹高温热害保险赔付的触发值。

② 确定赔付标准

在河蟹高温热害气象指数保险赔付具体实施前，首先计算并判断高温热害天气指数是否超过赔付的触发值21 d，如果不超过，则不赔付；如果超过触发值，则根据当涂县池塘养殖河蟹高温热害指标等级和气象保险指数赔款水平逐渐递增原则，通过公式(6.15)计算保险赔付金额。表6.10中列出了不同高温热害指数对应的赔付比例和单位面积赔付金额。

由表6.10可以看出，当高温热害气象保险指数≥21 d时，启动赔付，赔付金额为100～2000元/亩。

表6.10 安徽省当涂县池塘养殖河蟹高温热害气象保险指数赔付标准

高温热害指数/d	赔付比例/%	赔付金额/(元/亩)	高温热害指数/d	赔付比例/%	赔付金额/(元/亩)
21	5	100	31	33	650
22	6	110	32	38	760
23	7	130	33	44	880
24	8	160	34	51	1010
25	10	200	35	58	1150
26	13	250	36	65	1300
27	16	310	37	73	1460

续表

高温热害指数/d	赔付比例/%	赔付金额/(元/亩)	高温热害指数/d	赔付比例/%	赔付金额/(元/亩)
28	19	380	38	82	1630
29	23	460	39	91	1810
30	28	550	≥40	100	2000

注:每亩赔付金额=每亩保险金额×赔付比例。保险金额确定为2000元/亩。下同。

③ 厘定保险费率

纯保险费率一般是以投保人所投保标的物的历史上长时期的平均损失率。因此,纯费率即理论损失率就等于单位面积标的物的灾害损失率的数学期望。

$$R_{ate} = E(\text{loss}) = \sum (L_{r_i} \times p_i) \tag{6.16}$$

式中,R_{ate}为纯保险费率,$E(\text{loss})$为标的物的灾害损失率的数学期望。L_{r_i}为第i等级的保险灾害损失率,本研究中即为河蟹死亡率;p_i为第i等级灾害损失(死亡率)的发生概率或频率;i为气象灾害(天气指数)等级;m为天气指数赔付触发值对应的灾害等级。

基于当涂县1985—2016年气象资料,统计当涂县池塘河蟹养殖高温热害指数(图6.20),根据表6.10中赔付标准测算每年的应赔付金额。可以看出,1985—2016年有1990年、1994年、1995年、1998年、2001年、2003年、2006年、2013年和2016年共9个年份触发了起赔点,平均赔付金额为109元/亩。根据式(6.15)计算获得当涂县池塘养殖河蟹高温热害天气指数纯保险费率为5%,保费为100元/亩。

$$P_V = \frac{P_0}{I_0} \times 100\% \tag{6.17}$$

式中,P_v为保险费率(%),P_0为平均赔付金额(元/亩),I_0为保险金额(元/亩)。

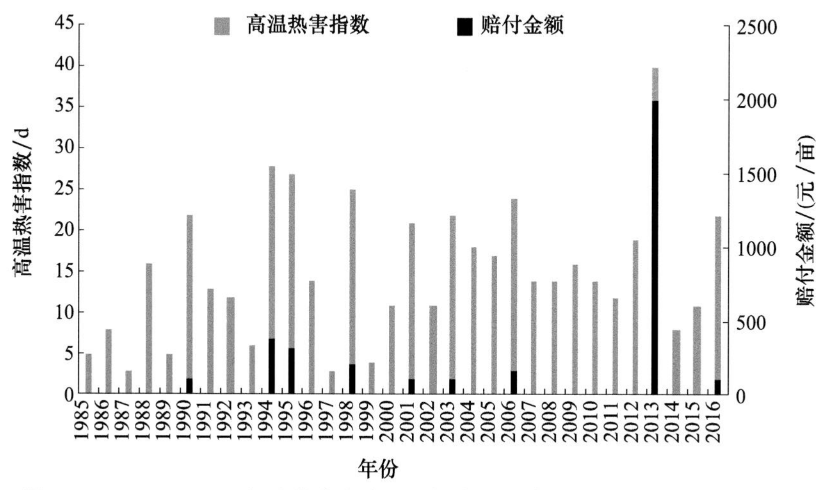

图6.20 1985—2016年安徽省当涂县河蟹高温热害指数值和应赔付金额测算

6.3.2.3 应用案例

本研究的结果主要在安徽省当涂县池塘河蟹养殖气象指数保险试点中进行了应用。依据得到的池塘河蟹养殖高温热害气象指数模型，国元农业保险有限公司拟定了池塘河蟹养殖物联网气象指数保险条款。依据此条款 2017 年 7 月国元农业保险公司当涂支公司与当涂县苦菜圩水产养殖有限公司签订了第一笔池塘河蟹养殖高温热害气象指数保单，参保蟹塘共 7 个，面积共计 250 亩。2017 年 10 月经查阅和分析蟹塘物联网观测数据和气象观测资料开展了理赔，2017 年 6 月 21 日 0 时至 9 月 10 日 23 时 当涂县苦菜圩水产养殖有限公司，高温热害指数为 26 d，按照赔付标准，应赔付 250 元/亩，共赔付 62500 元。此次高温热害的天气指数保险气象认证表见表 6.21。

池塘河蟹天气指数保险气象认证表

认证表编号	2017003
受理日期	2017年 10 月 9 日
受理人	×××
委托单位 委托人	国元农业保险股份有限公司 ×××
委托要求	时段：6 月 21 日至 9 月 10 日 区域：当涂县苦菜圩水产养殖有限公司 标的物：池塘河蟹 事由：查看池塘河蟹高温热害天气指数
分析依据	统计自 6 月 21 日至 9 月 10 日，60cm 日平均水温≥31℃或日平均气温≥30.5℃的天数，记为高温热害指数；当高温热害指数大于 20 天时，启动赔付，保险人按照下列约定计算赔偿金额：（见下表）
认证结论	经查阅和分析蟹塘物联网观测数据和气象观测资料，2017 年 6 月 21 日 0 时至 9 月 10 日 23 时 当涂县苦菜圩水产养殖 有限公司，高温热害指数为 26 天，按照赔付标准，应赔付 250 元/亩。
认证人	×××

高温热害指数（天）	每亩赔偿金额（元/亩）	高温热害指数（天）	每亩赔偿金额（元/亩）
21	100	31	650
22	110	32	760
23	130	33	880
24	160	34	1010
25	200	35	1150
26	250	36	1300
27	310	37	1460
28	380	38	1630
29	460	39	1810
30	550	≥40	2000

认证单位：安徽省农业气象中心

认证日期：2017 年 10 月 9 日

图 6.21 河蟹气象保险指数气象认证表

第7章

淡水养殖病害与气象

鱼病也是影响水产养殖的重大因素之一，而鱼病的发生发展与气象条件也有密切的关系。鱼类是变温动物，免疫反应等生理机能直接受环境温度的影响。小范围温度变化可改变鱼的代谢和生理机能，从而影响生长、繁殖、摄食行为、分布、洄游等。水温高于或低于生理适宜水温都会造成鱼类应激，免疫力降低，容易感染发病。快速大幅度升温会对鱼类的免疫系统产生不利影响。淡水温度的升高有利于原本生活于较高环境温度中的水生动物和病原的入侵。较高温度下，细菌、真菌的繁殖加快，增加病原的种群数量，提高威胁水平和发病死亡的可能性。鱼类免疫反应、病原复制与水温有关，水温上升会改变病原与宿主之间的平衡，改变疾病的发生率及分布。许多鱼病（如疖疮病，锦鲤疱疹病毒病，鲤鱼春病毒血症），温度是决定其是否发病的关键因子。因此，气候的变化对鱼类的影响比对恒温动物的影响更严重。

目前全世界估计有12万种鱼类寄生虫，包括原生动物和后生动物。寄生虫可引起宿主生长发育缓慢，抗病力下降，甚至死亡。寄生虫对鱼体造成的损伤是细菌和病毒感染的主要原因。我国部分地区鱼类寄生虫病引起的鱼类死亡率低的为20%～30%，严重的可达90%以上。2010年全国水产养殖发生94种疾病，其中24种寄生虫病。可见鱼类的寄生虫种类繁多，对鱼类健康危害严重。如何有效预防寄生虫病的发生就显得十分重要。

鱼类寄生虫病流行规律主要与水环境有关，水体环境的变化主要受气候变化、天气和季节等因素的影响。气候变化对水生态系统中寄生虫及其引起的疾病影响较大，全球变暖直接影响寄生虫的分布。因气候变化而导致的环境变化也会影响寄生虫的丰度。气候变化可能增加河流上游水的酸度，引起寄生虫多样性的减少和吸虫的消失。河流低水位和流速变缓会增加寄生虫自由游泳阶段的丰度。间接生命周期的寄生虫（复殖吸虫类的吸虫和线虫），因其中间宿主的丰度或分布受温度的影响，对气候变化特别敏感。鱼类被寄生虫感染，在很大程度上受季节影响。

7.1 主要淡水养殖鱼病流行规律

7.1.1 鱼类寄生虫病

(1)鱼类原虫病

鱼类原虫病主要是指原生动物门的种类引起的疾病，包括鞭毛虫、肉足虫、孢子虫、纤毛虫、吸管虫等。最常见的有车轮虫病、小瓜虫病、孢子虫病等(温周瑞，2013)。

车轮虫病：研究表明车轮虫对鱼的感染呈明显的季节性，车轮虫的生长、繁殖与温度有密切关系。华中地区水温 20 ℃以上，尤其是 25～30 ℃适合车轮虫的生长、繁殖，此期间鱼池中往往有大量的车轮虫出现，引起鱼苗鱼种大量死亡。北方地区车轮虫发病高峰在 6—8 月。

小瓜虫病：小瓜虫的繁殖与水温有密切关系，水温 15.0～25.0 ℃最适合小瓜虫繁殖，也是危害鱼类的高峰。因此，在秋末、冬初和春季适宜水温范围内常出现单纯的小瓜虫病。张素芳等(1987)报道多子小瓜虫危害长吻鮠苗种的水温范围为 19.0～32.0 ℃，水温 23.5～24.0 ℃危害严重。国外报道，水温超过 16.0 ℃时小瓜虫病大量暴发(Karvonen et al.，2010)。

鲤斜管虫病一般发生在 3—5 月，水温在 15 ℃以下虫体繁殖较快，7—9 月则少有发现。中华毛管虫病在每年 6—10 月可大量出现。

孢子虫病：青鱼艾美虫流行季节一般在 5—7 月，平均水温 20～25 ℃期间感染和致病，引起二龄青鱼死亡。谢杏人(1988)报道，粘孢子虫对长吻鮠、蛇鮈的感染率存在明显的季节变化，长吻鮠粘孢子虫的感染率最高值出现在 6 月(95%)，最低值出现在 2 月(43%)，年平均值为 65%；湖北碘泡虫对蛇鮈的总感染率最高值出现在 12 月—次年 2 月(63%～67%)，其次在 8 月 (58%)，春、秋两季感染率较低(36%～44%)，年平均感染率为 51%。长吻鮠寄生粘孢子虫的总感染率 (IR)与长江中游水温 (T)呈显著正相关：$IR=0.3129+0.0192T$。蛇鮈寄生粘孢子虫的总感染率 (IR)与水温 (T)之间的关系呈一反抛物线型：$IR=1.1228-0.073777T+0.001795T^2$。李义等(1995)调查长寿湖网箱养鲤寄生虫季节变动，粘孢子虫出现在春末、夏初和秋末，尤以春末夏初感染率较高，感染率可高达 100%。Wang 等(2001)报道，异育银鲫鱼种感染武汉单极虫感染率和感染丰度呈现显著季节变化，5 月底到 6 月初鱼苗孵化出来不久就开始感染。感染率很快达到 100%，直到 9 月份一直保持这一高水平。10 月以后感染率下降到较低水平，11 月很少能见到感染的孢子。碘孢虫流行季节为 5—8 月，主要危害鲢、鲤鱼，特别对 1～2 龄鱼危害严重。银鲫碘泡虫(*Myx-*

obolus gibelioi）的感染动态具有显著季节性，8—10 月银鲫鱼鳃上感染银鲫碘泡虫的感染率较高（Wang et al.，2003）。由苔藓鲑鱼四囊虫（*Tetracapsula bryosalmonae*）寄生引起的鲑鱼增生性肾病（Proliferative kidney disease，PKD）的发生与水温升高有关，研究表明水温低于 12～13 ℃不会传播（Gay et al.，2001）。

（2）鱼类蠕虫病

鱼类寄生蠕虫的感染率和感染丰度普遍存在季节变动，随着季节的变化，水温、宿主食物的丰富度和组分都会产生相应的变化，宿主的生长、繁殖、运动或迁移，宿主（包括中间宿主）和寄生虫的生活周期等，都或多或少地影响着寄生虫感染宿主的状态。

单殖吸虫病：影响单殖吸虫种群季节动态的因素很多，温度是其中主要的非生物因素，大多数单殖吸虫通常能够在春末被发现，这是水温和宿主行为影响的结果（姚卫建 等，2004）。李义等（1995）报道长寿湖网箱养鲤寄生三代虫出现在春、秋、冬季。姚卫建等（2004）研究了池塘养殖鲢鱼和草鱼鳃部寄生单殖吸虫的季节动态。鲢鱼和草鱼鳃上寄生的鲢指环虫在 2—7 月和 9—11 月感染率最高（100%），鳃片指环虫在 1—5 月和 8—12 月感染率最高（100%）。姚卫建等（1995）还对洪湖自然水体中鲢单殖吸虫进行了研究，鲢指环虫的感染率和丰盛度的变化情况是一致的，在一年中只在 6 月出现一个高峰。夏晓勤等（1999）对引起鲢鱼死亡的小鞘指环虫（*Dactylogyrus vaginulatus*）研究认为，其发生高峰在 3—6 月，水温为 9.0～21.2 ℃，6—11 月种群消失。王新等（2012）报道，额尔齐斯河湖拟鲤夏季感染寄生虫的种类最多，而春、秋两季感染的种类较少，感染率也较低。维氏指环虫春季的感染率较高，夏季感染率较低，而秋季没有检出。Karolína Lamková 等（2012）研究了捷克思维塔瓦河圆鳍雅罗鱼单殖吸虫丰度 4 月和 6 月最高，指环虫最大丰度在 4 月，最小在 11 月。三代虫最大丰度也在 4 月。寄生虫的多样性和感染指标春季和夏初最高。Luo 等（2012）报道，夏季和秋季石斑鳞盘虫（*D. grouperi*）寄生斜带石斑鱼（*E. coioides*）的感染率较高，春季和冬季较低，最高丰度在夏天，最低在冬季和春季。在野生和混养条件下石斑鳞盘虫寄生斜带石斑鱼感染率都呈现明显的季节性。

复殖吸虫病：复殖吸虫的感染通常受环境温度的影响，因为感染期尾蚴的发育与水温升高密切相关。除温度以外，生活史模式也会引起寄生虫感染水平显著的季节变化。胡振渊等（1965）研究了太湖四大家鱼和鲤寄生血居吸虫的季节感染动态。青鱼、草鱼、鲢鱼、鳙鱼寄生血居吸虫的感染率均以秋冬两季为高。季节消长主要是与水温、宿主年龄和寄生虫的生长发育等密切相关。匙形复口吸虫的感染率和感染强度在夏季和秋季最高。双穴吸虫幼虫（*Diplostomum sp.*）是寄生湖拟鲤的优势虫种，春、夏、秋三个季节均有感染，夏季的感染率最高达到 76.92%，感染强度也较其他寄生虫高。江口水库范尼道弗吸虫（*Dollfustrema vaney*）尾蚴的出现时间从 4—6 月，水温 15～20 ℃，鳜鱼消化道中范尼道佛吸虫的感染率呈现显著的月份变化。梁子湖黄颡鱼河鲈源吸虫(*Genarchopsts goppo*)感染率有显著的季节变化,感染率和平均丰度的高峰期发生在春季和秋季。苗晶晶等(2012)研究显示,额尔齐斯河复口吸虫幼虫对高体雅罗鱼全年的平均感染率为 52.56%,有明显的季节变动,从春季到夏季逐渐升高,达到峰值,而到秋季大幅下降,这可能与复口吸虫的生活史和寄生特性有关。高典等(2012)研究了丹江口水库鲤鱼肠道寄生蠕虫群落结构与季节动态。在感染率方面,饭岛盾腹吸虫感染率在秋、冬季较高,春季次之,夏季最低;日本侧殖吸虫在冬春季和秋季感染率较高,其他季节未发现感染。

Peter Akoll 等(2012)研究了乌干达 *Bolbophorus sp.*(复殖类)寄生奥尼罗非鱼的情况发现,*Bolbophorus sp.* 后囊蚴 1 月感染强度较高,6 月感染率较高,两者与低降雨量对应。回归分析显示后囊蚴感染宿主的强度随温度上升而升高(ARoll et al.,2011)。Urabe 等(2009)报道日本 Uji-Yodo 河冬季水温低于 7 ℃后寄生于宽鳍鱲(*Zacco platypus*)的 *Parabucephalopsis parasiluri* 后囊蚴数量增加。2001—2008 年冬季后囊蚴的丰度波动规律显示,1 月平均流量和水位与每年感染率呈负相关,与水温呈正相关。Hong(2012)报道,*Heterophyopsis continua* 后囊蚴对花鲈的感染率 7 月是 74%,8 月快速上升,10 月达到 100%。

绦虫病:李义等(1995)报道,长寿湖网箱中鲤头槽绦虫病一年四季均可发现,感染率均在 33%以上。高典等(2012)研究表明丹江口水库鲤鱼肠道寄生的中华许氏绦虫感染率存在显著的季节差异,夏季(8 月份)的感染率最高,春秋季次之,冬春更替时较低。据 Karolína 等(2007)研究,捷克思维塔瓦河圆鳍雅罗鱼绦虫 4 月有增多的趋势。乌干达 *Amirthalingamia macracantha* 寄生奥尼罗非鱼,*A. macracantha* 裂头蚴的感染率和感染强度逐月波动,降雨量大的月份感染率和感染强度均高。线性回归分析结果显示裂头蚴种群和感染率随降雨量显著增加。

线虫病:嗜子宫线虫流行季节为冬、春季,夏季极少发现,以 2 龄以上鲤鱼感染危害较多。Wang(2002)报道,4 月份嗜子宫线虫(*P. fulvidraconi*)在黄颡鱼眼中感染率较高(63.5%),6 月份下降到最低水平(20.9%)。感染率夏末开始上升,保持较高水平直到次年春季。Wu 等(2007)提出马口鱼(*O. bidens*)杜父鱼驼形线虫(*C. cotti*)的感染丰度有明显的季节性,夏季高冬季低。丹江口水库杜父鱼驼形线虫季节性主要与温度变化,以及宿主行为、中间宿主丰度和寄生虫生理条件有关。

棘头虫病:高典等(2008)于 2004 年 2 月至 2005 年 2 月调查了丹江口水库木村小棘吻虫(*Mieraeanthornhynchina motomurai*)感染三种小型经济鲤科鱼类:马口鱼(*Opsariichthys uncirostris*)、宽鳍鱲(*Zacco platypus*)和油餐(*Hemicuher bleekeri bleekeri*)的季节动态情况。在感染率和感染丰度方面,寄生于马口鱼和油餐的木村小棘吻虫呈现出显著的季节变化,秋冬季节感染率和感染丰度都比较高,而春夏季节则比较低;寄生于宽鳍鱲的木村小棘吻虫全年保持较稳定的感染水平。Zeng 等(2007)结果表明,新棘衣棘头虫寄生黄鳝的感染率和丰度具有明显季节差异,春季和夏季感染率最高。胡晓娟等(2012)研究发现不同月份之间黄鳝体内新棘衣棘头虫的感染率存在显著的差异;感染率在 11 月、12 月和 1 月出现 3 个峰值,分别为 55.7%、48.5%和 44.0%,而 2 月份的感染率最低,为 11.2%。丹江口水库鲤鱼肠道寄生鲤长棘吻虫感染率存在显著的季节差异,秋、冬季感染率较高,春季次之,夏季最低。Karolina 等(2007)认为捷克思维塔瓦河圆鳍雅罗鱼棘头虫丰度 4 月和 11 月最高。

(3)鱼类甲壳动物病

鱼虱一年四季在鱼体上都可发现,特别以 5—10 月最为普遍,对寄主的年龄无严格要求,能引起幼鱼死亡,或间接为其他病原菌侵入鱼体打开门户。Hayward 等(2009)研究显示,海虱寄生南金枪鱼的感染率开始时为零(2005 年 4 月),6 周后增加到 55.0%,此时水温较高(月平均 17.7 ℃),随后 12 周感染率下降为零,水温降到当年最低月平均温度(14.6 ℃),感染率保持为零,直到第二年,当水温达到该年最高平均水平(20.5 ℃)感染率增加到 100%。此后水温下降到最低(13.6 ℃)感染率下降到 6.7%。海虱寄生南金枪鱼感染高峰发生在高水温季节。多态锚头鳋全年都可在鲢、鳙鱼体上寄生,潘金培等(1979)认为在武汉地区每年有两次发病高峰,第一次是在 5 月中旬至 6 月中旬,第二次是 9 月至 10 月。

7.1.2　主要细菌性鱼病

水温是导致细菌性鱼病发生的主要因素之一,许多病原微生物温度较高时毒力增强,受胁迫的种群更易感染一些条件致病菌而发病(温周瑞,2013)。

细菌性败血症的发生与水温密切相关。徐伯亥等(1988)实验表明,水温在 25 ℃以上时,被感染的鱼在 6 h 之内便可发病;水温在 25 ℃时,在 12 h 左右出现的死鱼最多;而在水温 29 ℃时,6 h 左右出现的死鱼最多。水温较低时,要 24 h,甚至到第 2 或第 3 天死鱼才会达到高峰,并且症状不明显。可见水温对产气单胞菌的致病有很重要的关系。徐伯亥等(1991)报道,此病从 3 月开始,一直延续整个高温季节。其间可分为两个阶段:第一阶段为水温较低(10～20 ℃)的 3—4 月;第二阶段为 自 5 月开始水温逐渐上升(20 ℃以上) 后的高温季节。流行时间 3—11 月,高峰期为 5—9 月。杨成亮等(1991)调查表明,该病流行期间的水温为 18～35 ℃;其中,流行高峰期水温为 20～30 ℃。陆承平(1992)发现,出血性败血症不同温度下可由不同菌致病。嗜水气单胞菌生长最适生长温度为 25～35 ℃,最低 0～5 ℃,最高 38～41℃。沈锦玉等(1993)发现室内培养条件下,嗜水气单胞菌生长温度范围为 14～37 ℃,最适温度为 25～30 ℃。流行病学调查结果表明,发病高峰为高水温季节,在低水温时也有可能流行,即水温 13～23 ℃鱼类多为零星死亡,24～26 ℃死亡较多,27～30 ℃则可发生暴发性死亡,从发病至死亡只有 2～3 d 时间。

柱状黄杆菌在高温条件和水体有机物负荷高的情况下对鳃组织有更强的附着

力(Marcogliese，2008)。由该菌引起的烂鳃病在草鱼、青鱼、鳙鱼、鲤鱼等均可发生，但主要是危害草鱼，全国各地均有该病发生。在水温 15 ℃以下一般少见，约 20 ℃时开始流行，流行的最适水温为 28～35 ℃(张晓君，2004)。李明锋(1988)报道，草鱼细菌性烂鳃病在天气转晴、气温回升后，死亡率会猛然上升。流行时间为 4—10 月。Karvonen 等(2010)研究了芬兰两个渔场在 1986—2006 年的鱼病动态，水温与柱状黄杆菌的流行呈显著正相关，水温高的年份流行更严重，随温度升高而发病率增大。但有些细菌病，如虹鳟鱼苗综合征(RTFS) 嗜冷黄杆菌(病原 *Flavobacterium psychrophilum*) 一般在 10 ℃以下观察到(M. Marcos-Lopez et al. ,2010) 。

温度较高的时候弧菌(*Vibrio shiloi*) 的毒力基因表达出来，成为珊瑚白化病的病原。2003 年夏天泰恩河口，洄游的大西洋鲑受高温和低溶氧的影响，感染鳗弧菌(*Vibrioanguillarum*) 大量死亡。

由嗜水气单胞菌引起的加州鲈红点病发病率随水温上升而升高。细菌性肾病(BKD)在 13～18 ℃流行。由杀鲑气单胞菌(*Aeromonas salmonicida*) 引起的疖疮病发病水温超过 10 ℃，杀鲑气单孢菌的成活温度范围与疖疮病的发生一致。鲑科鱼类的肠型红口病(Entericred mouth disease，病原鲁氏耶尔森氏菌)的发生有季节性，通常在春季水温上升时发病。

赖子尼等(1999)研究发现，降水、降温会引起藻类种群的改变进而使溶氧量发生变化，最终影响鱼的健康，低溶氧是诱发鳜鱼疾病的首要水化因子。因而气象条件变化使生态因子变化继而诱发鳜鱼疾病的催化剂(温周瑞，2013)。

7.1.3 主要病毒性鱼病

迄今为止所见报道的鱼类病毒已超过 70 种。病毒与水体中的其他生物作为水生态系统中的共同组成部分，其存活、入侵和复制等生命活动都与水质因子及宿主动物的机能密切相关。在自然条件下，水体温度是影响病毒存活最重要的因素之一。鱼类某些病毒病表现有明显的季节变化，关键则是受温度的影响。

草鱼出血病是对草鱼危害较大的一种病毒病，病原为草鱼呼肠孤病毒。据陈月英等(1988)的研究，草鱼出血病病情与水温的关系密切，自然条件下草鱼出血病发病水温的低限为 25 ℃左右，养殖池塘中该病流行的水温下限为 19.8 ℃±3.98 ℃，病情严重的鱼池在 12 ℃时仍有发病。丁清泉等(1990)将鱼呼肠孤病毒感染的草鱼饲养在人工控温的水族箱内，水温 20 ℃和 33 ℃恒温时草鱼的死亡率较在 24 ℃、27 ℃、30 ℃恒温时明显降低。人工感染恒温饲养期间，死亡高峰期随水温降低而推迟，在低于 20 ℃攻毒并维持一星期左右，即使逐步升温至 30 ℃也不会导致感染鱼的大批死亡。左文功(1981)研究发现，草鱼出血病的暴发大多发生在水温几次陡降后的回升过程中。

鲤春病毒血症在春季水温 8～20 ℃，尤其是 13～15 ℃时流行，水温超过 22 ℃则不发病。温度高于 17 ℃鲤鱼分泌含有抵抗鲤春病毒(SVCV)抗体的黏液，高于这个温度不会暴发该病。研究表明，鲤鲺(*Argulus foliaceus*)可能是 SVCV 的传播媒介。气候变暖有利于虱的繁殖，增加鲤春病毒血症的传播。锦鲤疱疹病毒病发病最适水温在 23～28 ℃，水温＜18 ℃或＞30 ℃不发生死亡。鲤痘疮病冬季和早春季节，水温在 10～16 ℃时发病。

斑点叉尾鮰病毒病、鳗鲡狂游病低于 15 ℃几乎不发病，传染性造血器官坏死症病毒(IHNV)在体外生存的适宜温度是 15 ℃，流行性造血器官坏死病(EHN)在澳大利亚春天和夏天流行，水温低于 11～12 ℃未见临床病例(温周瑞，2013)。

7.1.4 湖北省主要淡水鱼类养殖病害发病规律

温周瑞等(2018)统计 2002 年至 2012 年全省草鱼烂鳃病，鲢鱼、鳙鱼、鲫鱼细菌性败血症月平均发病率，发现每年 4—9 月是草鱼烂鳃病的多发期，5—9 月是鲢鱼、鳙鱼、鲫鱼细菌性败血症的发病高峰(图 7.1—图 7.3)，说明这三种鱼病主要发生在春末至初秋，水温较高的季节。

2012 年在湖北省 46 个县级防疫站共设 152 个监测点，针对 13 个主要养殖品种开展疾病监测工作。监测总面积达 217738 亩。4—9 月是草鱼烂鳃病的多发期，5—9 月是鲢鱼、鳙鱼、鲫鱼细菌性败血症的发病高峰(图 7.4—图 7.6)，与多年发病规律基本一致。

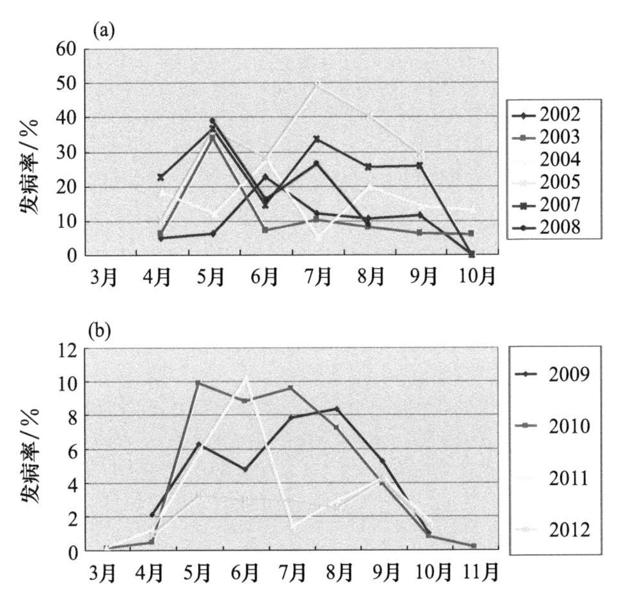

图 7.1 湖北省历年草鱼烂鳃病月平均发病率

(a)2002—2008 年；(b)2009—2012

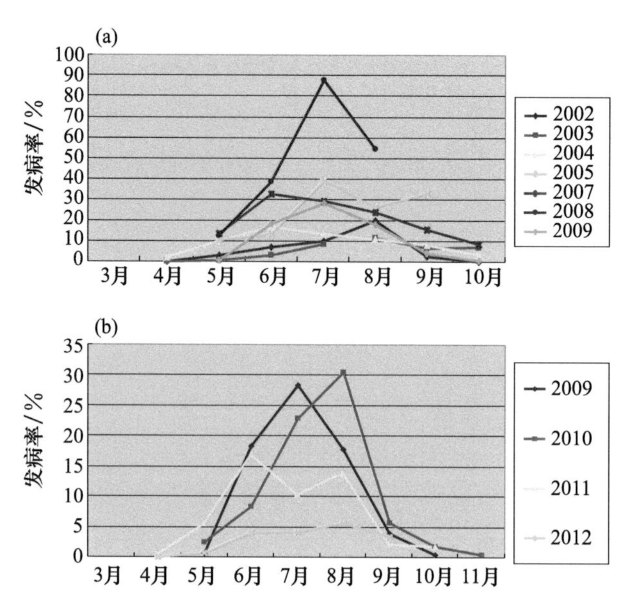

图 7.2　湖北省历年鲢鳙鱼细菌性败血症月平均发病率

(a)2002—2008 年;(b)2009—2012

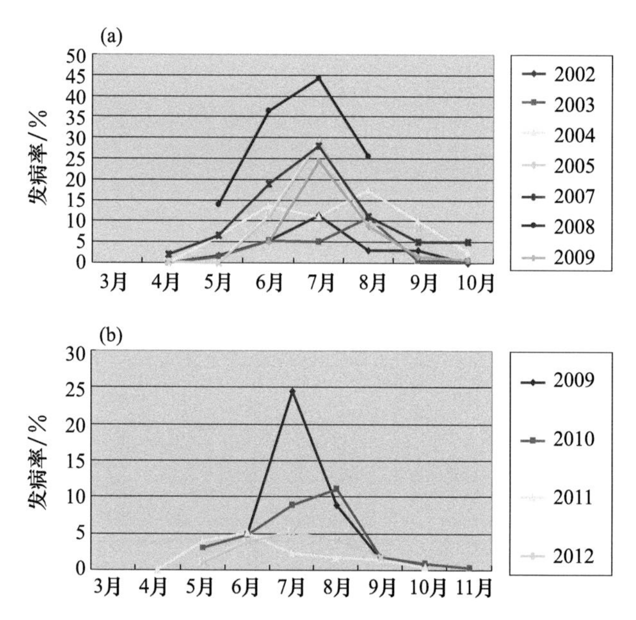

图 7.3　湖北省历年鲫鱼细菌性败血症月平均发病率

(a)2002—2008 年;(b)2009—2012

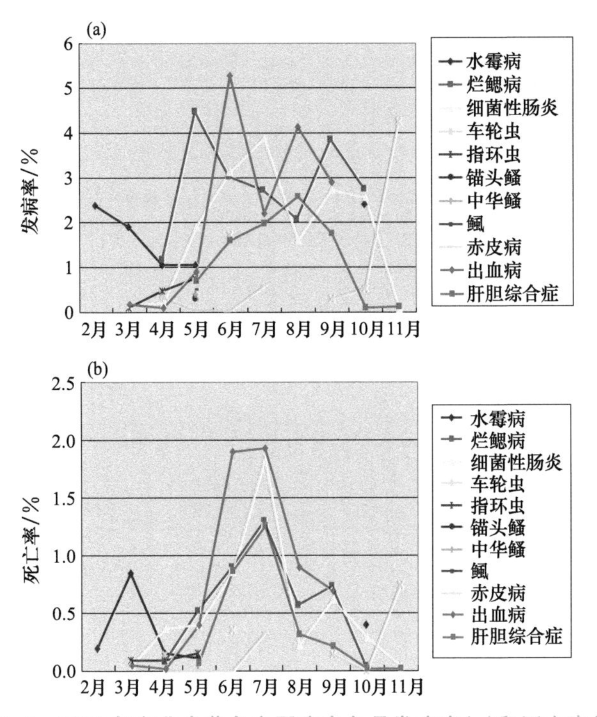

图 7.4 2012 年湖北省草鱼主要病害各月发病率(a)和死亡率(b)

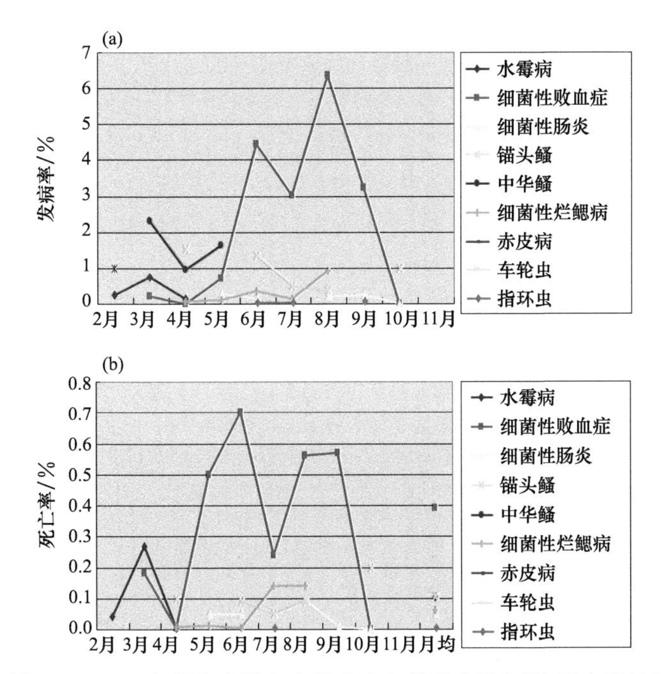

图 7.5 2012 年湖北省鲢鱼主要病害各月发病率(a)和死亡率(b)

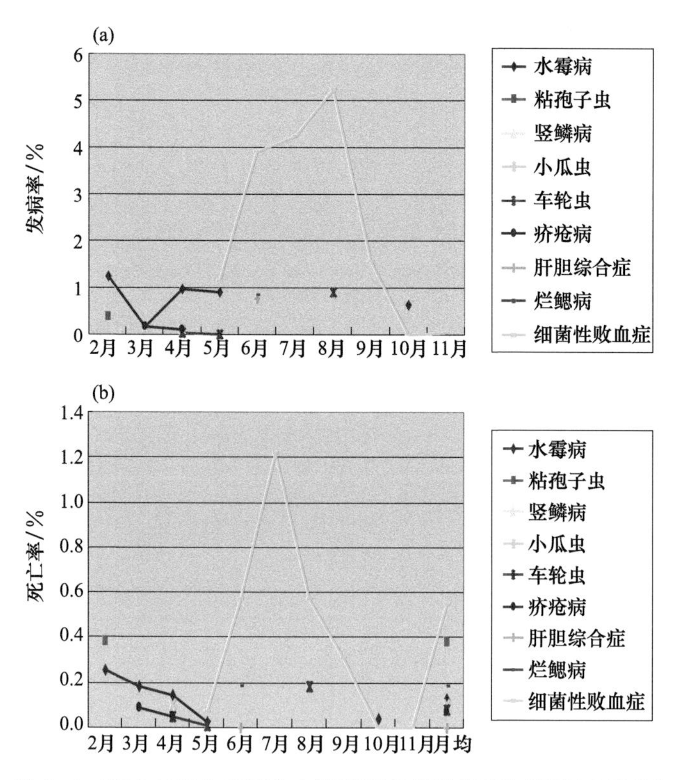

图 7.6　2012 年湖北省鲫鱼主要病害各月发病率(a)和死亡率(b)

7.2　主要鱼类养殖病害气象指标

7.2.1　嗜水气单胞菌和柱状黄杆菌的致病温度指标

7.2.1.1　嗜水气单胞菌对鲫鱼的感染适宜气象指标

温周瑞等(2013)通过嗜水气单胞菌对鲫鱼的感染攻毒试验,结果显示:温度 35 ℃实验组鲫鱼死亡时间最短,且全部死亡;温度 25～30 ℃实验组几乎全部死亡;温度 15～20 ℃实验组死亡较少,对照组没有死亡。说明嗜水气单胞菌对鲫鱼的感染适宜温度为 20 ～35 ℃,高峰为 25 ～35 ℃。

7.2.1.2　柱状黄杆菌对草鱼的感染适宜气象指标

陈霞等(2017)利用柱状黄杆菌对草鱼进行感染攻毒试验,结果表明:柱状黄杆菌对草鱼感染力试验结果表明：在温度 15 ℃时草鱼发病率低，20 ℃时，便开始感染草鱼，出现不同的死亡率，在 25 ～30 ℃时实验鱼死亡率最高。

7.2.2 主要鱼类养殖病害流行温度

根据试验分析和文献查阅整理，主要淡水鱼类养殖病害病原及发生气象条件列表如下(表 7.1)。

表 7.1 主要淡水鱼类养殖病害病原及其流行温度

名称	病原	流行温度	说明	危害种类
水霉病	水霉、绵霉属	13～18 ℃	对水产动物没有选择性，受伤的均可被感染，春季流行	主要是淡水鱼
竖鳞病	水型点状假单胞菌	17～22 ℃	草鱼、鲢鱼、鳙鱼也可发生；春季流行	金鱼、鲤鱼、鲫鱼以及各种热带鱼
草鱼出血病	草鱼呼肠孤病毒	27 ～ 30 ℃最适	流行季节在 6 月下旬到 9 月底，8 月份为高峰期	2.5～15.0 cm 的草鱼都可发病
细菌性败血症	嗜水气单胞菌	9～36 ℃(25～35 ℃最适)	流行时间为 3—11 月，5—9 月为高峰期	主要淡水养殖鱼类
细菌性肠炎病	肠型点状气单胞菌	25～30 ℃	两个流行高峰期(1 龄以上的青草鱼 5—6 月，当年草鱼种 7—9 月)	青鱼、草鱼最易发病，鲢鱼、鳙鱼也有发生
细菌性烂鳃病	柱状黄杆菌	15～30 ℃(25～30 ℃最适)	一般流行于 4—10 月，以夏季流行为多	主要危害草鱼、青鱼
白皮病	鱼害粘球菌、白皮极毛杆菌	6—8 月流行	也叫白尾病，尾柄处发白	鲢鳙鱼的夏花鱼苗、鱼种
赤皮病	荧光假单胞菌	25～35 ℃	鱼体受损时，病原菌才能乘虚而入。一年四季都有流行，尤其是在捕捞运输后以及北方越冬后，最易引发流行	是青鱼、草鱼的主要疾病之一
小瓜虫病	多子小瓜虫	15～25 ℃	流行于初冬、春末	各种淡水鱼、洄游性鱼类观赏鱼类均可发生

续表

名称	病原	流行温度	说明	危害种类
指环虫病	指环虫	20～25 ℃	流行于春末夏初	主要危害鲢鳙鱼及草鱼
锚头蚤病	锚头蚤	12～33 ℃	主要流行于夏季	淡水鱼类各龄鱼都可危害
鱼虱病	东方鱼虱、刺鱼虱、宽尾鱼虱等	25～30 ℃	流行季节 5—10 月	养殖种类梭鱼、比目鱼、罗非鱼、鲷类、鲻等受害较为严重
鱼怪病	日本鱼怪	>13 ℃	4 月中旬—10 月底	主要危害鲫鱼和雅罗鱼，鲤鱼也有寄生
钩介幼虫病	钩介幼虫	8～19 ℃	流行于春末夏初	主要危害青鱼、草鱼等生活在较下层的鱼类
对虾白斑症病毒病	白斑症病毒	无温度限制	全年均可发生	发生在中国对虾、日本对虾、斑节对虾、长毛对虾和墨吉对虾等对虾上
河蟹颤抖病	小核糖核酸病毒科病毒	23～33 ℃	发病时间 5—10 月，8—9 月发病严重，死亡率高	幼蟹（5～10 g）到成蟹（20～250 g）均有发生

7.3 主要淡水养殖病害发生预报

根据鱼类寄生虫病的流行规律，可从季节、温度及感染强度等方面对其进行预测预报。鱼类寄生虫病主要呈季节性流行规律，夏秋季由于水温增高，寄主及其寄生虫的生长发育加快，数量和活动增多，鱼类寄生虫的种类及数量增加。冬季由于水温低，生物的生长发育减慢，寄主、中间寄主数量减少，寄生虫的传播多数停止。除少数耐寒性种类外，一般感染率及强度下降。因此，春末夏初是大多数鱼类寄生虫病开始流行的时间，应采取必要的预防控制措施。

7.3.1 预测预报的依据

进行水产养殖动物病害预测预报，就是系统、准确监测养殖病害发生动态，并运用生物学、生态学、数学等知识和方法，结合实践经验和历史资料，对病害未来发生危害趋势做出预测，提供较为准确、及时的预报服务。测报依据就是与病害发生密切相关的因子，水产养殖品种繁多，病害种类也多种多样，不同病害发生规律不尽相同，确定测报依据至关重要。研究结果表明，水产养殖病害主要与以下几个因子密切相关。

7.3.1.1 温度

根据水产养殖动物对水温适应性不同，可将其分为广温性和狭温性动物，狭温性动物又可分为温水性和冷水性。温度对水产养殖动物病害的影响主要表现在两个方面，一是温度影响病原生物的生长繁殖及病原体的感染力；另一方面温度影响水生动物的代谢水平和水环境的变化。对于广温性动物而言，在其生存温度范围内，细菌性病害往往随水温升高而易发生。研究结果表明，水产养殖病害与水温变动密切相关。据陈月英等(1988)报道，草鱼出血病病情与水温的关系密切，是影响疾病流行的主要环境因素，草鱼出血病发病水温的低限，自然条件下为25 ℃左右，养殖池塘中该病流行的水温下限为19.8 ℃±3.98 ℃，病情严重的鱼池在12 ℃时仍有发病。丁清泉等(1990)将鱼呼肠孤病毒感染的草鱼饲养在人工控温的水族箱内，水温20 ℃和33 ℃恒温时草鱼的死亡率较在24～30 ℃恒温时明显降低。人工感染恒温饲养期间，死亡高峰期随水温降低而推迟，缓慢改变水温能降低死亡率，在低于20 ℃攻毒并维持一星期左右，即使逐步升温至30 ℃也不会导致感染鱼的大批死亡。认为温度对草鱼出血病流行的影响主要在控制病毒增殖速度方面。左文功(1980)研究发现，草鱼出血病的暴发大多发生在水温几次陡降后的回升过程中。李明锋(1988)报道，草鱼细菌性烂鳃病在天气转晴、气温回升后，死亡率会猛然上升。

徐伯亥等(1988)关于水温对产气单胞菌致病力的影响实验表明，水温在25 ℃以上时，被感染的鱼6 h之内便可发病；25 ℃时，12 h死鱼最多；而29 ℃时6 h左右则死鱼最多。水温较低时，要24 h，甚至到第二或第三天死鱼才能达到高峰，并且症状不明显。可见水温对产气单胞菌的致病有很重要的关系。陆承平(1992)发现，出血性败血症不同温度下可由不同菌致病。嗜水气单胞菌生长最适生长温度为25～35 ℃，最低0～5 ℃，最高38～41 ℃。

又比如，夏秋两季为对虾弧菌病多发季节，其流行适宜温度为25～32 ℃，尤其在28 ℃以上时流行极为迅速，几天之内即可造成养殖对虾的大量死亡。

张素芳等(1989)进行了集约化养鱼鱼病调查及病因分析，通过观察1—5月的水温与发病率的关系，求出了水温与发病率之间的回归方程，通过不同月份的不同温度可预测放鱼种的发病率。

另外，有些病害则有其特定的流行温度，如鲤春病毒病一般在水温17 ℃以下流行，斑点叉尾鮰病毒病、鳗鲡狂游病低于15 ℃几乎不发病，鲤痘疮病冬季和早春季节，水温在10～16 ℃时发病等。在调查和处理这些病害时，可根据这些病害发生的水温特点做出初步判断。

7.3.1.2 水质

水生动物几乎终生生活在水中，水体环境质量的好坏与其健康直接相关。目前认为与水生动物疾病有关的水质指标主要有 pH、氨氮、亚硝酸氮、溶氧、硫化氢等。国内许多调查研究结果都认为暴发性鱼病发生与环境有关，水质恶化是发病的主要原因。胡益明等(1991)在暴发性鱼病流行期间对重病区 30 口池塘水质测定结果表明：发病塘总氨氮、未离解氨氮(NH3)、亚硝酸盐氮和 pH 值均明显高于未发病塘；而硝酸盐氮则明显低于未发病塘。赵玉宝等(1994)认为，5—6 月份诱发暴发性鱼病的环境因素可能是氨含量过高，而 7—8 月份诱发暴发性鱼病可能是高亚硝酸、低溶氧和低 pH 三者协同作用的结果。杨成亮等(1991)认为，酸性(pH＜6.5)或碱性(pH≥8.2)的水质条件不利于草鱼出血病的发展，浙江省山区池塘出血病的流行程度较平原地区为轻，与其池水 pH 值普遍偏低有关。王鸿泰(1982)报道未发生草鱼出血病池塘与发病池中的亚硝酸盐含量有显著差异，未发病池亚硝酸盐含量极少，而发病池为 0.26 mg/L。亚硝酸盐含量过高可能是导致草鱼出血病发生的重要环境因子。

李奕雯等(2010)研究表明，虾池中 COD(化学需氧量)升高亦是诱发对虾病毒病暴发流行的主要环境因子之一。研究表明，当 COD 质量浓度小于 10.0 mg/L 时，虾池不易暴发病毒病，当 COD 质量浓度大于 10.2 mg/L 时，WSSV 的易感性将大幅增加，进而引发对虾病毒病的暴发。

赖子尼等(2008)采用模型推导得出结论，对鳜鱼健康指标影响由大到小的因子是细菌总数、二氧化碳、pH、氨氮。

7.3.1.3 原生动物群落参数

王亚军等(2006)对鳜鱼池塘原生动物群落动态与病害发生关系进行了研究，发现在鳜鱼塘水体中，原生动物对环境变化的反应时间比鳜鱼的反应时间要短，可以利用原生动物和鳜鱼对水环境变化的反应时间差进行鳜鱼疾病预报预测。两个发病塘原生动物多样性变化幅度最大，由此可以推论出原生动物多样性的变化与疾病的发生存在一定的关系。

7.3.1.4 气候变化

气候变化不仅影响养殖动物的活动，同时使各种环境因子发生改变。气候变化对水生态系统内寄生虫的传播与水生动物疾病有较大的影响。气候变化不仅直接影响寄生虫种类，还影响宿主的分布和丰度。较高的温度和较长的生长期会增加一年中寄生虫的世代，提早和延长感染的时间，从而更容易暴发寄生虫病。赖子尼等(1999)研究发现，降水、降温会引起藻类种群的改变进而使溶氧量发生变化，最终影响鱼的健康，低溶氧是诱发鳜鱼疾病的首要水化因子。所以，气候变化使生态因子变化继而诱发鳜鱼疾病的催化剂。

7.3.1.5　寄生虫感染强度

有关水质对寄生虫病的影响报道较少，对于寄生虫性疾病的预测应从研究其生活史入手，通过寄生虫发育时间、中间宿主等进行预测。也可根据寄生虫感染强度来预测，建立不同寄生虫感染强度与发病的关系。

总之，水产养殖病害的发生与水温、水质、原生动物群落等密切相关，要做到对病害的准确预报，深入系统地研究水温、水质因子与病害发生的关系是一条值得探索的途径。

7.3.2　预测预报方法

病害预测预报总的思路是，找出当时、当地影响病虫害发生、发展和流行的主导因子，再找出与其他因子共同影响的定量关系，确定指标或建立数学模型，据此进行预测预报。预测预报的内容通常包括病害的发生或流行的时间与时段，病害发生或流行的分布区域，病害发生或流行的速度、严重性、危害程度、可能损失等。

由于水产养殖病害的发生与多种因素有关，如养殖品种、养殖环境、放养密度、养殖动物的营养状态等。即使在同一地区，不同的水体，甚至相邻的池塘，其水环境条件存在差异。不同的养殖户放养的品种、管理模式（清塘、水质调节、饵料用量、药物使用量与时间等）、放养密度等均不相同，病害发生规律也不一致，给水产养殖病害预测带来困难。

要实现对水产养殖病害的预测预报，应加强水产养殖病害测报依据的研究。研究水产养殖病害与气象因素、水质、水中微生物群落、养殖密度等之间的相关关系。可以考虑以测报单元为单位进行测报，测报单元可以是某个河湾或水库中一片网箱，也可以是一片鱼池，或者是一个养殖小区。测报单元内必须采取标准的养殖方式，在养殖品种、放养密度、投入品的使用、水质管理等方面均保持一致；采用统一的管理模式和养殖技术规范，使单元内水质环境条件基本相同。其次是进行科学监测。在单元内选择有代表性的监测点进行长期监测，包括气象因子、水质因子、病原微生物、原生动物群落、发病种类、发病率等，寻找致病的主导因子；同时还可以监测湖泊、水库等大水面或对照池塘（不用药物）研究水环境与病害发生规律，研究发病模式。还可以通过灰色系统理论、神经网络、线性回归等方法建立数学模型进行预测。

7.3.3　鱼发病率气象预报模式

冯明等（2013）根据湖北省孝感市孝南区三叉镇渔场和洪湖乌林镇黄牛湖渔场2011年和2012年的鱼池发病情况，结合气象要素分析，选择了日平均温度、气压和风速三个气象要素进行了分析。在时间段上选择了当天、前一天、前二天、当天至前二天的三天平均、两次观测期间平均五种时段。考虑气象要素突变也对鱼病发生影响较明显，还选择了前 1～2 d 的变温、变压和风速差。统计分析，得出表 7.2 相关数据。

表 7.2 孝感市三叉镇鱼池 2011 年、2012 年发病率与气象要素相关系数

气象要素		2011 年	2012 年
气温	前一天平均气温	0.41	0.31
	前三天平均气温	0.38	0.29
	期间平均气温	0.27	0.28
	前一、二两天变温	−0.24	−0.45
	期间变温合计	0.00	−0.26
风速	前一天平均风速	−0.20	−0.08
	前三天平均风速	−0.15	−0.29
	期间平均风速	−0.37	−0.25
	前一、二两天风速差	0.37	−0.23
	期间风速差合计	−0.02	−0.11
气压	前一天平均气压	−0.39	−0.40
	前三天平均气压	−0.40	−0.36
	期间平均气压	−0.26	−0.39
	前一、二两天变压	−0.48	−0.23
	期间变压合计	−0.21	−0.15

从表 7.2 中可看出，通过两年鱼发病率观测资料分析，孝感市三叉镇鱼池的发病率与气温和气压两个要素相关较为显著；与风速的相关性略差。通过与 5 种数据比较，与气压之间的相关性最好，与气压相关的有 3 种通过了 95%($\alpha=0.05$)的信度检验，1 种通过 90%($\alpha=0.10$)的信度检验。而与气温相关的有 1 种通过了 95%($\alpha=0.05$)的信度检验，3 种通过 90%($\alpha=0.10$)的信度检验。

综合考虑各种因素，选择三天平均气压和三天平均气温与鱼发病率建立气象模式如下：

① 发病率(Y)与三天平均气压(P_2)的关系：

$$Y=1218.7-0.1197P_2 \tag{7.1}$$

② 发病率(Y)与三天平均气温(T_2)的关系：

$$Y=-12.09+1.16T_2 \tag{7.2}$$

（注：气压取值保留一位小数后乘 10，温度取整。）

从气压和气温变化的一般情况来看，5—7 月气压变化范围为 990～1010 hPa；日平均气温变化范围为 15～35 ℃。由以上两式均可得出鱼发病率为 10%～35%变化。

两年鱼发病率观测资料显示，发病率有高于35%的记录，如最高的65.9%(2011年5月30日)。这种高发病率的数据可视为个别情况，或偶发现象，也是统计方法中存在的误差所致。

以上两个模式可作为一般年份5—7月间开展气象为水产养殖鱼类发病的应用服务的气象模式。可两个模式一起用，也可单独使用。

7.3.4 春季黄颡鱼溃疡综合征发生等级预报

刘可群等(2023)利用2020年、2021年湖北省黄颡鱼主要养殖期几次春季病害发病率调查资料，对比分析了黄颡鱼病害暴发前及发生期间天气特点，提出了病害发病等级标准及鱼病气候胁迫指数数学计算方法。

根据湖北省鱼类病害防治及预测预报中心2020年、2021年春季黄颡鱼发病率资料，包括枝江、当阳、公安、洪湖、松滋、荆州、潜江、咸宁、嘉鱼、武汉等县(市)资料。根据发病率观测资料，将鱼病发病率分为轻、中、重三级，其分级标准如表7.3所示。

表7.3 病害等级划分标准

病害等级	发病率/%
轻度(1级)	<10%
中度(2级)	10%～30%
重度(3级)	≥30%

根据对黄颡鱼"溃疡综合征"病害发生气象条件分析，暴发大多发生在几次冷空气过程后，尤其是强冷空气过程后，因此提出降温指数和降水指数来分析黄颡鱼"溃疡综合征"流行气候特征。降温指数(cooling index,CI)、降水指数(precipitation index,PI)，以及气候胁迫指数的数学表达式如下：

① 日降温指数：

$$\mathrm{DCI}_i=\begin{cases}(T_{i-1}-T_i)\times\ln(T_{i-1}-T_i) & T_{i-1}-T_i\geqslant T_C\\ 0 & T_{i-1}-T_i<T_C\end{cases} \tag{7.3}$$

② 某一时段内降温指数：

$$\mathrm{CI}_i=\sum_{i=1}^{n}\mathrm{DCI}_i \tag{7.4}$$

③ 日降水指数：

$$\mathrm{DPI}_i=\begin{cases}[\lg(P_i+1)]^2 & P_i<100\ \mathrm{mm}\\ 2\times\lg(P_i) & P_i\geqslant 100\ \mathrm{mm}\end{cases} \tag{7.5}$$

④ 某一时段内降水指数：

$$\mathrm{PI}_i=\sum_{i=1}^{n}\mathrm{DPI}_i \tag{7.6}$$

⑤ 降温降水气象综合指数(meteorological composite index,MCI):

$$MCI_i = k_T \times CI_i + k_p \times PI_i \tag{7.7}$$

式中 T_i、T_{i-1}分别为第 i 日及其前一天的日平均气温(℃);P_i 为第 i 天的降水量(mm);n 为时段的总天数。对大量养殖专业户及专业技术人员调查,一次极端天气过程对鱼类病害有影响,而更重要的是持续 4～5 周甚至更长的不利天气过程的累计影响,因此本研究 n 取值 30 d。CI_i、PI_i 分别为截至第 i 日前 n 天日降温、降水指数总和,简称第 i 天降温指数及降水指数;k_T、k_P 分别为降温指数、降水指数的对气象指数影响系数,这里均取值为 1;MI_i 为第 i 日的气象综合指数。

气候胁迫指数(climate stress index,CSI):

$$CSI=\begin{cases} MCI_{10}\times\dfrac{T_s}{T_{10}} & T_s>T_{10} \\ MCI_{10} & T_s=T_{10} \\ MCI_{10}\times\dfrac{T_{10}}{T_s} & T_s<T_{10} \end{cases} \tag{7.8}$$

式中,MI_{10}表示之前 10 d 内最大的气象综合指数;T_{10}表示之后 10 d 平均温度;Ts 表示黄颡鱼最适生长温度,因黄颡鱼最适温度为 25～30 ℃,即当 T_{10}小于 25 ℃时,Ts 取 25;大于 30 ℃时,Ts 取 30。

根据上述公式的计算结果显示,湖北省公安县 2020 年 4 月下旬之前伴随几次冷空气降温过程,MCI 呈现阶梯式上升(图 7.7),即 3 月 27—28 日、4 月 10—11 日、4 月 17—18 日三次降温过程后 MCI 分别达到了 44.2、61.4、87.2;湖北省其他县市区均为此特点。通过对比 2020 年、2021 年不同时期的 MCI 最大值,可知湖北省东南部的一些县市(如赤壁、洪湖等)高于西部的一些县市(如当阳、枝江等)。2021 年 MCI 与 2020 年走势相似,呈现阶梯式上升,虽 2021 年春季 MCI 较 2020 年偏低一些,但时间上 2021 年入春时间早,入春后第一次强降温过程出现日期 2021 年 2 月 23 日,较 2020 年早 1 个多月;MCI 最大值出现日期 2021 年为 3 月 19 日,较 2020 年的 4 月 20 日早 30 多天。MCI 达到最大值之后的 7 d、10 d 时段平均温度 2020 年分别为 15.8 ℃、17.7 ℃;而 2021 年分别为 11.0 ℃、12.7 ℃,2021 年较 2020 年低 5 ℃左右,且 12 ℃接近黄颡鱼恢复摄食等活动的下限温度。

对病害发生等级与 MCI 关系分析显示,二者存在极为显著的相关性($P<0.01$)。由于病害暴发及其程度还受很多因素影响,其中降温降水过程后一段时间内的温度对鱼体特异性免疫功能的影响是重要因素如在适宜温度范围内,抗体随温度升高而增加。亦即,相同的 MCI 下,温度越高(10～28 ℃)越高,病害等级则有所降低,反之越高。气候胁迫指数 CSI 更能反映出鱼类病害,病害发生等级与气候胁迫指数 CSI 存在更为显著的指数关系

$$DG=0.215\times e^{0.0251\times CSI}(R^2=0.7763,P<0.001) \tag{7.9}$$

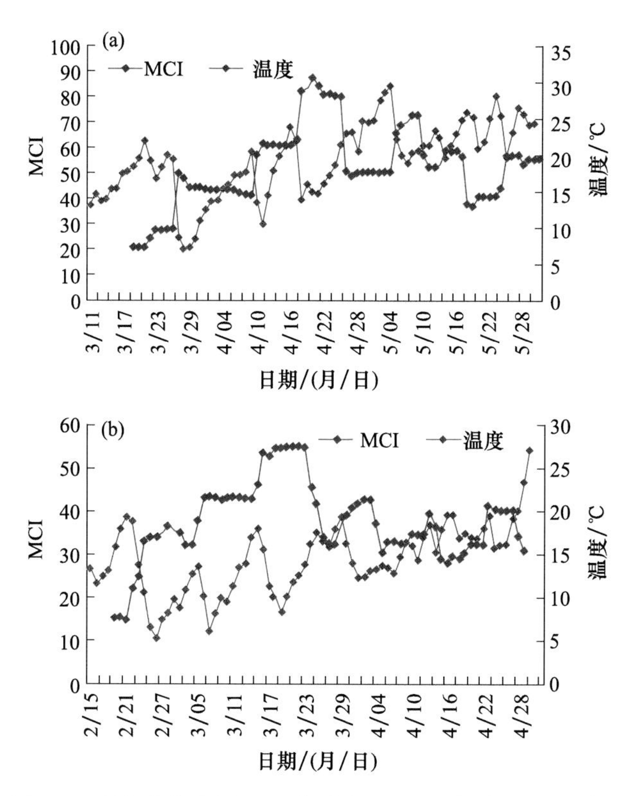

图 7.7　湖北省公安县 2020 年 (a)、2021 年春季(b)逐日滚动计算的气象指数及气温变化

利用 90%分位法，结合病害发生等级与气候胁迫指数 CSI 统计相关模型，并合理化取整，得到黄颡鱼“溃疡综合征”1、2、3 级发生对应的气候胁迫指数分别为 60、80、100(刘可群 等，2023)。该指标可以用作黄颡鱼“溃疡综合征”病害等级气象预测。

第 8 章

淡水养殖气候资源利用

淡水养殖产业发展与生态环境协调发展受到人们广泛关注，养殖业气候资源论证服务也亟须开展，如淡水养殖水资源承载力问题、规模发展气象制约因子分析等。同时目前较大规模发展的稻渔综合种养模式，在带来经济效益的同时，也伴随着一定的环境效应，还存在一定的气候风险，如何根据稻渔种养特色产区的气候特点，结合特色种养模式发展的气候适宜性，科学规划其发展规模，用好气候资源，降低气候风险，对于指导各地稻渔种养特色产业持续健康发展，具有重要的现实意义。

8.1 稻虾共作模式适宜水稻品种选择与茬口安排

稻渔综合种养模式是指在水稻田复合养殖鱼、虾、蛙等水产品。该技术在我国南方具有悠久的历史，是一种高效的稻田立体生态种养模式。该模式把水稻(Oryza sativa)种植与水产养殖人为地组合在同一生态系统中，利用稻田的立体空间，达到充分利用光、热、水及生物资源的目的，获得较高的物质生产量和经济效益；同时可防止土壤肥力减退，减少环境污染，维持生态平衡，使农业生态系统处于良性循环之中。

其中，稻虾(水稻-克氏原螯虾)综合种植综合种养模式自 20 世纪 80 年代发展以来，逐渐成为最具特色的稻田复合种养类型，包括稻虾连作、轮作、共作等多种种养模式，特别是以“一稻两虾”为特点的稻虾共作模式发展面积最大。调查表明，该模式平均产值比传统“稻-油轮作”模式或“稻-麦轮作”模式多收入近 4.5 万元 · hm^{-2}，具有良好的经济和社会效益。根据《中国小龙虾产业发展报告(2023)》(于秀娟 等，2023)，2022 年我国小龙虾稻田养殖面积 2350 万亩，小龙虾产量 240 万 t，其中，湖北省小龙虾产量 113.8 万 t，占全国总产量的 7.41%。但是，这种稻田种植制度的变化也带来一些问题。一是稻渔种养模式的耗水量比水稻单作模式大幅增加，而且存在降水资源供应与生产需求不同步的矛盾，冬春季少雨期是需水高峰期，夏季降雨集中期却是水分需求相对低谷期；二是冬春季稻虾田保持较高水位，增加了区域水体面积，导致蒸发增大、空气湿度增加，从而改变了冬春季的气候规律；三是一般需要开挖较深的养殖沟，减少了水稻种植面积，不利于粮食安全；四是生产过程中，过度追求经济效益，导致“重虾轻稻”，不重视水稻生产季的管理；五是长期厌氧胁迫环境，进一步加重了涝渍中低产田的土壤次生潜育化，土壤质量进一步下降。

3—6 月是小龙虾适宜生长期，为了尽量增加小龙虾养殖时间，当前养殖生产中普遍存在“重虾轻稻”的问题，把水稻播种时间延后到 6 月底，甚至到 7 月上旬。过度推迟水稻播种期，可能导致水稻生长中后期遭遇高温热害、低温冷害、收割期连阴雨等气象灾害的风险升高。如何合理安排水稻播种期、选择适宜稻虾共作的水稻熟性品种，是决定稻虾共作模式水稻能否安全生产的重要问题，确保“一稻两虾”模式的可持续发展。

8.1.1 水稻播期、品种组合与关键发育期推算

以湖北省为例，将 4 月 25 日定为正常播种期，选择推迟 15 d、30 d、45 d、60 d、75 d 为对比对象，选择全生育期天数 120 d、135 d、150 d 三种熟性水稻品种，基于历史气象资料，统计不同播期和熟性品种遭遇关键期气象灾害的风险，筛选最适宜播期和品种。水稻不同播期和品种组合关键发育期推算结果见表 8.1。

表 8.1 不同播种期和品种熟性类型的水稻关键发育期日期

代号	播种日期	全生育期天数/d	播种至孕穗天数/d	播种至灌浆天数/d	播种至收割天数/d	孕穗日期	灌浆日期	收割日期	收割前 5 d	收割后 5 d
E1	4 月 25 日	120	70	95	120	7 月 4 日	7 月 29 日	8 月 23 日	8 月 13 日	9 月 2 日
E2	5 月 10 日	120	70	95	120	7 月 19 日	8 月 13 日	9 月 7 日	8 月 28 日	9 月 17 日
E3	5 月 25 日	120	70	95	120	8 月 3 日	8 月 28 日	9 月 22 日	9 月 12 日	10 月 2 日
E4	6 月 9 日	120	70	95	120	8 月 18 日	9 月 12 日	10 月 7 日	9 月 27 日	10 月 17 日
E5	6 月 24 日	120	70	95	120	9 月 2 日	9 月 27 日	10 月 22 日	10 月 12 日	11 月 1 日
E6	7 月 9 日	120	70	95	120	9 月 17 日	10 月 12 日	11 月 6 日	10 月 27 日	11 月 16 日
M1	4 月 25 日	135	78	105	135	7 月 12 日	8 月 8 日	9 月 7 日	8 月 28 日	9 月 17 日
M2	5 月 10 日	135	78	105	135	7 月 27 日	8 月 23 日	9 月 22 日	9 月 12 日	10 月 2 日
M3	5 月 25 日	135	78	105	135	8 月 11 日	9 月 7 日	10 月 7 日	9 月 27 日	10 月 17 日
M4	6 月 9 日	135	78	105	135	8 月 26 日	9 月 22 日	10 月 22 日	10 月 12 日	11 月 1 日
M5	6 月 24 日	135	78	105	135	9 月 10 日	10 月 7 日	11 月 6 日	10 月 27 日	11 月 16 日
M6	7 月 9 日	135	78	105	135	9 月 25 日	10 月 22 日	11 月 21 日	11 月 11 日	12 月 1 日
L1	4 月 25 日	150	85	115	150	7 月 19 日	8 月 18 日	9 月 22 日	9 月 12 日	10 月 2 日
L2	5 月 10 日	150	85	115	150	8 月 3 日	9 月 2 日	10 月 7 日	9 月 27 日	10 月 17 日

续表

代号	播种日期	全生育期天数/d	播种至孕穗天数/d	播种至灌浆天数/d	播种至收割天数/d	孕穗日期	灌浆日期	收割日期	收割前5 d	收割后5 d
L3	5月25日	150	85	115	150	8月18日	9月17日	10月22日	10月12日	11月1日
L4	6月9日	150	85	115	150	9月2日	10月2日	11月6日	10月27日	11月16日
L5	6月24日	150	85	115	150	9月17日	10月17日	11月21日	11月11日	12月1日
L6	7月9日	150	85	115	150	10月2日	11月1日	12月6日	11月26日	12月16日

8.1.2 水稻播期、品种组合的主要气象灾害风险分析

8.1.2.1 孕穗-抽穗期高温热害与低温冷害

早熟品种早播，可降低高温热害风险；6月9日前播种，孕穗-抽穗扬花期遇冷害风险较低，低温冷害积温 $Q\leqslant 2.0$ ℃·d；继续推迟播种，低温风险迅速增加；早熟品种低温冷害风险明显低于迟熟品种。

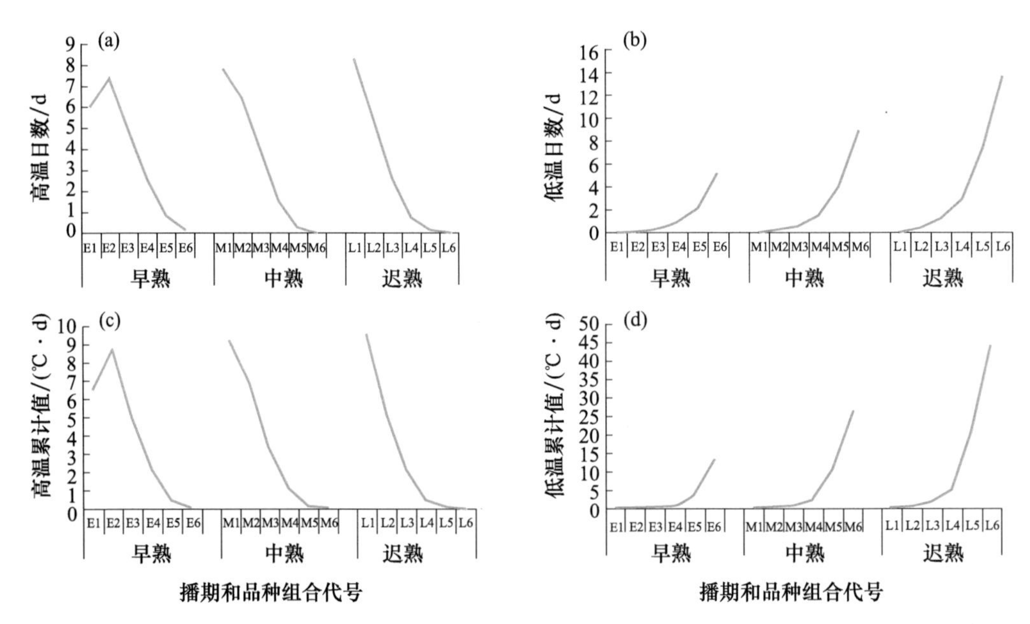

图 8.1 各处理孕穗-抽穗期高温热害与低温冷害强度

(a)≥35 ℃日数；(b)<22 ℃日数；(c)≥35 ℃累积值；(d)<22 ℃累积值

8.1.2.2 灌浆结实期高温热害与低温冷害

推迟播种，有利于降低灌浆结实期高温热害，6月9日后播种，基本无高温逼熟

风险。早熟品种热害风险大于晚熟品种;5 月 25 日前播种,灌浆结实期遇冷害风险较低;继续推迟播种,低温风险迅速增加;早熟品种低温冷害风险明显低于迟熟品种;灌浆结实期低温冷害风险显著高于孕穗抽穗期。

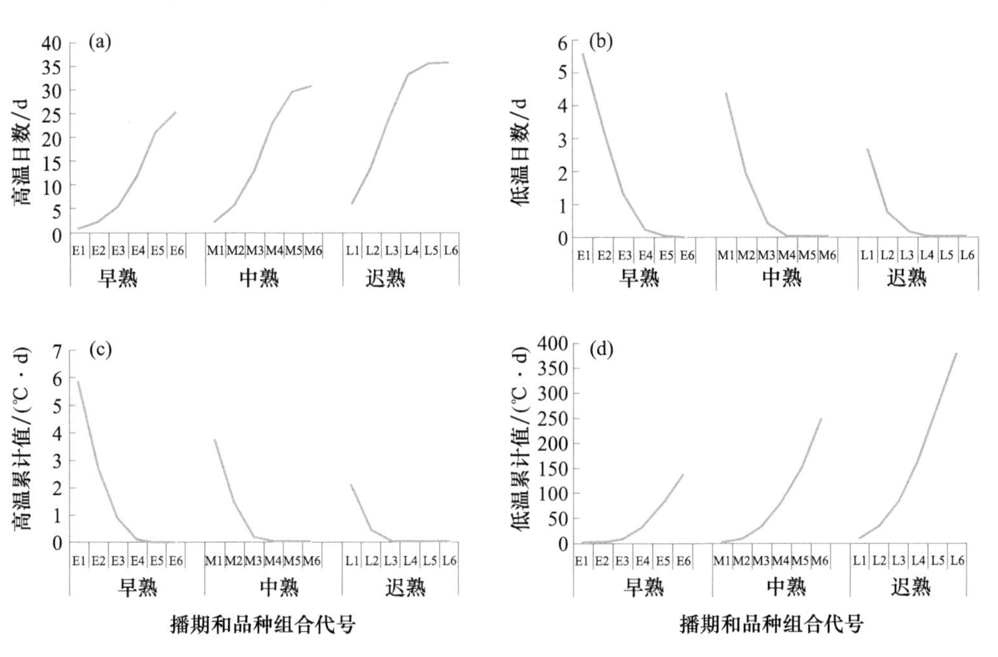

图 8.2 各处理灌浆结实期高温热害与低温冷害强度

(a)≥35 ℃日数;(b)<22 ℃日数;(c)≥35 ℃累积值;(d)<22 ℃累积值

8.1.2.3 收割期连阴雨(成熟期前 10 d～成熟期后 10 d)

5 月 10 日前和 6 月 24 日后播种,成熟期降水日数相对较少;早熟品种 4 月 25 日播种,成熟期遭遇强降水风险最高;中迟熟品种 6 月 24 日后播种,遭遇强降水风险迅速下降,生育期越长,风险越低。

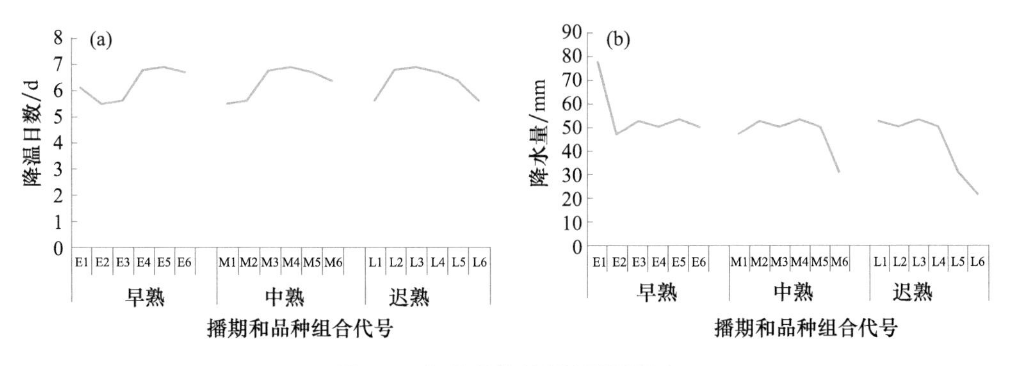

图 8.3 各处理收割期连阴雨强度

(a)降水日数;(b)累积降水量

8.1.3 水稻播期、品种组合的适宜性分析

基于各主要发育期的高温热害、低温冷害、连阴雨等灾害的指标(表 8.2)，分别统计了不同模式下的近 30 a 气象灾害发生频率，具体见表 8.3。

表 8.2 水稻各发育期主要气象灾害指标(H)等级参考标准

发育期	日数				正常年份累积值		
	无	轻	中	重	热害积温	冷害积温	降水量
孕穗抽穗高温	0～4	5	6～8	>8	$H\leqslant 8.2$	$H\leqslant 16.6$	/
孕穗抽穗冷害	0～1	2	3～4	>4			/
灌浆结实高温	0～4	5	6～8	>8			/
灌浆结实冷害	0～3	4	5～6	>6			/
收获期阴雨	0～4	5～6	7～9	>9	/	/	$H\leqslant 80$

表 8.3(a) 不同播期和品种熟性水稻孕穗抽穗期高温热害发生频率

代号	播种日期	全生育期天数/d	热害积温≤8.2出现频率/%	不同等级高温日数出现频率/%			
				无	轻	中	重
E1	4 月 25 日	120	60.0	43.3	10.0	20.0	26.7
E2	5 月 10 日	120	53.3	33.3	10.0	20.0	36.7
E3	5 月 25 日	120	76.7	53.3	10.0	16.7	20.0
E4	6 月 9 日	120	96.7	80.0	0.0	16.7	3.3
E5	6 月 24 日	120	100.0	96.7	3.3	0.0	0.0
E6	7 月 9 日	120	100.0	100.0	0.0	0.0	0.0
M1	4 月 25 日	135	46.7	30.0	3.3	23.3	43.3
M2	5 月 10 日	135	73.3	46.7	6.7	20.0	26.7
M3	5 月 25 日	135	86.7	70.0	3.3	10.0	16.7
M4	6 月 9 日	135	100.0	93.3	3.3	3.3	0.0
M5	6 月 24 日	135	100.0	100.0	0.0	0.0	0.0
M6	7 月 9 日	135	100.0	100.0	0.0	0.0	0.0
L1	4 月 25 日	150	53.3	30.0	6.7	23.3	40.0
L2	5 月 10 日	150	76.7	53.3	3.3	16.7	26.7
L3	5 月 25 日	150	96.7	80.0	0.0	16.7	3.3
L4	6 月 9 日	150	100.0	96.7	3.3	0.0	0.0
L5	6 月 24 日	150	100.0	100.0	0.0	0.0	0.0
L6	7 月 9 日	150	100.0	100.0	0.0	0.0	0.0

表 8.3(b) 不同播期和品种熟性水稻孕穗抽穗期低温冷害发生频率

代号	播种日期	全生育期天数/d	冷害积温≤16.6出现频率/%	不同等级低温日数出现频率/%			
				无	轻	中	重
E1	4月25日	120	100.0	100.0	0.0	0.0	0.0
E2	5月10日	120	100.0	96.7	3.3	0.0	0.0
E3	5月25日	120	96.7	86.7	0.0	6.7	3.3
E4	6月9日	120	96.7	50.0	0.0	13.3	26.7
E5	6月24日	120	73.3	6.7	0.0	3.3	83.3
E6	7月9日	120	0.0	0.0	0.0	0.0	100.0
M1	4月25日	135	100.0	100.0	0.0	0.0	0.0
M2	5月10日	135	96.7	90.0	0.0	3.3	3.3
M3	5月25日	135	96.7	50.0	0.0	20.0	13.3
M4	6月9日	135	83.3	20.0	0.0	3.3	70.0
M5	6月24日	135	13.3	0.0	0.0	0.0	96.7
M6	7月9日	135	0.0	0.0	0.0	0.0	100.0
L1	4月25日	150	100.0	90.0	3.3	6.7	0.0
L2	5月10日	150	96.7	66.7	0.0	23.3	3.3
L3	5月25日	150	93.3	36.7	0.0	3.3	53.3
L4	6月9日	150	43.3	3.3	0.0	0.0	96.7
L5	6月24日	150	0.0	0.0	0.0	0.0	100.0
L6	7月9日	150	0.0	0.0	0.0	0.0	100.0

表 8.3(c) 不同播期和品种熟性水稻灌浆结实期高温热害发生频率

代号	播种日期	全生育期天数/d	热害积温≤8.2出现频率/%	不同等级高温日数出现频率/%			
				无	轻	中	重
E1	4月25日	120	73.3	46.7	6.7	26.7	20.0
E2	5月10日	120	90.0	73.3	0.0	10.0	16.7
E3	5月25日	120	100.0	96.7	0.0	3.3	0.0
E4	6月9日	120	100.0	100.0	0.0	0.0	0.0
E5	6月24日	120	100.0	100.0	0.0	0.0	0.0
E6	7月9日	120	100.0	100.0	0.0	0.0	0.0
M1	4月25日	135	83.3	60.0	10.0	13.3	16.7
M2	5月10日	135	100.0	86.7	0.0	13.3	0.0

续表

代号	播种日期	全生育期天数/d	热害积温≤8.2出现频率/%	不同等级高温日数出现频率/%			
				无	轻	中	重
M3	5月25日	135	100.0	100.0	0.0	0.0	0.0
M4	6月9日	135	100.0	100.0	0.0	0.0	0.0
M5	6月24日	135	100.0	100.0	0.0	0.0	0.0
M6	7月9日	135	100.0	100.0	0.0	0.0	0.0
L1	4月25日	150	96.7	76.7	3.3	16.7	3.3
L2	5月10日	150	100.0	96.7	3.3	0.0	0.0
L3	5月25日	150	100.0	100.0	0.0	0.0	0.0
L4	6月9日	150	100.0	100.0	0.0	0.0	0.0
L5	6月24日	150	100.0	100.0	0.0	0.0	0.0
L6	7月9日	150	100.0	100.0	0.0	0.0	0.0

表8.3(d) 不同播期和品种熟性水稻灌浆结实期低温冷害发生频率(%)

代号	播种日期	全生育期天数/d	冷害积温≤16.6出现频率/%	不同等级低温日数出现频率/%			
				无	轻	中	重
E1	4月25日	120	96.7	90.0	6.7	3.3	0.0
E2	5月10日	120	96.7	73.3	10.0	13.3	3.3
E3	5月25日	120	83.3	20.0	20.0	16.7	43.3
E4	6月9日	120	13.3	0.0	6.7	0.0	93.3
E5	6月24日	120	0.0	0.0	0.0	0.0	100.0
E6	7月9日	120	0.0	0.0	0.0	0.0	100.0
M1	4月25日	135	96.7	66.7	16.7	10.0	6.7
M2	5月10日	135	83.3	16.7	23.3	16.7	43.3
M3	5月25日	135	13.3	0.0	3.3	3.3	93.3
M4	6月9日	135	0.0	0.0	0.0	0.0	100.0
M5	6月24日	135	0.0	0.0	0.0	0.0	100.0
M6	7月9日	135	0.0	0.0	0.0	0.0	100.0
L1	4月25日	150	80.0	13.3	23.3	16.7	46.7
L2	5月10日	150	13.3	0.0	3.3	3.3	93.3
L3	5月25日	150	0.0	0.0	0.0	0.0	100.0
L4	6月9日	150	0.0	0.0	0.0	0.0	100.0
L5	6月24日	150	0.0	0.0	0.0	0.0	100.0
L6	7月9日	150	0.0	0.0	0.0	0.0	100.0

表 8.3(e) 不同播期和品种熟性水稻收获期阴雨发生频率

代号	播种日期	全生育期天数/d	降水量≤80出现频率/%	不同等级降雨日数出现频率/%			
				无	轻	中	重
E1	4月25日	120	46.7	26.7	30.0	20.0	23.3
E2	5月10日	120	76.7	26.7	40.0	20.0	13.3
E3	5月25日	120	80.0	23.3	43.3	23.3	10.0
E4	6月9日	120	80.0	13.3	40.0	30.0	16.7
E5	6月24日	120	70.0	13.3	30.0	33.3	23.3
E6	7月9日	120	70.0	26.7	20.0	30.0	23.3
M1	4月25日	135	76.7	26.7	40.0	20.0	13.3
M2	5月10日	135	80.0	23.3	43.3	23.3	10.0
M3	5月25日	135	80.0	13.3	40.0	30.0	16.7
M4	6月9日	135	70.0	13.3	30.0	33.3	23.3
M5	6月24日	135	70.0	26.7	20.0	30.0	23.3
M6	7月9日	135	96.7	16.7	36.7	36.7	10.0
L1	4月25日	150	80.0	23.3	43.3	23.3	10.0
L2	5月10日	150	80.0	13.3	40.0	30.0	16.7
L3	5月25日	150	70.0	13.3	30.0	33.3	23.3
L4	6月9日	150	70.0	26.7	20.0	30.0	23.3
L5	6月24日	150	96.7	16.7	36.7	36.7	10.0
L6	7月9日	150	100.0	20.0	53.3	13.3	13.3

根据表 8.3 的各模式主要气象灾害发生频率特点，以 80%保证率为依据，判断各模式的气象灾害发生风险，即不发生气象灾害的日数、灾害累积指标频率≥80%时，则认为该模式发生气象灾害的风险较低，适用于虾稻模式。统计情况如表 8.4 所示。

表 8.4 各模式规避水稻气象灾害的适宜性和综合适宜度

代号	播种日期	全生育期天数/d	规避水稻气象灾害适宜性					综合适宜度/%
			孕穗抽穗高温	孕穗抽穗低温	灌浆结实高温	灌浆结实低温	收获期阴雨	
E1	4月25日	120	否	是	否	是	否	40
E2	5月10日	120	否	是	是	是	否	60
E3	5月25日	120	否	是	是	是	是	80
E4	6月9日	120	是	是	是	否	是	80

续表

代号	播种日期	全生育期天数/d	规避水稻气象灾害适宜性					综合适宜度/%
			孕穗抽穗高温	孕穗抽穗低温	灌浆结实高温	灌浆结实低温	收获期阴雨	
E5	6月24日	120	是	否	是	否	否	40
E6	7月9日	120	是	否	是	否	否	40
M1	4月25日	135	否	是	是	是	否	60
M2	5月10日	135	否	是	是	是	是	80
M3	5月25日	135	是	是	是	否	是	80
M4	6月9日	135	是	是	是	否	否	60
M5	6月24日	135	是	否	是	否	否	40
M6	7月9日	135	是	否	是	否	是	60
L1	4月25日	150	否	是	是	是	是	80
L2	5月10日	150	否	是	是	否	是	60
L3	5月25日	150	是	是	是	否	否	60
L4	6月9日	150	是	否	是	否	否	40
L5	6月24日	150	是	否	是	否	是	60
L6	7月9日	150	是	否	是	否	是	60

由表8.4可得出这样的结论，当综合适宜度≥80%时，认为该模式适宜虾稻模式，如E3(5月25日播种，早熟，防范孕穗抽穗期高温热害)、E4(6月9日播种，早熟，防范灌浆结实期低温冷害)、M2(5月10日播种，中熟，防范孕穗抽穗期高温热害)、M3(5月25日播种，中熟，防范灌浆结实期低温冷害)、L1(4月25日播种，防范孕穗抽穗期高温热害)；当综合适宜度＝60%时，认为该模式较适宜虾稻模式，如E2(5月10日播种，早熟，防范孕穗抽穗期高温热害、收获期连阴雨)、M1(4月25日播种，中熟，防范孕穗抽穗期高温热害、收获期连阴雨)、M4(6月9日播种，中熟，防范灌浆结实期低温冷害、收获期连阴雨)、M6(7月9日播种，中熟，防范低温冷害)、L2(5月10日播种，迟熟，防范孕穗抽穗期高温热害、灌浆结实期低温冷害)、L3(5月25日播种，迟熟，防范灌浆结实期低温冷害、收获期连阴雨)、L5(6月24日播种，迟熟，防范低温冷害)、L6(7月9日播种，迟熟，防范低温冷害)；当综合适宜度<60%时，认为该模式不适宜于虾稻模式，如E1、E5、E6、M5、L4。

综上所述，为了保障虾稻模式的水稻安全生产，规避气象灾害风险，选择早熟品种时，应在5月下旬—6月上旬播种；选择中熟品种时，应在5月中下旬播种；选择迟熟品种时，应在4月下旬播种。

8.1.4 “一稻三虾”高效绿色生态种养模式

近年来，在稻虾共作基础上创建了“一稻三虾”高效绿色生态种养模式，增加了一茬成虾和一季虾苗，实现了稻田养虾由“一虾”向“三虾”的跨越。“一稻三虾”因其显著的经济、生态效益得到各地政府部门的高度重视和农户的积极响应，至 2019 年江苏省已发展到 100 多万亩，年产值达 40 多亿元。

8.1.4.1 技术原理

为充分利用稻田小气候资源，根据小龙虾生长发育所需要的气象条件，通过分析，设计出在一年的时间周期里，稻虾田收获一季水稻、繁养三茬小龙虾的模式。具体技术指标如下。

① 稻前虾。在水稻栽插之前养殖，俗称稻虾轮作。3 月中旬—4 月初投放规格为 200～300 只/kg 的虾苗 0.5～0.6 万尾/亩，4 月底—5 月上中旬养成上市。成虾规格一般在 40 g/只以上，亩产量 120～150 kg，具有规格大、上市早、效益高的特点。

② 稻中虾。在水稻栽插之后养殖，俗称稻虾共作或稻虾共生。于 5 月底—6 月初投规格为 150～200 只/kg 虾苗 0.3～0.4 万尾/亩在虾沟中暂养，待 6 月中下旬秧苗机插返青后提升水位，释放虾苗于全田活动。7 月底—8 月初养成上市，一般规格 35 g/只左右，亩产量 50～75 kg，具有补断档、上市晚、效益高的特点。

③ 稻后虾苗。在水稻收获前后投放亲虾 30～50 kg/亩繁苗，俗称稻虾连作。早苗繁殖投放时间为 8—9 月，晚苗繁殖为 9—10 月。亲虾在环沟中自然打洞越冬，惊蛰至雨水节气之间升水位至畦面以上 60 cm，迫使越冬亲虾和稚虾出洞生长。3 月中旬前陆续捕净亲虾，待虾苗生长至 200～300 尾/kg 时捕捞上市，上市时间早苗为 3 月中旬—4 月初，晚苗为 4 月底—5 月初，产规格苗种 3 万～5 万尾/亩。其特点是解决了自主养殖稻前虾和稻中虾苗种供应问题。

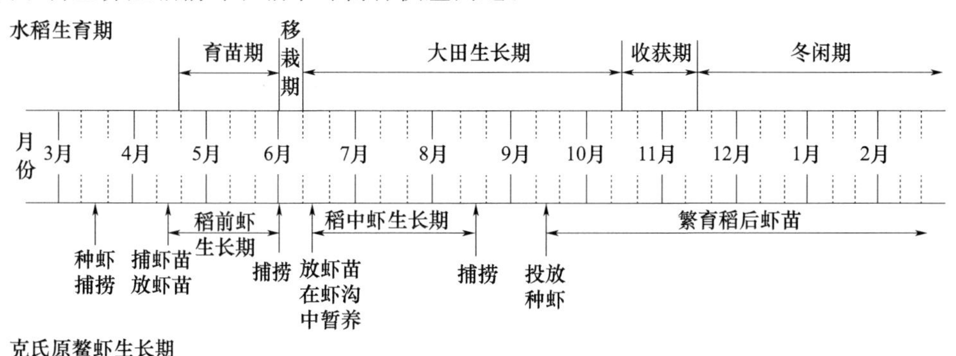

图 8.4 “一稻三虾”时空耦合模式示意图

8.1.4.2 关键技术及指标

(1)田间工程设计标准

稻虾田应选择靠近水源、周边无污染源、进排水方便且灌排分开、土壤质地偏黏、底泥肥沃疏松、腐殖质丰富,田埂坚实不漏水的田块。每个稻虾种养单元面积以30～60亩为宜。大环沟的宽度、深度、坡度和高度如图8.5。畦面不开"十"字或"井"字沟,便于耕田、耙地、插秧、收割等全程机械化作业。稻虾田外侧设置防盗网,防逃网,放养前进行田间消毒,种植水草且覆盖度以50%为宜。

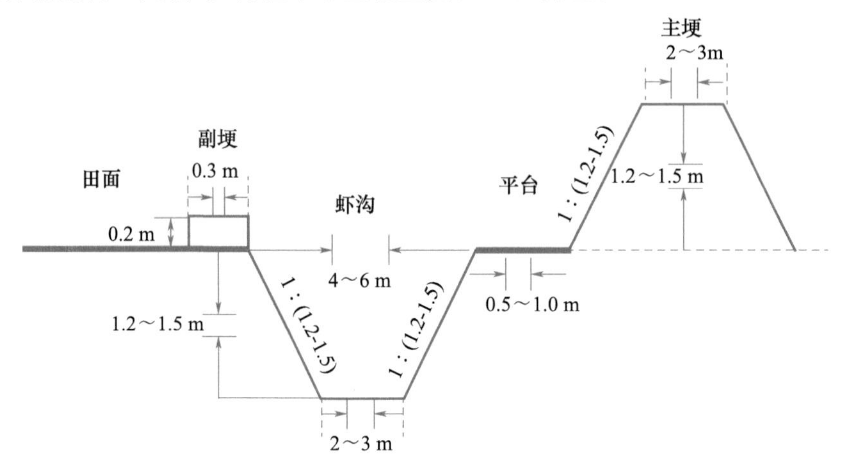

图8.5 稻虾田环沟的示意图及"四度"指标参数值

(2)虾苗投放标准

小龙虾苗种选择本地人工配组繁育的优质苗种,虾苗要求规格整齐、活力好,运输距离以2 h为佳;稻后繁苗的亲虾经异地种群配置、雌雄比为1:1～2:1,早苗繁殖投放时间为8—9月,晚苗繁殖为9—10月,投放量为30～50 kg/亩。

(3)水稻栽插标准

水稻品种一般选择抗病、抗倒伏、秸秆高壮等特点且生育期适中的优质品种,如"丰优香占""扬优香占""南粳5718""金香玉1号"等。稻田一般每亩栽插1.2万穴左右,每穴3～4株,行株距配置为30 cm×(15～20)cm;提倡长秧龄钵苗机插,秧龄25 d以上,秧苗高25 cm以上。

8.2 稻虾综合种养模式水资源承载力分析

稻虾种养是高耗水行业,既不同于水稻单作,需水高峰期主要集中在降水丰富的4—9月;也不同于淡水养殖,可以长期保持水位稳定,补充灌溉水量相对较少。根据小龙虾养殖的需要，稻田、养殖沟需要保持较深的水位，而且需要定期进行水交换，以增加水体溶解氧，降低氨氮等有毒物质含量(Dien，2019)，改善水质。这意味着稻虾综合种养模式需要比传统的水稻生产需水量多，加剧水资源供需矛盾(Leigh，2017，2020)。而事实上，随着稻虾种养面积的快速增加，江汉平原地区农业用水亏缺的风险正在逐渐增加。据统计，自 2014—2020 年，潜江市累计从兴隆水库调水 65 亿 m^3(李广彦，2020)，主要用于供应稻虾生产。为了客观分析江汉平原地区稻虾种养的水资源承载力，评估降水时空分布对稻虾种养的适宜性，刘凯文(2023)基于田间水量平衡方程，对江汉平原现有的 4 种稻虾种养模式的降水适宜度进行了客观评价，以掌握水分供需平衡特点，为科学规划稻虾种养产业布局，建设配套水利工程设施提供科学依据。

以江汉平原 17 个稻虾种养主产县、市(荆门、钟祥、京山、应城、天门、荆州、沙洋、枝江、仙桃、汉川、蔡甸、松滋、潜江、石首、公安、监利、洪湖)作为江汉平原地区代表站，通过在江汉平原农业生产一线调查，总结出以下 4 种稻虾综合种养模式(IRF)。

① 稻虾轮作模式(RRC)：指在同一稻田生态系统中水稻种植和小龙虾养殖的季节性或年际交替生产模式。小龙虾养殖通常在水稻收获后 20～30 d 开始，到第二年中稻播种之前结束，俗称“一稻一虾”。在小龙虾养殖过程中，稻田的水位随着季节的变化而动态管理。水稻栽培期间的田间水管理与普通水田相同。

② 稻虾连作模式(YRC)：指水稻种植期和非水稻种植期，在同一稻田生态系统中连续养殖小龙虾的生产模式，可视为水稻和小龙虾的特殊轮作，俗称“一稻两虾”。非水稻季田间水管理与稻虾轮作相同，稻作期田间水位必须满足小龙虾生长所需的基本水深(5～10 cm)，气温高于 30 ℃时，水深应保持在 10～20 cm。

③ 稻虾共作模式(RCS)：指仅在水稻生长季养殖小龙虾，小龙虾在水稻大田生长期与水稻共生的生产模式。这种模式不需要在稻田里挖专门的沟渠，只通过调节水位，以满足小龙虾和水稻生长的需求。如果田埂高度不低于 30 cm，就可满足小龙虾养殖和水稻种植的需要，属于稻田无沟化养殖小龙虾。该模式不影响越冬作物油菜或冬小麦的种植，通常在水稻(小龙虾)生长季节后进行种植。

④ 两稻两虾模式(COR)：指小龙虾与双季稻或再生稻共生的模式。非水稻季的小龙虾养殖与稻虾轮作相同。这种综合种养模式所占比例较小，主要集中在江汉平原双季稻主产区。只要稻田的田埂高度不低于 30 cm，就能满足小龙虾的养殖需求。

8.2.1 典型稻虾共作田水位周期变化

选取湖北省荆州市高新区农业科技产业园(112°3′31″E，30°21′44″N)内的稻虾共作田作为典型田块，在田间原位监测虾沟和田面的水位。该稻虾田面积 3.4 hm^2，虾

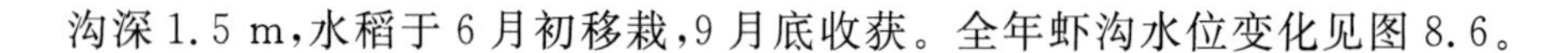
沟深 1.5 m，水稻于 6 月初移栽，9 月底收获。全年虾沟水位变化见图 8.6。

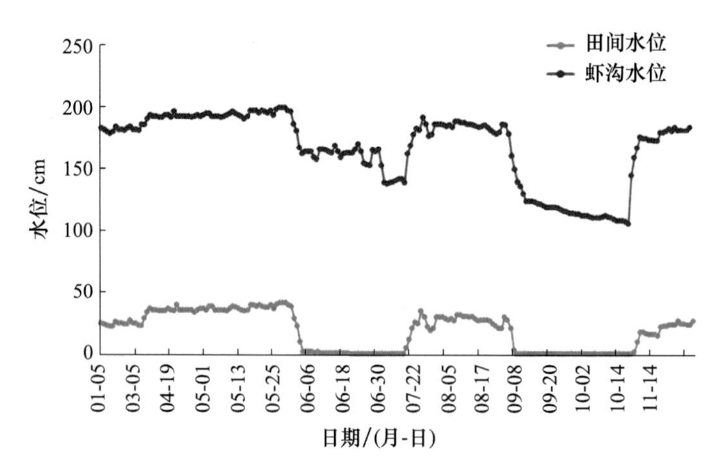

图 8.6　湖北省荆州地区虾稻共作典型田块田面和环沟水深周期变化

由图 8.6 可见水稻移栽到分蘖期和水稻收获前后是两个排水高峰期，其他时期一般维持较高水位。根据典型稻虾共作模式田间水位监测资料，结合江汉平原其他稻虾种养模式的生产实际，基于广泛调查资料，得到江汉平原 4 种稻虾种养模式的田间水位周年管理参数，具体见表 8.5。

表 8.5　荆州地区 4 种稻虾种养模式田间水位周年管理指标（单位：cm）

模式	1月	2月	3月	4月	5月	6月	7月	8月	9月	10月	11月	12月
RRC	40～50	40～50	20～30	30～40	0～40	3～10	5～10	5～10	0～5	0～10	20～30	40～50
RCS	0	0	0	0	3～5	5～10	10～20	10～20	0～5	0	0	0
YRC	40～50	40～50	20～30	30～40	0～40	5～10	10～20	10～20	0～5	0～10	20～30	40～50
COR	40～50	40～50	20～30	3	15	15	0～15	3～15	15	0～15	20～30	40～50

典型的稻虾综合种养田形状一般为长方形，养殖沟布置在稻田周围。生产上一般要求适宜的稻虾田面积为 2～3 hm^2，即宽 100 m，长 200～300 m。根据养殖沟面积应小于稻田总面积 10%的要求，对于面积为 2 hm^2（3 hm^2）的田地，养殖沟顶宽与底宽之和应小于 3.4 m(3.8 m)，沟深 60～70 cm。图 8.7 和图 8.8 分别为典型稻虾种养田的平面图和养殖沟的横截面图，表 8.6 给出了图 8.8 中养殖沟的主要技术参数。在此以 2 hm^2（200 m×100 m）的稻虾综合种养田为研究对象。

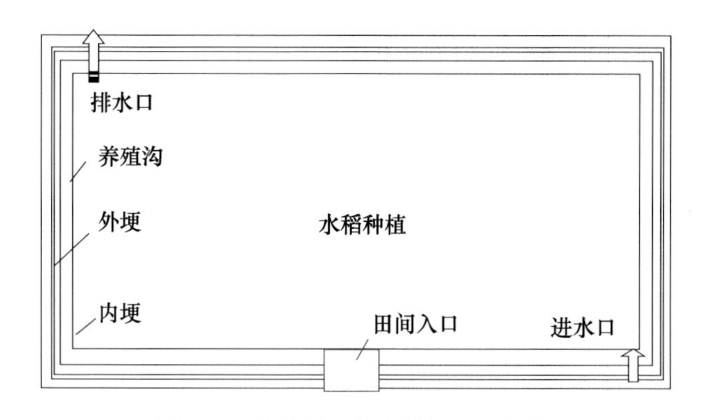

图 8.7　典型稻虾综合种养田平面图

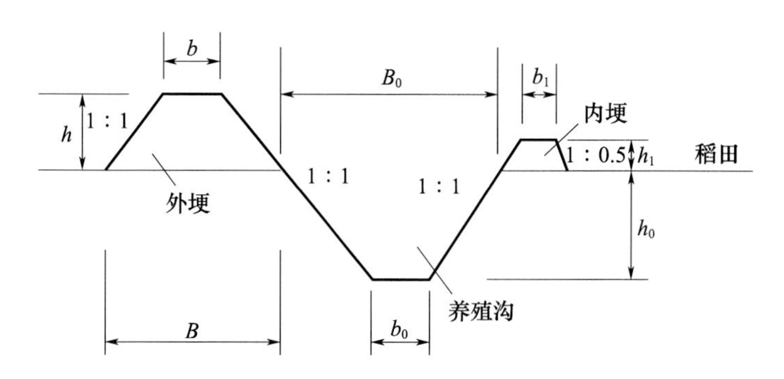

图 8.8　典型稻虾综合种养田养殖沟横截面

表 8.6　稻虾综合种养田养殖沟主要技术参数

A_f/hm²	养殖沟			外田埂				P_A/%
	h_0/m	b_0/m	Sc	h/m	b/m	B/m	Sc	
2	0.6	0.5	1∶1	0.6	0.5	1.7	1∶1	9.97
3	0.6	0.5	1∶1	0.6	0.5	1.7	1∶1	8.91
3	0.7	0.5	1∶1	0.7	0.5	1.9	1∶1	9.94

注：A_f 为稻虾田面积；Sc 为边坡比；P_A 为养殖沟与外田埂面积占稻虾田面积的比例。

8.2.2　田间水量平衡

稻虾种养周期内，稻虾田的水位和储水量波动很大。田间水量平衡模型能揭示稻虾种养生态系统内某个时期内的水分输入、存储和输出之间的平衡关系。图 8.9 为稻虾综合种养田水量平衡示意图。

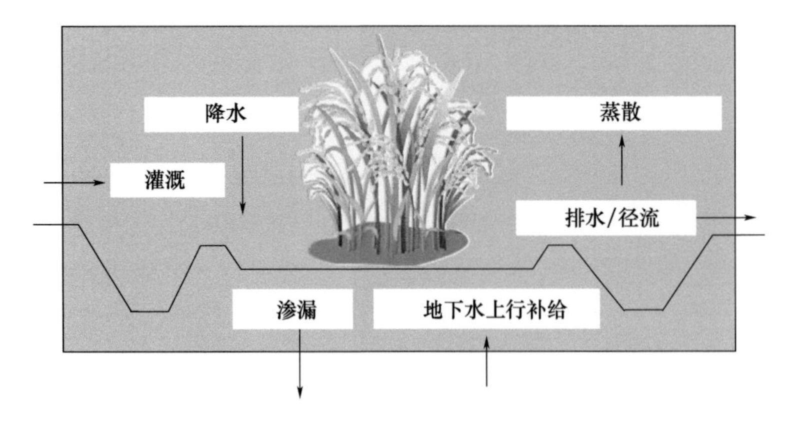

图 8.9 稻虾共作田水量平衡模型示意图

输入项包括灌溉、降水和地下水补给，输出项有蒸散、排水/径流和渗漏。根据田间水深、灌溉水量、降雨量、蒸散、渗流的变化，建立田间水量平衡模型，可表示为：

$$R + I + E_g = ET + D + S + \Delta W \tag{8.1}$$

式中，R 为降雨量(mm)；I 为灌溉水量(mm)；E_g 为地下水的上行补给(mm)；ET 为蒸腾蒸发量(mm)；D 为径流或排水(mm)；S 为土壤渗漏(mm)；ΔW 为土壤含水量变化(mm)。

上式中，E_g、ΔW 在长期淹水稻田中其变化值较小，可以忽略。根据前后时段水深的变化参数，建立稻虾田水量动态平衡模型：

$$H_i = H_{i-1} + R_{i-1} + I_{i-1} - ET_{i-1} - D_{i-1} - S_{i-1} \tag{8.2}$$

式中，H_i为第 i 日(旬)开始时水深(mm)；H_{i-1}为第 $i-1$ 日(旬)开始时水深(mm)；R_{i-1}为第 $i-1$ 日(旬)降雨量(mm)；I_{i-1}为第 $i-1$ 日(旬)灌水量(mm)；ET_{i-1}为第 $i-1$ 日(旬)腾发量(mm)；D_{i-1}为第 $i-1$ 日(旬)田间排水量(mm)；S_{i-1}为第 $i-1$ 日(旬)田间渗漏量(mm)。

进一步对模型作转换得到：

$$\Delta = I_{i-1} - D_{i-1} = H_i - H_{i-1} - R_{i-1} + ET_{i-1} + S_{i-1} \tag{8.3}$$

即：田间水量的净变化 Δ(灌溉－排水或径流，即水分亏缺量，mm)＝田间水位变化＋蒸散消耗水量－降水量＋田间渗漏量。

ET 由水稻蒸腾(用 Penman-Monteith 法计算)和水面蒸发(由气象观测站的水面蒸发数据获得)两部分组成。ET 可以用式(8.4)计算。

$$ET = \begin{cases} \dfrac{k_c \times ET_0 \times A_r + E_d \times A_d}{A_r + A_d} & \text{(稻虾共生期)} \\ E_d & \text{(小龙虾养殖期)} \end{cases} \tag{8.4}$$

式中，ET_0是参考作物蒸散；k_c是作物系数，各发育期的参考值见表 8.7；A_r是水稻种植面积，A_d是小龙虾养殖沟面积；E_d是养殖沟的水面蒸发(mm)。

田间渗漏包括稻田渗漏和小龙虾养殖沟渗漏两部分，可采用式(8.5)计算。

$$S = \frac{S_r \times A_r + S_d \times A_d}{A_r + A_d} \tag{8.5}$$

式中，S_r和S_d分别为稻田和养殖沟的渗漏强度(mm/d)。

表8.7汇总了水稻和小龙虾不同生长阶段的起止时间、作物系数和渗漏强度等相关参数(刘路广，2019；潘少斌，2019)。

表8.7　水稻、小龙虾各生长阶段的起止时间、作物系数和渗漏强度

种养模式	起止时间	水稻发育期	k_c	S_r	S_d
RRC RCS YRC	6月11—20日	苗期	1.08	1.7	1.7
	6月21日—7月26日	分蘖	1.32	1.4	1.7
	7月27日—8月2日	晒田	0.79	0.0	1.7
	8月3—20日	孕穗	1.57	1.7	1.7
	8月21日—9月3日	抽穗扬花	1.57	1.7	1.7
	9月4— 17日	灌浆	1.37	1.2	1.7
	9月18日—10月10日	成熟	0.88	0.2	1.7
	10月11日—次年6月10日	小龙虾养殖/油菜种植	1/1.06	1.7/2	1.7
COR	4月28日—5月3日	早稻返青	0.74	1.7	1.7
	5月4—24日	分蘖	0.86	1.5	1.7
	5月25—31日	晒田	0.98	0	1.7
	6月1—14日	孕穗	1.12	1.6	1.7
	6月15—24日	抽穗扬花	1.25	1.5	1.7
	6月25日—7月7日	灌浆	1.06	1.3	1.7
	7月8—21日	成熟	0.68	0.2	1.7
	7月22—27日	泡田	—	1.7	1.7
	7月28日—8月4日	晚稻返青	0.98	1.7	1.7
	8月5—24日	分蘖	1.12	1.7	1.7
	8月25—29日	晒田	1.14	0	1.7
	8月30日—9月10日	孕穗	0.92	1.5	1.7
	9月11—24日	抽穗扬花	1.45	1.3	1.7
	9月25日—10月6日	灌浆	1.38	1	1.7
	10月7—24日	成熟	1.02	0.1	1.7
	10月24日—次年4月27日	小龙虾养殖	—	1.7	1.7

注：RCS模式水稻(小龙虾)生长期后，通常种植油菜，平均作物系数为1.06(mm/d)，无渗漏；RRC和YRC模式冬春季要保持高水位，不种植作物，不存在作物蒸散。

降水适宜度(PSD)定义为稻虾种养某阶段的降水量与总需水量的比值,用下式表示:

$$\mathrm{PSD} = R/(\Delta + R) \tag{8.6}$$

根据稻虾综合种养模式的降水适宜度,划分了 4 个适宜性等级(PSG),划分依据如表 8.8 所示。

表 8.8　降水适宜度等级划分标准

PSG	非常适宜	适宜	较适宜	不适宜
PSD	$\mathrm{PSD}>\overline{\mathrm{PSD}}+\delta$	$\overline{\mathrm{PSD}}+\delta\geqslant \mathrm{PSD}>\overline{\mathrm{PSD}}$	$\overline{\mathrm{PSD}}\geqslant\mathrm{PSD}>\overline{\mathrm{PSD}}-\delta$	$\mathrm{PSD}\leqslant\overline{\mathrm{PSD}}-\delta$

根据田间水量平衡方程和降水适宜度分析结果,确定 4 种稻虾种养模式下,江汉平原各县(市)的年尺度降水适宜等级,使用 ARCGIS2.0 绘制降水适宜等级空间分布图。

8.2.3　不同稻虾种养模式的水分供需平衡分析

8.2.3.1　年降水适宜度

图 8.10 为江汉平原各县(市)不同稻虾种养模式绘制的年降水适宜性曲线。由于各种养模式对水分需求的差异很大,降水满足其全年需求的适宜性也存在较大差距。总的来看,4 种模式的平均降水适宜度大小为:RCS>COR>RRC 和 YRC。其中,RCS 模式的年降水适宜度为 0.74～1.06,COR 为 0.61～0.96,RRC 为 0.53～0.86,YRC 为 0.52～0.85。根据降水适宜等级划分标准,在 17 个县(市)中,RCS 模式有 10 个县(市)为非常适宜,5 个县(市)为适宜,2 个为较适宜(荆门、钟祥),没有不适宜县(市);COR 模式中,非常适宜、适宜、较适宜和不适宜县(市)个数分别为 1 个(洪湖)、9 个、5 个和 2 个(荆门、钟祥);对于 RRC 和 YRC 模式,其降水适宜性空间分布基本相同,适宜、较适宜和不适宜县(市)个数分别为 3 个、8 个和 6 个,没有非常适宜的县(市)。

从空间分布上看(图 8.11),受降水、蒸发等要素的空间分布差异影响,江汉平原各县(市)发展稻虾种养的适宜性空间差异很大,总体表现为,降水适宜性湖北南部>北部,东部>西部。其中,水分需求相对较少的 COR、RCS 模式,其降水适宜等级为不适宜或较适宜的县(市)主要分布在江汉平原西北部,特别是荆门和钟祥两地。以荆门为例,为了满足稻虾种养的水分需求,需要在充分利用降水的基础上,年平均增加补充灌溉水分别为 323.9 mm(RCS)、609.8 mm(COR)、839.4 mm(RRC)和 856.7 mm(YRC),分别相当于年降水量的 34.3%、64.5%、88.4%和 90.6%。对于水分需求量更大的 RRC、YRC 模式,降水适宜性达到适宜等级的县(市),仅有当前

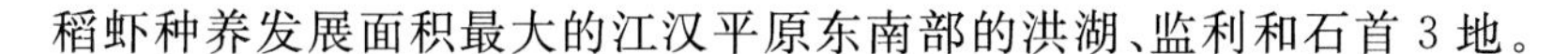
稻虾种养发展面积最大的江汉平原东南部的洪湖、监利和石首3地。

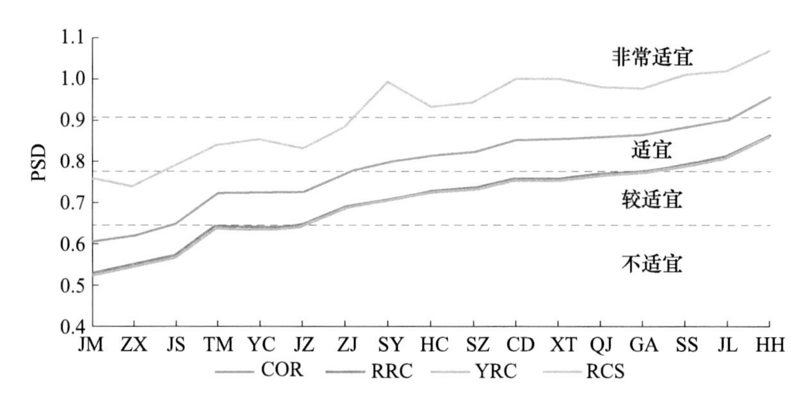

图8.10　江汉平原各县(市)不同稻虾种养模式的降水适宜度

(注:JM为荆门市;ZX为钟祥市;JS为京山县;TM为天门市;YC为应城市;JZ荆州市;ZJ为枝江市;SY为沙洋县;HC为汉川市;SZ为松滋市;CD为武汉市蔡甸区;XT为仙桃市;QJ为潜江市;GA为公安县;SS为石首市;JL为监利县;HH为洪湖市。下同)

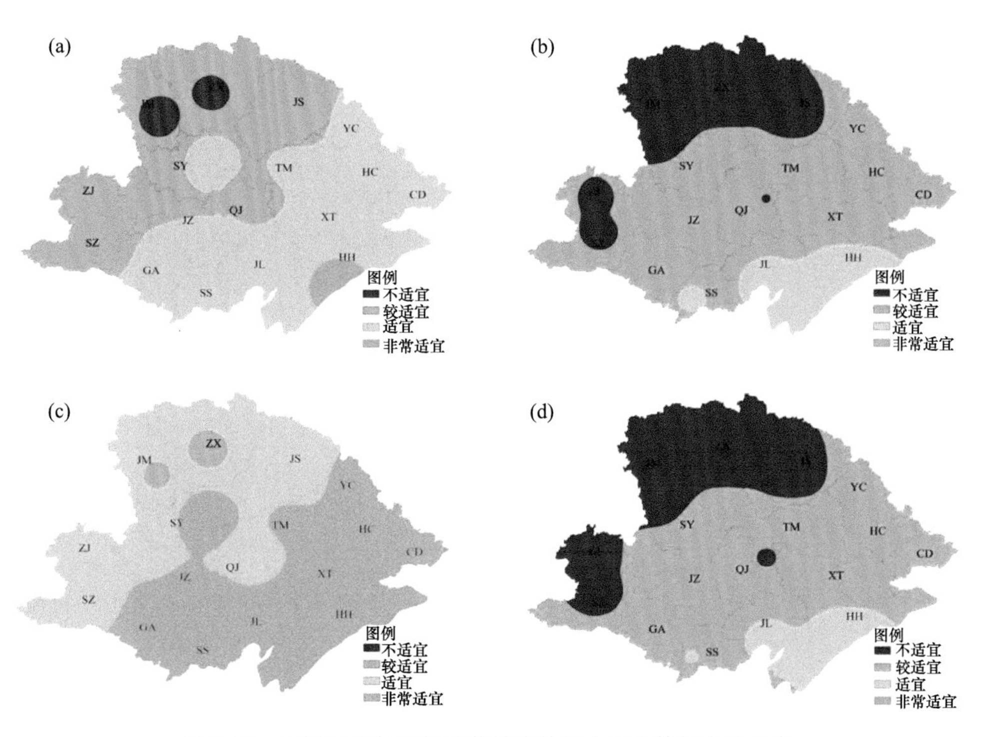

图8.11　江汉平原各稻虾种养模式的降水适宜等级空间分布

(a)COR模式;(b)RRC模式;(c)RCS模式;(d)YRC模式

进一步基于历年的气象资料，对江汉平原17个县(市)的降水适宜性进行频次统计分析，结果见图8.12。由图可见，不同种养模式下，各县(市)的降水适宜性可以出现非常适宜、适宜、较适宜和不适宜等各种适宜等级，但其发生频率差异较大。一方面，COR、RCS模式下，非常适宜和适宜的年份占多数，各县(市)的累积频率范围分别为12.5%～87.5%和37.5%～100.0%，且南部县(市)多于北部，东部多于西部，RCS模式多于COR模式。RRC和YRC模式下，则以较适宜和不适宜等级的年份居多，荆门、钟祥、京山、应城、天门、荆州等县(市)多达87.5%的年份降水适宜度为较适宜或不适宜等级，即使降水资源丰富的江汉平原南部洪湖、监利、石首等县(市)，也有12.5%～25.0%的年份为不适宜等级，也需关注干旱年份对稻虾种养的不利影响。

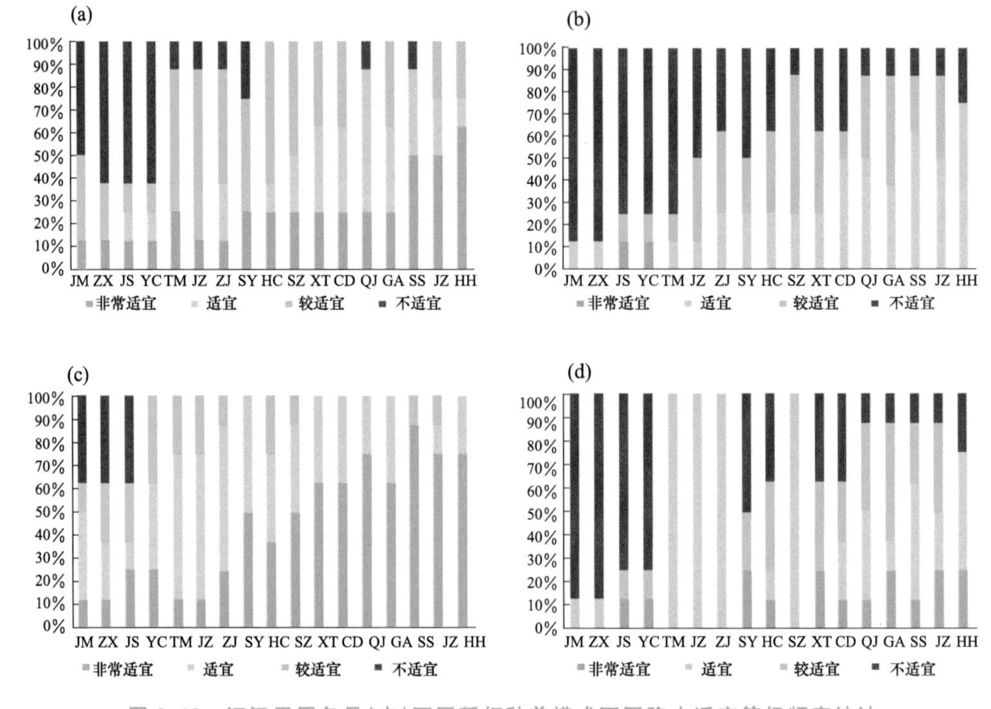

图8.12 江汉平原各县(市)不同稻虾种养模式不同降水适宜等级频率统计

(a)COR模式；(b)RRC模式；(c)RCS模式；(d)YRC模式

根据年均降水适宜性评估结果可以认为，公安—荆州—潜江—天门—应城一带可以作为江汉平原稻虾种养模式的降水适宜性的分界线，其东南部非常适宜RCS模式，较适宜COR模式；其西北部的县(市)较适宜发展RCS模式。而对于耗水量较大的RRC和YRC模式，只有洪湖、监利、石首3地降水能满足其需求，江汉平原西部和北部的荆门、钟祥、京山等地则不适宜发展该种养模式；除此以外的其他县(市)，需要通过广开水源的方式，增加灌溉供应，以满足水分需求。

8.2.3.2 月降水适宜度

图 8.13—图 8.16 分别为 COR、RCS、RRC 和 YRC 模式下月尺度降水适宜性空间分布图。由图可见，COR 模式下，12 月—次年 2 月是降水适宜性最差的时段，该时期是江汉平原一年中降水最少的季节，又是小龙虾的越冬期，稻虾田需要维持较高水位以提高水温，保障小龙虾安全越冬。其中，东南部部分县（市）月降水适宜度为较适宜等级，其他大部分县（市）都面临水分亏缺的风险。3 月开始降水逐渐增多，降水适宜度相比冬季有所提高，东南部为适宜或非常适宜等级，其他地区为较适宜等级。4—10 月是双季稻（再生稻）生长季，小龙虾与水稻共生，田间水位有较大幅度降低。受此影响，降水适宜度也较高。其中，4—6 月，只有西北部少数县（市）降水适宜等级为较适宜，其他县（市）均为非常适宜或适宜等级；7 月是早稻收割期，需水量下降，受降水空间分布差异影响，江汉平原南部松滋、监利等县（市）为较适宜等级，其他县（市）为适宜或非常适宜等级；8—10 月的双季晚稻生长季（或再生季），降水适宜度再次降低，多数县（市）以较适宜等级为主。11 月份是晚稻收割期，需水量下降，降水适宜度升高，除西北部部分县（市）为较适宜等级外，其他多数县（市）为适宜或非常适宜等级，降水满足度高。从月尺度降水适宜度分布来看，江汉平原东南部传统双季稻或再生稻种植区适宜发展 COR 模式，其他地区则气候风险较高。

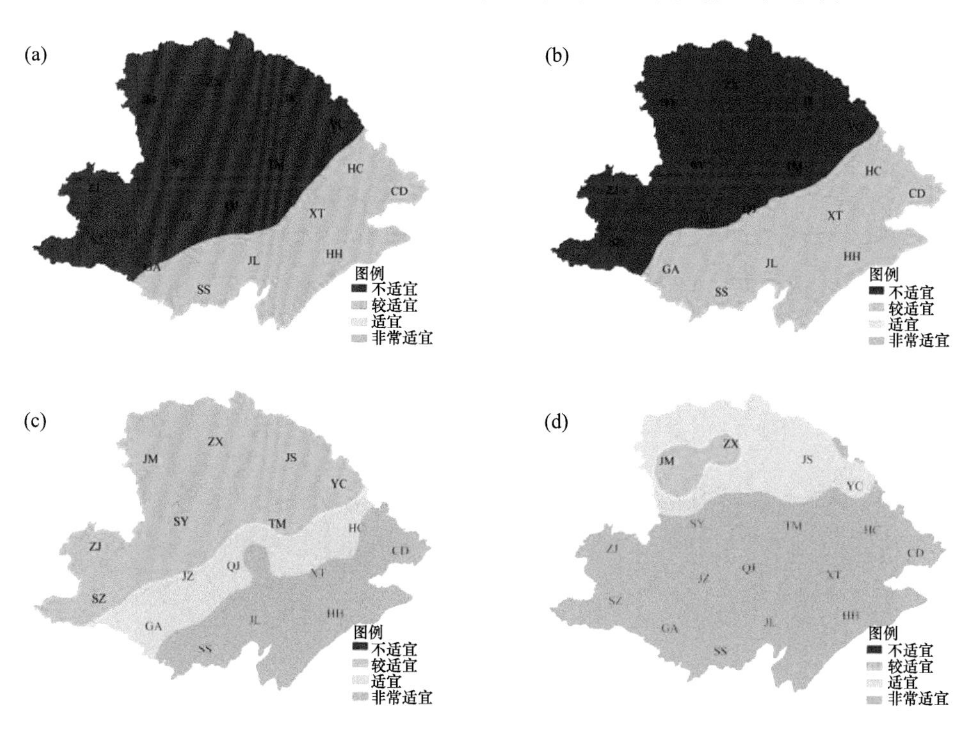

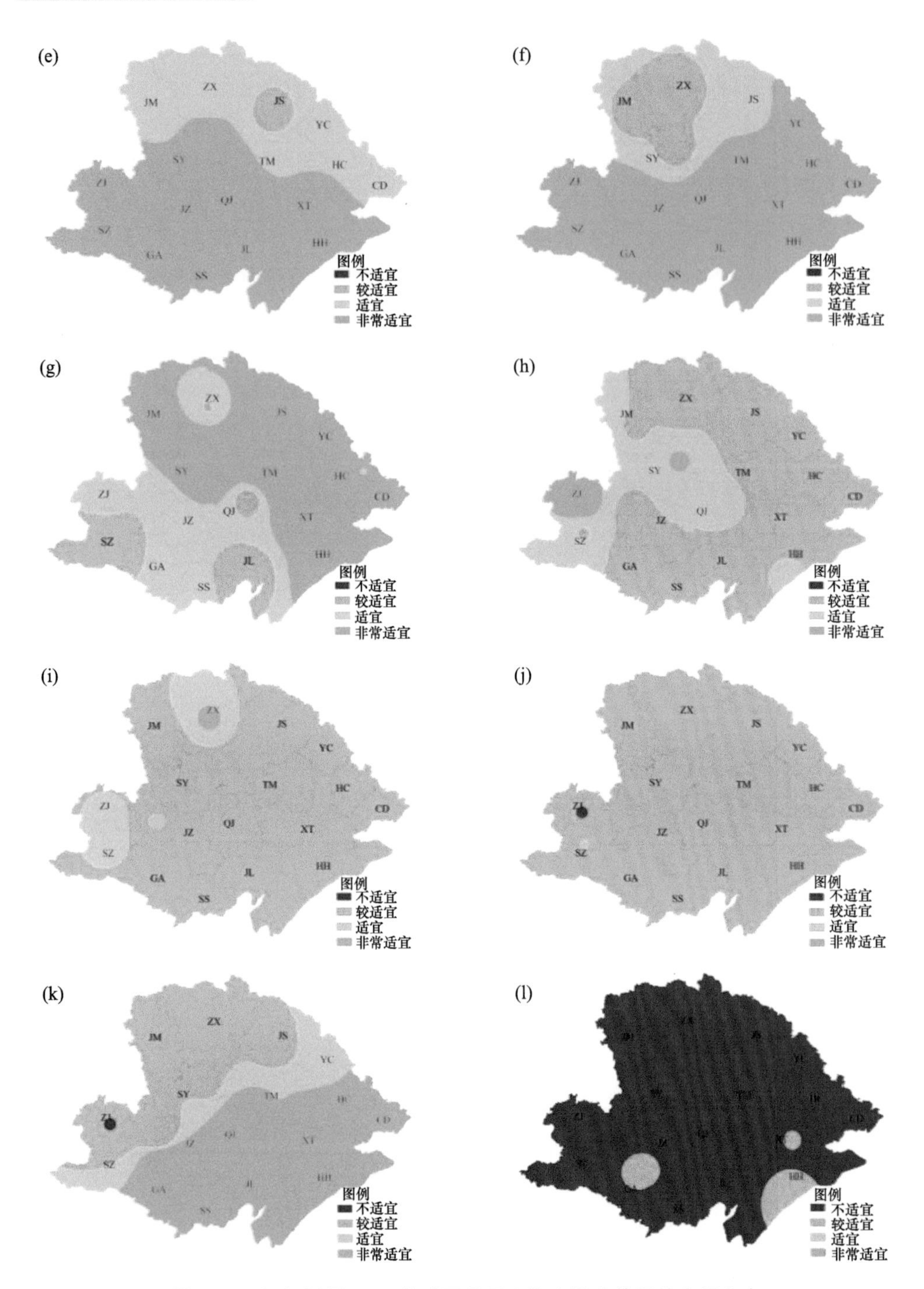

图 8.13 江汉平原 COR 模式下月尺度降水适宜等级的空间分布

(a)1 月;(b)2 月;(c)3 月;(d)4 月;(e)5 月;(f)6 月;

(g)7 月;(h)8 月;(i)9 月;(j)10 月;(k)11 月;(l)12 月

RCS 模式仅在 5—9 月热量资源较高的时段，小龙虾以稻虾共生的模式养殖，其他时段种植油菜，因而耗水量最少（图 8.14）。从各月的空间分布来看，3—6 月各县（市）的降水适宜度基本上为非常适宜，不存在水分亏缺的风险；7—9 月一方面降水时空分布不均，另一方面稻虾共作抵御高温增加耗水量，降水适宜度有所下降，特别是 8—9 月均为较适宜等级。10 月—次年 2 月是油菜生长期，田间不养殖小龙虾，其降水适宜度明显高于冬季养殖小龙虾的其他 3 种种养模式。从其特点来看，RCS 模式较适宜于江汉平原西部和北部降水相对偏少的县（市）。

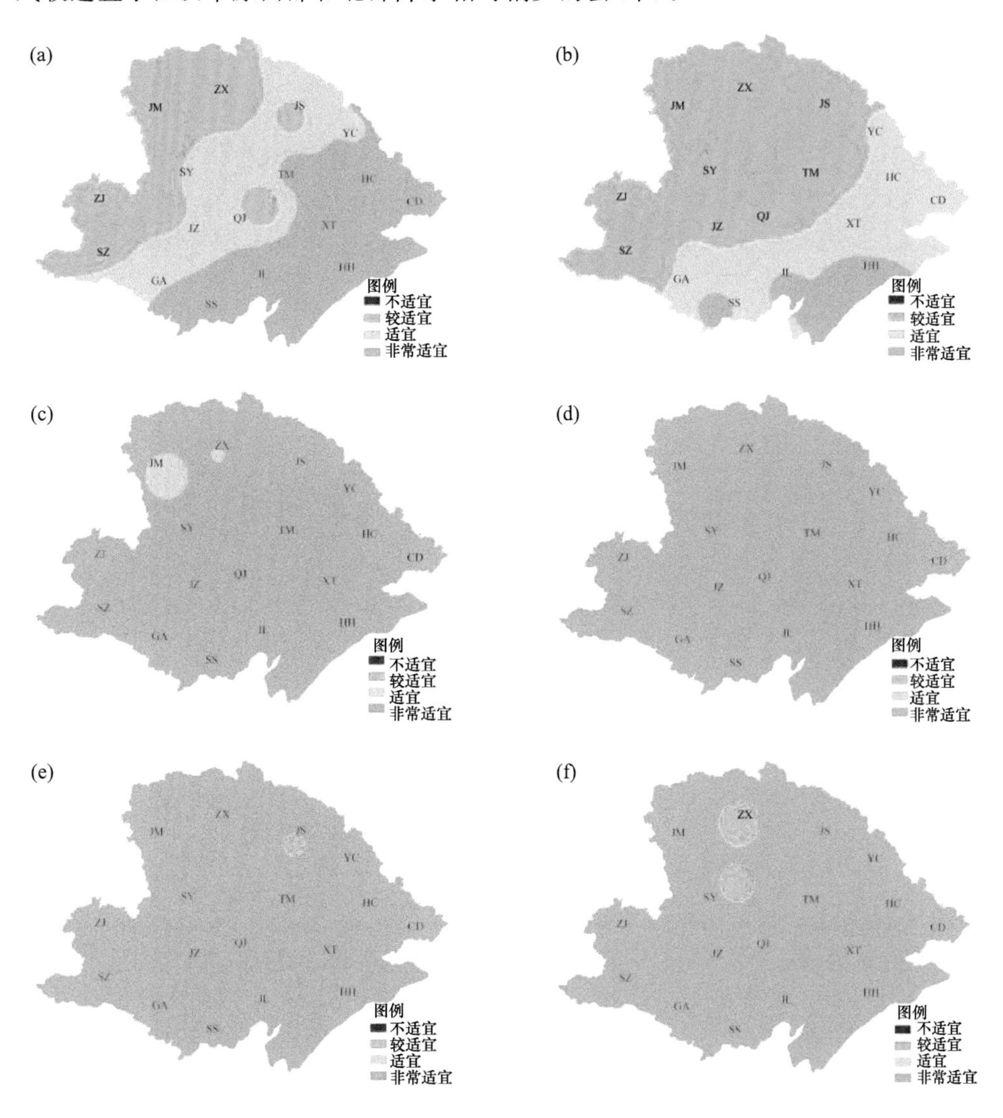

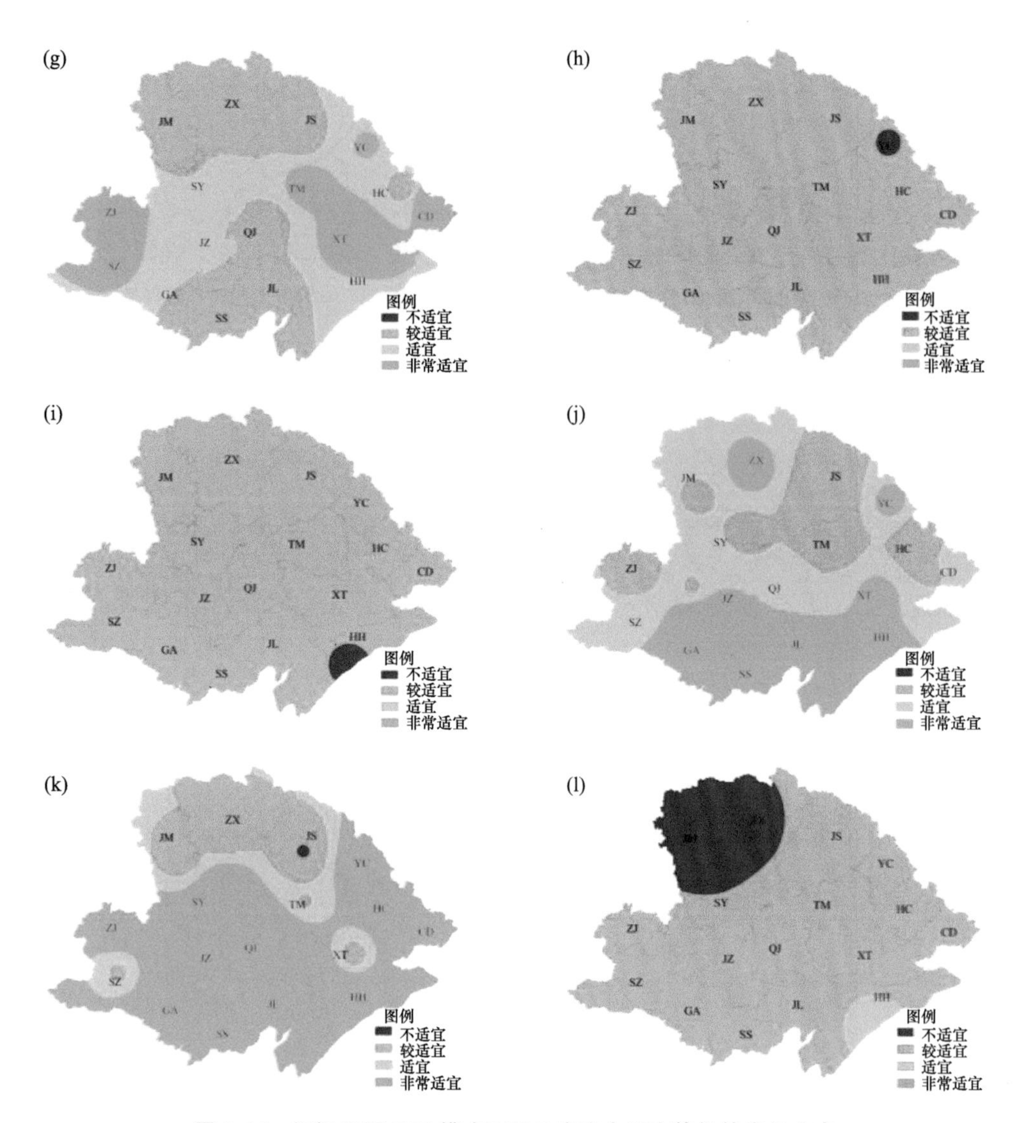

图 8.14 江汉平原 RCS 模式下月尺度降水适宜等级的空间分布

(a)1 月;(b)2 月;(c)3 月;(d)4 月;(e)5 月;(f)6 月;

(g)7 月;(h)8 月;(i)9 月;(j)10 月;(k)11 月;(l)12 月

RRC 模式是江汉平原面积最大的稻虾综合种养模式,小龙虾养殖主要集中在 11 月—次年 5 月,该时段的水分管理与 COR 模式相同,因而各月的降水适宜度分布规律也较相近(图 8.15)。6—10 月是一季稻生长季。其中,6—7 月是一年中降水最集中的时段,降水适宜度较高;8—9 月受降水时空分布和水稻抵御高温耗水的影响,降水适宜度下降到较适宜等级;10 月份水稻进入成熟收获期,需水量下降,适宜度有所升高。

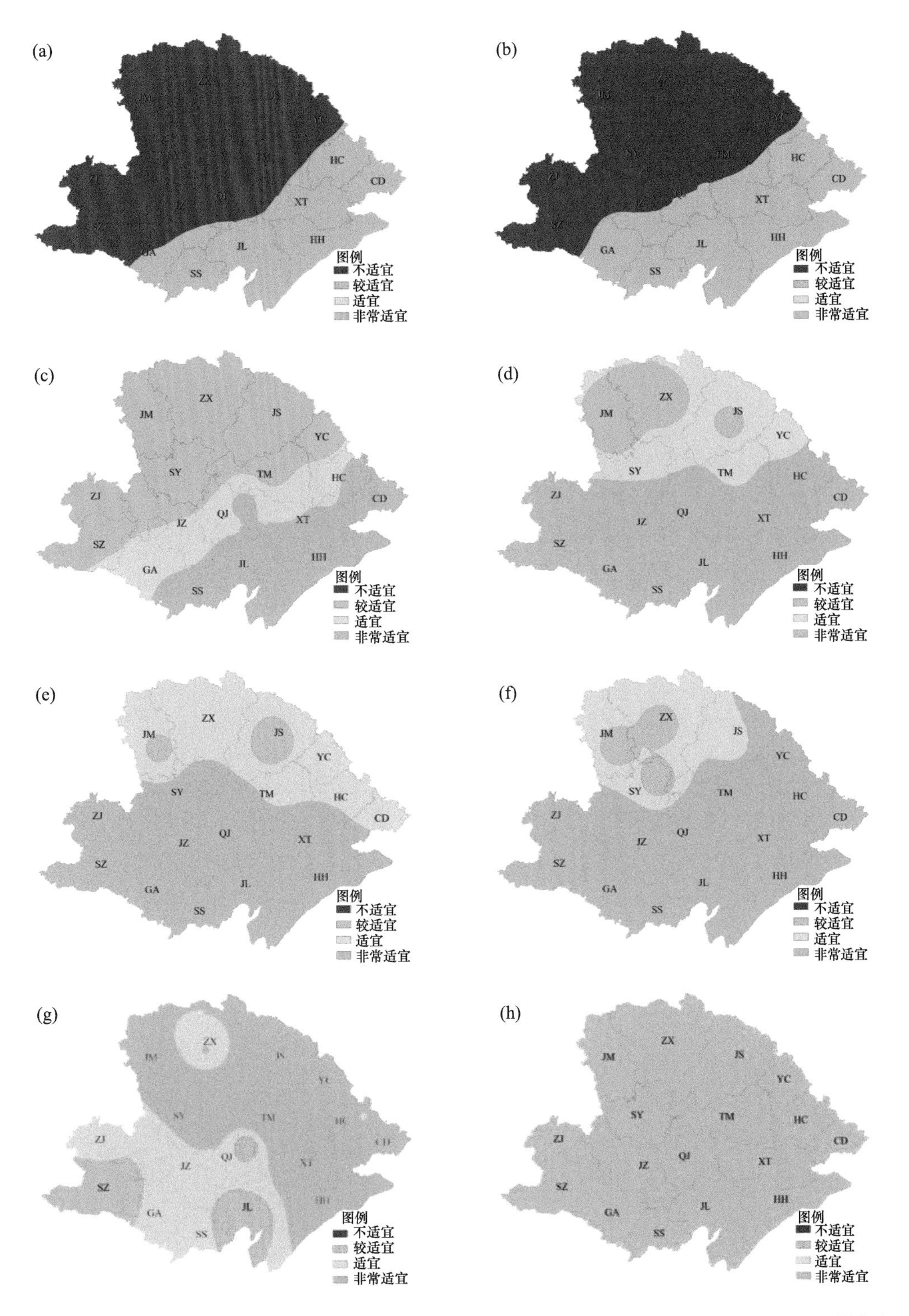
(a)
JM
ZX
JS
YC
SY
TM
HC
CD
ZJ
JZ
QJ
XT
SZ
GA
JL
HH
SS
图例
不适宜
较适宜
适宜
非常适宜
(b)
(c)
(d)
(e)
(f)
(g)
(h)

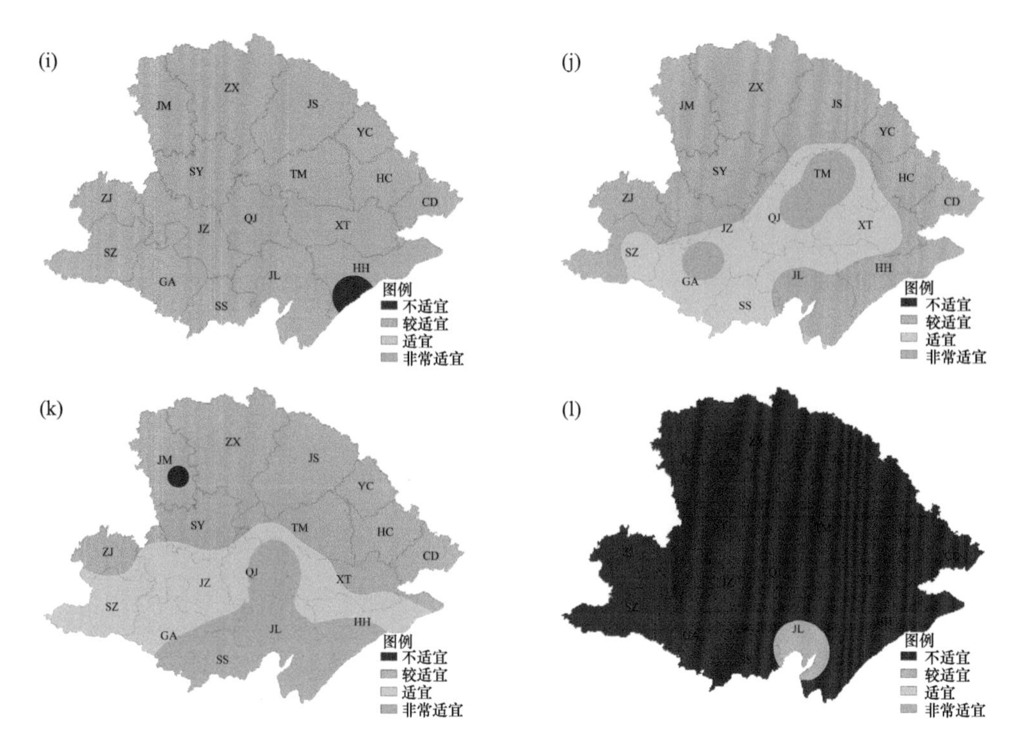

图 8.15　江汉平原 RRC 模式下月尺度降水适宜等级的空间分布

(a)1 月;(b)2 月;(c)3 月;(d)4 月;(e)5 月;(f)6 月;

(g)7 月;(h)8 月;(i)9 月;(j)10 月;(k)11 月;(l)12 月

与 RRC 不同的是,YRC 模式是全年养殖小龙虾,即除冬春季养殖小龙虾外,还在水稻生长季与水稻共生(图 8.16)。因而,为了抵御高温为害,6—8 月份田间需要维持比水稻单作更高的水位。但与冬春季 40～50 cm 的水深相比,此时增加的水深有限,一般只比 RRC 模式提高 5～10 cm 的水深,因此,在一年中降水最集中的 6—8 月,YRC 模式这种水深的变化对田间水分平衡的影响有限,其降水适宜等级和空间分布与 RRC 模式基本相似。

在关注水分供需平衡的同时,还要考虑稻虾田水分管理导致的区域水污染负荷问题。受水稻苗期需要维持浅水灌溉的影响,在小龙虾养殖季结束后,需要迅速降低田间水位。RRC 和 YRC 模式需要在 5 月将水位从 40 cm 降至 0 cm,相当于 400 mm 降水的损失;COR 模式也要在 3 月外排 200～300 mm 的水资源。同时,随着排水流失的还有大量氮磷养分(曹凑贵 等,2017;Hou et al.,2021;Wei et al.,2021),这些养分多来源于小龙虾养殖期投喂饲料的残留(Hu et al.,2016)。

根据在湖北省的调查,稻虾轮作模式每年平均补充灌溉水量为 1200 mm,是稻-麦(稻-油)轮作的 3.2 倍、再生稻种植模式的 2.2 倍。同时,年平均外排水量 950～

1150 mm，约为稻-麦（稻-油）轮作和再生稻种植模式的 2 倍。随排水流失的氮、磷养分分别达到 26.25 kg/hm^2 和 3.45 kg/hm^2，是稻-麦（稻-油）轮作模式的 1.9 倍、再生稻模式的 7 倍。因此，如果不加以处理而直接外排，将对周边水体造成较大程度的负荷，造成面源污染。而如果将这部分水资源加以利用，采取水利工程措施进行生态净化和调蓄利用，对于水稻生长季，特别是 7—8 月抵御高温热害，将大大提高水资源利用效率，提升水分适宜性，也降低了面源污染的风险。因此，在稻虾种养工程建设方面，应考虑水资源调蓄和净化工程的设计。特别是江汉平原北部和西部降水适宜度相对较低的区域，水资源调蓄的工程是重要的保障措施。

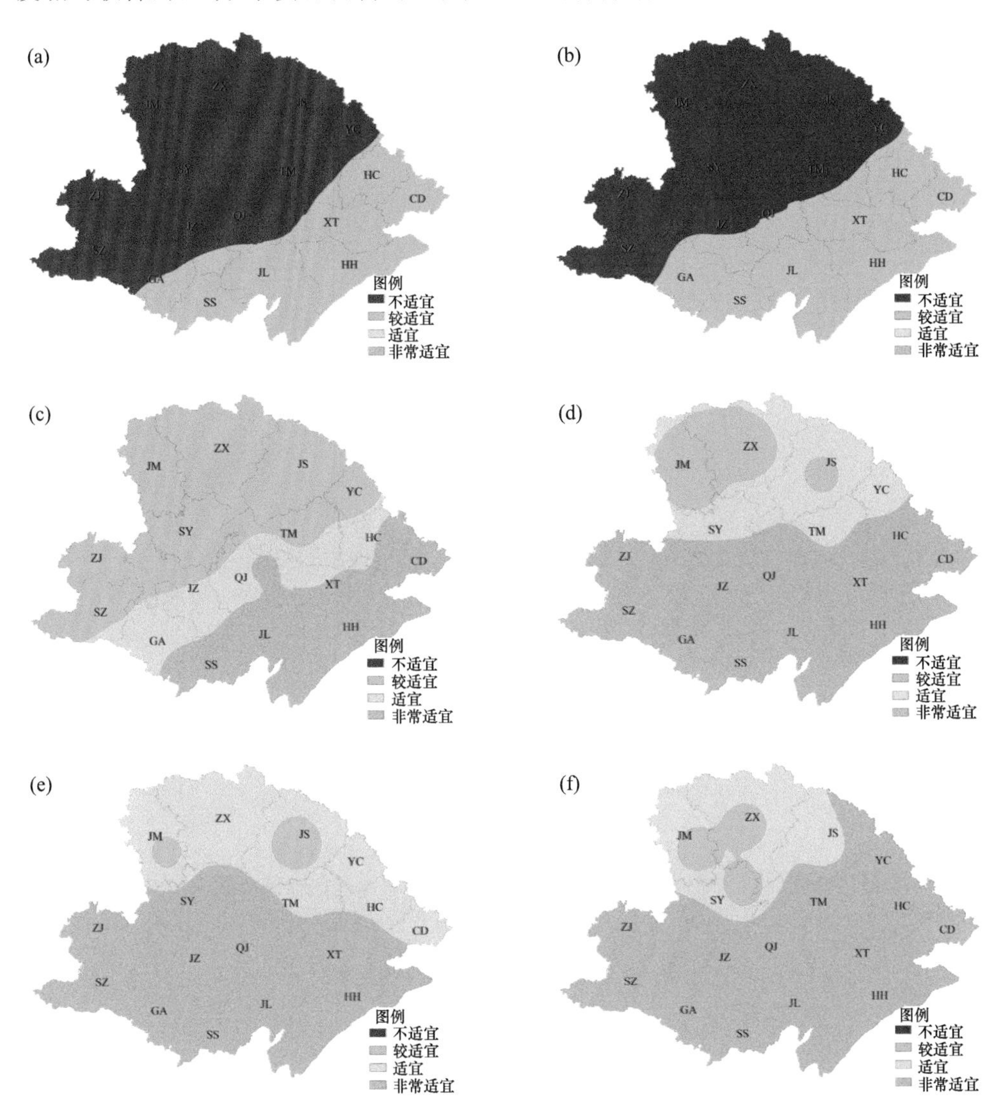

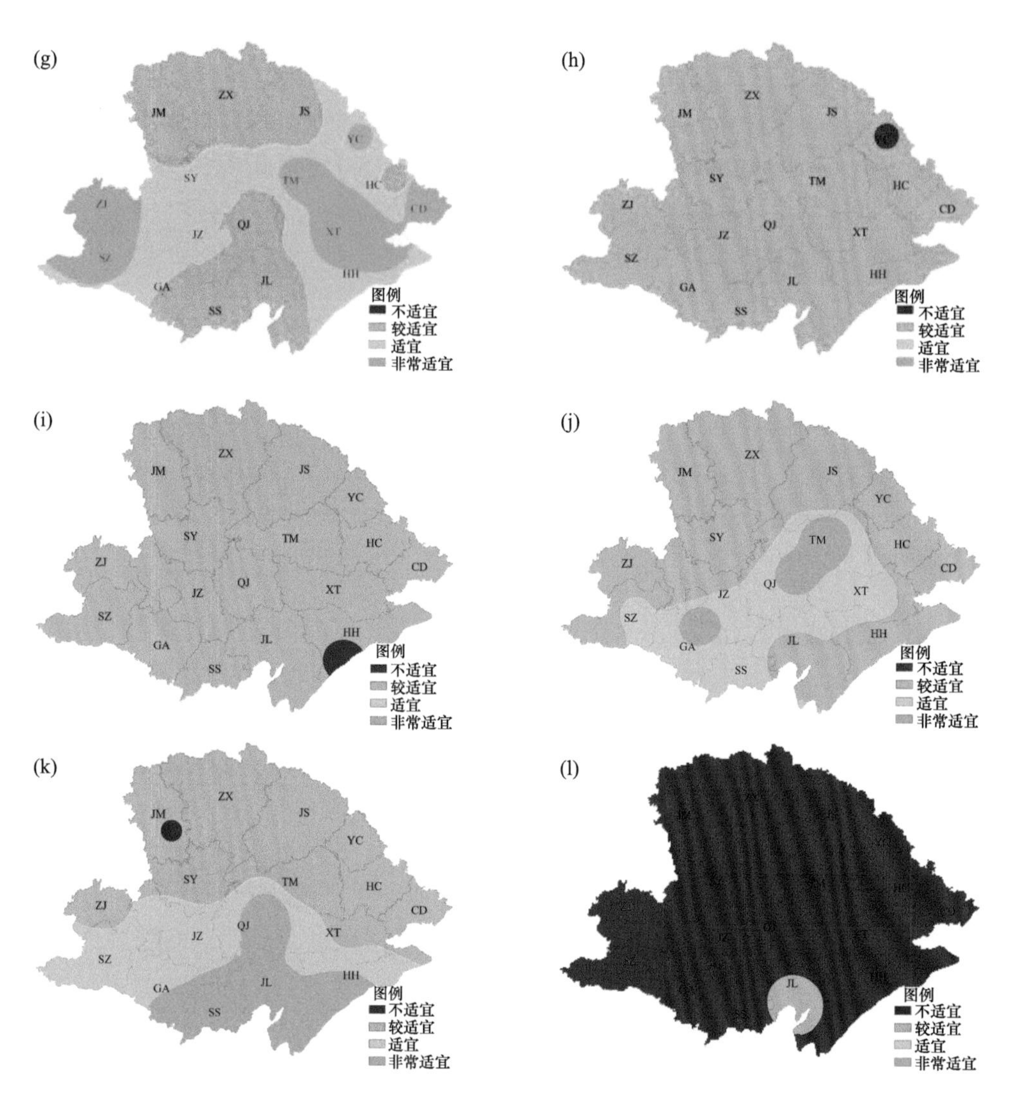

图 8.16　江汉平原 YRC 模式下月尺度降水适宜等级的空间分布

(a)1 月；(b)2 月；(c)3 月；(d)4 月；(e)5 月；(f)6 月；

(g)7 月；(h)8 月；(i)9 月；(j)10 月；(k)11 月；(l)12 月

8.3 长江中下游地区小龙虾、河蟹和其他鱼类养殖气候适宜性区划

8.3.1 小龙虾养殖气候适宜性区划

8.3.1.1 小龙虾生长生态气候条件

小龙虾属淡水经济虾类。小龙虾适应性广，繁殖能力强，无论江河、湖泊、池塘及水田均能生活；对水质要求不高，生命力极强，pH 值适应范围为 5.0～11.0；适宜生存水温范围广，在 0～40 ℃均可生存。在我国大多数地方都适宜小龙虾生存和发展，甚至在一些鱼类难以存活的水体也能生活，在我国大多数地区都能养殖和自然越冬。淡水小龙虾繁殖力强，在长江中下游地区雌虾每年 8 月中旬—11 月和翌年 3—5 月产卵，产卵数不大，但受精卵发育快，孵化率和幼虾成活率都比较高。淡水小龙虾易饲养、食性杂、生长快，仔虾孵出后，在温度适宜(20～32 ℃)、饲料充足的条件下，经过 60 d 左右饲养即可长成商品虾。

8.3.1.2 小龙虾养殖适宜性区划指标的确定

由于小龙虾生长适应性广，总体而言春末夏初的“五月瘟”和夏季高温热害对小龙虾养殖影响比较大，因此从小龙虾“五月瘟”病害和高温热害指标来考虑小龙虾适宜性气象指标。一般春季气温变化剧烈、水温出现较大变化极易导致小龙虾发生应激反应，死亡率升高，且春季低温会影响小龙虾的摄食和活动，长期低温会影响小龙虾的生长和上市，夏季出现持续 35 ℃以上高温也会影响小龙虾活动和摄食，进而影响生长和产量。根据小龙虾活动指标和水温与气温的关系，以湖北省潜江市为例，选取春季 3 月 1 日—6 月 10 日低于 13 ℃的低温日数和累计危害低温以及夏季 7—8 月日最高气温 35 ℃高温日数和累计危害高温作为小龙虾养殖区划指标。

8.3.1.3 区划方法及结果

选取潜江及周边台站监利、荆州、天门、荆门、仙桃、洪湖、石首、钟祥、京山、公安共 11 个气象观测站，对以上 11 个台站自 1961 年以来历年 3 月 1 日—6 月 10 日期间日平均气温低于 13 ℃日数和低于 13 ℃的温度累加值以及 7—8 月日平均气温高于 35 ℃日数和高于 35 ℃的温度累计值进行了统计分析，并计算了其平均值，在 GIS 里利用各要素平均值与经纬度、海拔高度建立细网格推算模型，并精确到 1∶25 万细网格点，将同时满足上述主要指标和辅助指标条件者划分潜江市小龙虾养殖适宜区划结果如图 8.17 所示。

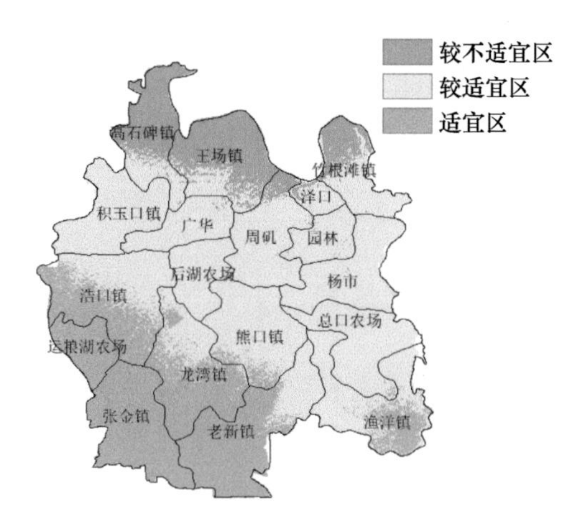

图 8.17　湖北省潜江市小龙虾养殖适宜性区划

8.3.2　河蟹养殖气候适宜性综合区划

张旭晖等(2021)基于江苏河蟹生长全生育期敏感气象条件,分别从光、温、水三个方面选择夏季高温、降水、日照及春季和秋季连阴雨构成河蟹生长气候适宜性指标体系。利用熵权法确定各气象指标的影响权重,基于河蟹养殖对地形和土壤的需求,通过叠加分析构建综合评估指数,利用该指数的空间分布将江苏河蟹养殖气候适宜性分成 3 个等级。本节介绍河蟹养殖气候适宜性气候区划的技术方法,为河蟹养殖产业的合理选址和布局调整,进而保障江苏河蟹的高效安全生产提供科学依据和指导意见。

8.3.2.1　数据来源与方法

本节所采用的 1981—2015 年江苏、山东、安徽及浙江省共 85 个气象站逐日气温(℃)、相对湿度(%)、降水量(mm)、日照时数(h)及风速(m/s),由江苏、山东、安徽及浙江省气候中心提供;江苏省 1∶25 万基础地理信息数据由国家基础信息中提供;1∶100 万土壤属性数据由南京土壤研究所提供。

河蟹养殖环境背景选择土壤属性数据和基于 DEM 提取的坡度数据,首先按照壤土＞黏土和沙土＞盐土的进行初步分类(1,2,3),再根据 1984 年全国农业区划委员会颁布的《土地利用现状调查技术规程》(国土资源部,2003),将 0°～2°的坡度范围作为适宜水产养殖的区域。

由于缺乏各地河蟹生长受气象因子影响的试验数据,无法全面客观评价气象条件影响程度,因此,尝试采用熵权法根据所选气象指标的变异性大小来确定其对河蟹生长影响的相对权重。除气象因子外,还着重考虑到河蟹养殖的环境要求,提取了地理环境因素(坡度和土壤类型)作为背景,但因其相对稳定,故不参与权重分析。

① 原始数据处理:对所选指标 x_i 进行归一化处理,使之成为无量纲的 x'_i,具有可比性。

$$x_i' = \frac{x_i - \min(x_i)}{[\max(x_i) - \min(x_i)]} \tag{8.7}$$

② 计算各气象指标贡献度:

$$P_{ij} = \frac{x'_{ij}}{\sum_{i=1}^{n} x'_{ij}} \tag{8.8}$$

式中 $i=1,2,3\cdots,n$ 为总样本数,$j=1,2,3,\cdots,m$ 为指标数。

③ 计算各气象指标信息熵:

$$E_j = -\ln(n)^{-1} \sum_{i=1}^{n} P_{ij} \ln(P_{ij}) \tag{8.9}$$

④ 求各气象指标权重系数 w_j:

$$w_j = \frac{1 - E_j}{m - \sum_{j=1}^{m} E_j} \tag{8.10}$$

⑤ 构建综合评估指数 Z:

$$Z = D_{sc} \times S_c \times \left(\sum_{j=1}^{m} w_j \times x'_j\right) \tag{8.11}$$

式中 Z 为综合评估指数,D_{sc} 为 DEM 提取的归一化后坡度栅格数据,S_c 为重采样过的土壤分类值。

8.3.2.2 河蟹生长期关键气象因素分析和气候适宜性综合区划

(1)河蟹生长期气温分布特征

辜晓青等(2013)研究发现,幼蟹生存的适宜水温为 18～22 ℃,当水温降至 4 ℃以下或超过 36 ℃时,幼蟹容易死亡。春季,当气温稳定通过 10 ℃时,河蟹开始生长发育,达到 12 ℃以上是河蟹生长最适宜阶段。统计江苏气温稳定通过 10 ℃的初日(图 8.18),发现自西南—东北方向延迟,西南部地区升温最早,平均初日在 3 月 25 日,沿江苏南大部 3 月 28—29 日,北部沿海地区则在 4 月 1 日以后气温才稳定到 10 ℃以上。可见通常情况下,江苏气温在 3 月中下旬开始满足河蟹迅速生长需求,不排除偶有极端低温对河蟹生长不利,但少于 10 d,影响并不严重。因此,根据气温回升幅度,合理安排蟹苗投放时间对降低养殖成本、增产增效十分重要。

成蟹生存温度为 5～35 ℃,最适宜水温为 25～28 ℃,水温≥36 ℃时不能正常活动,≥38 ℃时易死亡(张俊 等,2016)。梅雨季节过后,江苏受副热带高压影响,以晴热高温天气为主,降水减少,常出现超过 35 ℃的高温天气,而此时正是河蟹第四—五次蜕壳关键期,水温过高不仅影响河蟹摄食与活动,生长迟缓,蜕壳期推迟,还会造成养殖生态环境的恶化，出现高温河蟹上岸、死亡率上升等现象。江苏 1981—2015 年 6 月下旬—8 月下旬≥35 ℃的高温日数，呈西南高、东北部低的分布态势，超过 10 d的高温日主要分布在沿江苏南中西部地区，其中高淳、溧阳最高，超过 13 d，高温闷热经常会导致该区域河蟹出现病害或死亡；沿淮及以北地区和东部沿海夏季的高温日较少，平均在 5 d 以下(图 8.19)，对河蟹生长影响也变小。

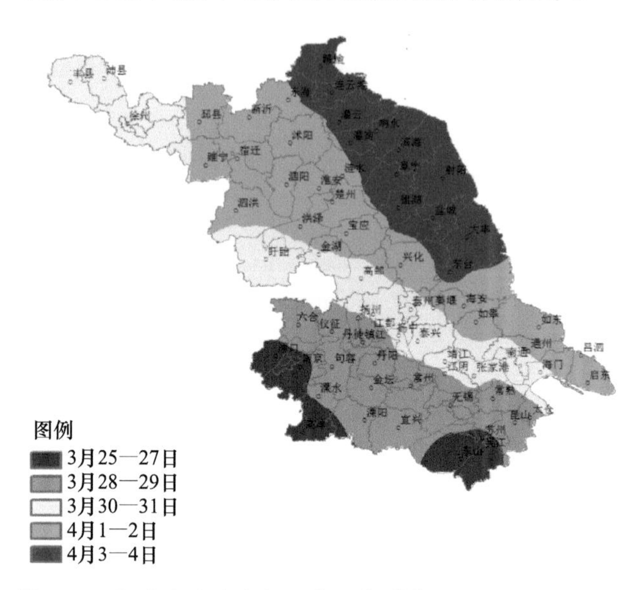

图 8.18　江苏省春季稳定通过 10 ℃的初日(1981—2015 年)

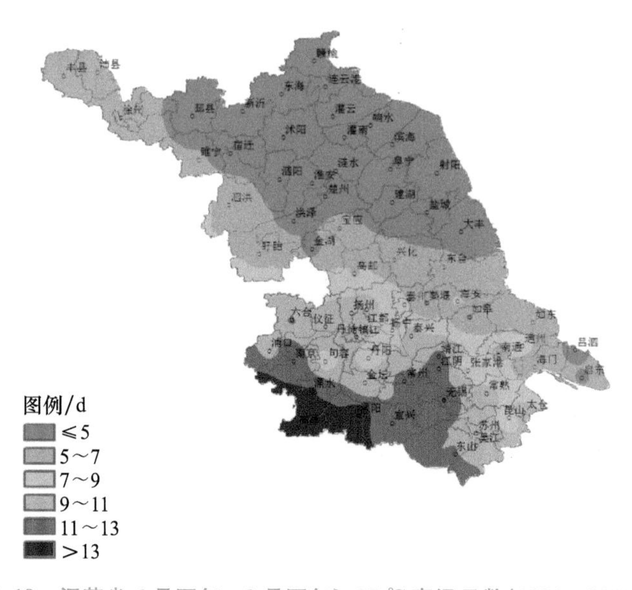

图 8.19　江苏省 6 月下旬—8 月下旬≥35 ℃高温日数(1981—2015 年)

(2) 河蟹生长期降水分布特征

河蟹是水生动物，一生中都离不开水，但过多或过少，都会影响到它的生存和生长。降水量适宜，可调节水质，且在夏季降水还能降低水温，利于河蟹生长。但若出现连续强降水，则会诱发洪涝灾害导致泄塘。江苏河蟹主要生长季内(5—9 月)平均降水量为 545～765 mm(图 8.20)，超过 700 mm 的地区位于江淮沿海和苏南南部，宜兴和高淳的平均降水量超过 750 mm；全省暴雨日数平均在 2.5～4.0 d，其中 1991 年、1998 年、1999 年和 2007 年个别台站出现 10.0 d 以上的暴雨，对水产养殖影响较大。

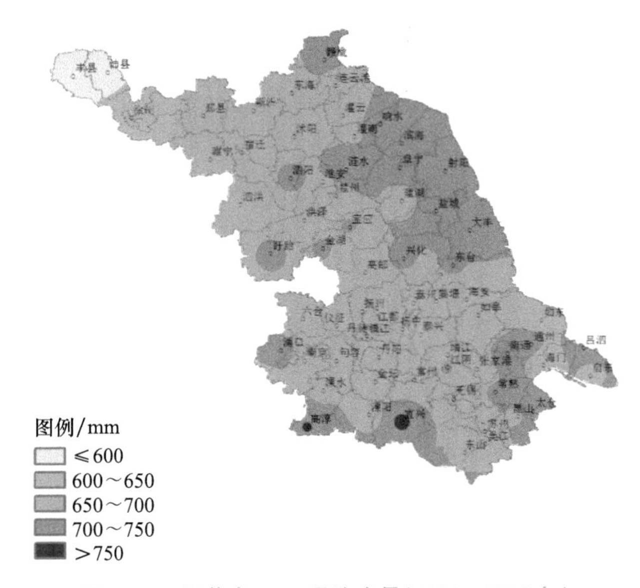

图 8.20　江苏省 5—9 月降水量(1981—2015 年)

持续低温阴雨会影响河蟹生长速度，延迟成熟。根据连阴雨标准统计，春季连阴雨在苏南及南通南部出现 1.5～2.0 次/a；其中高淳、溧阳及苏州局部地区超过 2.0 次/a；江淮之间年出现春季连阴雨 1.0 次/a 左右；淮北地区在 0.5 次/a 以下(图 8.21)。而秋季连阴雨在江苏东南部出现频率较高，年发生 0.8～1.0 次/a；其他大部分地区在 0.6～0.7 次/a，兴化、高邮、东台、大丰及丰县秋季连阴雨发生次数略少，在 0.6 次/a 以下。

(3)河蟹生长期日照分布特征

河蟹喜弱光，当光照不足时，会影响生长发育，还影响幼蟹成活率；日照过强，会使塘中水草腐烂，败坏水质，同时还会提高水温，不利于河蟹生长。江苏常年 5—9 月日照时数在 843.0～1085.8 h(图 8.22)，江淮之间东部和淮北地区较高，超过 950.0 h，部分地区大于 1000.0 h；沿江苏南地区普遍较低，大部分地区不足 920.0 h，局部在 960.0～980.0 h。对河蟹养殖来说，夏季较低的日照是有利的。

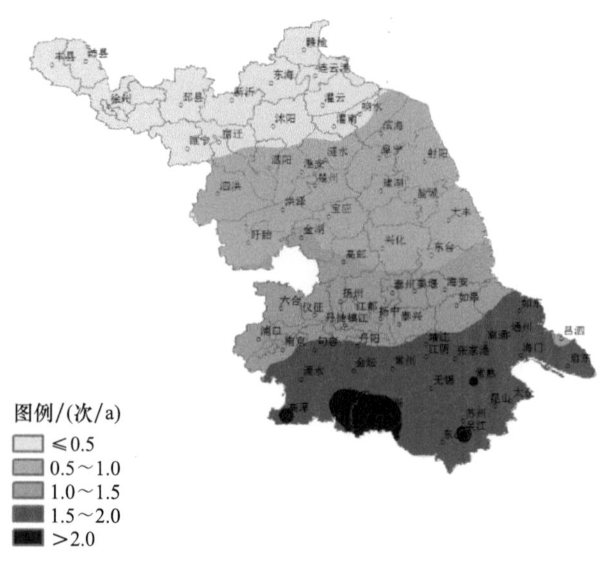

图 8.21 江苏省春季连阴雨发生次数(1981—2015 年)

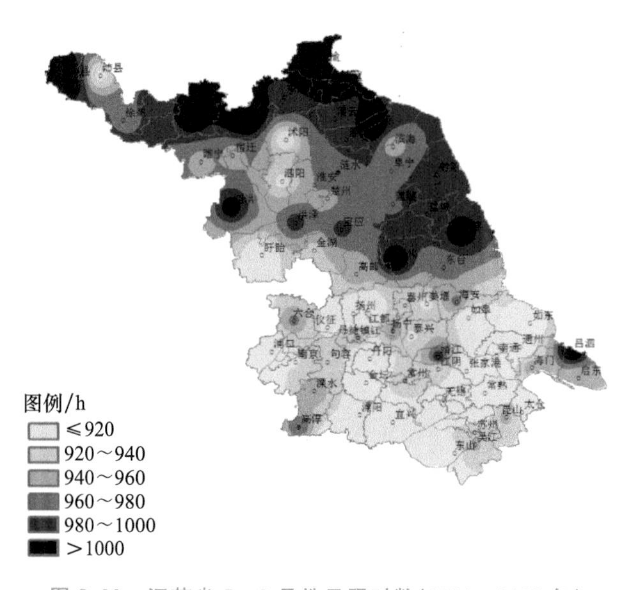

图 8.22 江苏省 5—9 月份日照时数(1981—2015 年)

(4) 综合评价与区划

通过灾情调查和分析，选择河蟹生长关键期 5—9 月日照时数和降水量、夏季高温日数、春秋季连阴雨发生次数作为综合气候区划指标。采用熵权法分析 5 个指标，从表 8.9 中可看出，各指标的信息熵均在 0.9 以上，表明所选气象指标的变异程度相对较小。但对评估对象而言影响程度还是有差异的，按照权重值大小顺序为春季连阴雨＞夏季高温＞秋季连阴雨＞5—9 月日照时数＞5—9 月降水量，这说明在评估指标中春季连阴雨和夏季高温的影响大于其他 3 个指标。

表 8.9 江苏省河蟹养殖各区划指标信息熵和权重系数表

指标名	5—9 月降水量	5—9 月日照时数	6 月下旬—8 月下旬高温日	秋季连阴雨	春季连阴雨
信息熵	0.975	0.969	0.945	0.964	0.938
权重系数	0.121	0.151	0.263	0.172	0.294

将表中的权重系数代入式(8.5)计算江苏河蟹养殖综合气候评估值，利用 ArcGis 平台建立空间细网格图层，结合专家经验，采用自然断点法将全省划分为三类综合养殖气候区(图 8.23)：适宜养殖区、较适宜养殖区及不适宜养殖区。

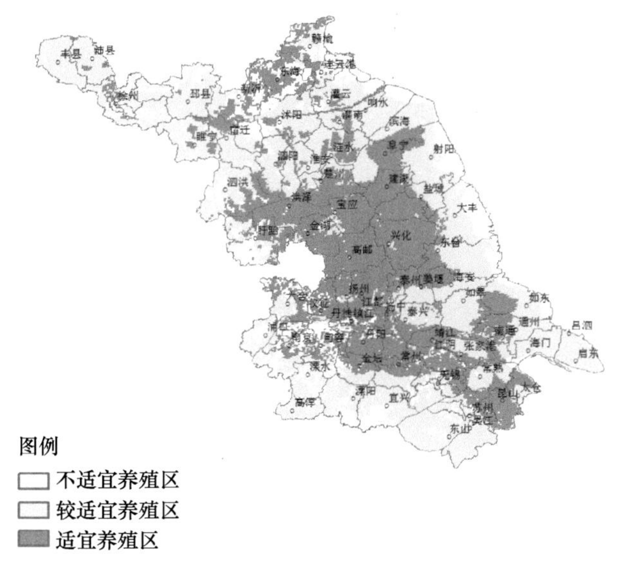

图 8.23 江苏省河蟹养殖综合气候区划图

(5)分区评述与讨论

① 适宜养殖区

适宜养殖区包括里下河、沿江及淮北部分地区，该区水域和河滩地面积较大，洪泽湖、高邮湖、阳澄湖、骆马湖、大纵湖等均处其中。该区水利设施发达完善，土壤多为改良后的水稻土和壤土，通气保水保肥能力强，适合发展水产养殖业。气象条件适宜，春季升温较快，4 月 1 日前稳定通过 10 ℃；夏季降水量适宜，在 650～700 mm 之间；高温少，≥35 ℃高温日数不足 7 d；春秋季节连阴雨出现的次数少于苏南，非常有利于河蟹养殖业的发展。

② 较适宜养殖区

较适宜养殖区主要位于淮北大部、东部沿海、沿江西部和苏南南部地区，有低山、丘陵和平原，水资源丰富，土壤偏砂质，多潮土、褐土。西南部区域最早3月25日左右平均气温就能稳定到10 ℃以上，是全省春季气温回升最快的地区，但夏季高温日多，春秋季连阴雨也频繁；北部地区春季偶有低温导致蟹苗生长迟缓，东部沿海则因夏季暴雨多、溃塘成灾风险高。因此，综合评价该区为河蟹养殖较适宜养殖区。

③ 不适宜养殖区

江苏气候条件总体评价适宜河蟹生长，但由于地形、土壤（或水）中含盐度过高等因素少数地方并不适宜开展水产养殖。因此，根据地形坡度和土壤类型（滨海盐土、火山灰土等）将零星分散于宁镇丘陵、沿海滩涂以及淮北局部的低山岗地等区域划为河蟹养殖的不适宜区。

综合考虑河蟹生长过程中所需气象条件及地形、土壤类型，以气象灾害风险最小化为原则，进行区域划分，发现江苏境内接近87.00％的地方可开展河蟹养殖。其中，适宜养殖区占全省面积36.75％，较适宜养殖区50.21％，其他区域仅占13.04％（张旭晖 等，2021）。从分区结果上看，江苏多数河蟹特色品牌都在适宜养殖区，结果与养殖产业的自然分布也基本一致，分区较为合理。但高淳区除外，区内以固城湖为首有着多年的河蟹养殖历史，区域优势和经济效益不错，然而由于夏季高温和春季阴雨频繁发生导致河蟹害病风险高，养殖成本大，故将其划在较适宜养殖区。另外，由于缺乏完整的河蟹品种和效益数据，仅通过理论数学方法获取气候因子的影响权重，该评估结果虽然能满足区划的目的和要求，但还需进一步量化和验证。

8.3.3 草鱼养殖气候适宜性区划

草鱼属鲤形目鲤科雅罗鱼亚科草鱼属，俗称有：鲩、油鲩、草鲩、白鲩、草鱼、草根（东北）、混子、黑青鱼等。英文名：Grass carp 。草鱼一般喜栖居于江河、湖泊等水域的中、下层和近岸多水草区域，因其生长迅速，饲料来源广，是中国淡水养殖的四大家鱼之一。

8.3.3.1 草鱼主要生态气候条件

草鱼一般喜栖居于江河、湖泊等水域的中、下层和近岸多水草区域。具有河湖洄游的习性，性成熟的个体在江河、水库等流水中产卵，产卵后的亲鱼和幼鱼进入支流及通江湖泊中，通常在被水淹没的浅滩草地和泛水区域以及干支流附属水体（湖泊、小河、港道等水草丛生地带）摄食育肥。冬季则在干流或湖泊的深水处越冬。

草鱼在自然条件下不能在静水中产卵。产卵地点一般选择在江河干流的河流汇合处、河曲一侧的深槽水域、两岸突然紧缩的江段为适宜的产卵场所。生殖期为

4—7 月，比较集中在 5 月。一般在江河水上涨迅猛，水温稳定在 18 ℃左右时，草鱼产卵即具规模。

草鱼的主要生长期为 4—9 月，春末、夏初在淮河流域 09 时以前草鱼多在水底层活动，09 时以后常在水的中上层吃水中的青草、浮萍、菱角叶以及草棵中的小昆虫、蚱蜢。其食欲与水温及水质有关。水温在 25～30 ℃时，其摄食量最大，日摄食量可达体重的 40%左右；水温在 25 ℃以下停止摄食。草鱼适应能力很强，在 0 ～38 ℃的温度范围内都能生存，对高温也有一定的耐力和适应力，但要求水质清瘦，肥水不适宜草鱼生活。

草鱼常见病有出血病、赤皮病、烂鳃病、肠炎病等。草鱼抗病力低，对水质要求高，草鱼老“三病”（细菌性烂鳃病、肠炎病、赤皮病）和“肝胆综合征”是导致其发病的主要因素。苗种期死亡率高达 50%以上，其中尤以草鱼出血病危害最为严重，2.5～15.0 cm 大小的草鱼都可发病，发病死亡率可高达 80%以上，有时 2 足龄以上的大草鱼也患病。严重影响养殖产量和效益。该病治疗困难，一旦发病常引起草鱼鱼种及成鱼的大批死亡，严重影响草鱼养殖业的健康发展。

8.3.3.2 草鱼适宜性区划指标的确定

根据草鱼的适宜生长生态气候条件，草鱼生存的水温范围很广，在 0～38 ℃的温度范围内都能生存，其夏季（6—8 月）最适宜生长的水温是 25～30 ℃，但根据草鱼出血病的发生气象条件，在 27～30 ℃的水温条件下是发病最为严重的阶段。此外，夏季发生暴雨等强对流性天气时，会严重影响水体水质，造成溶氧下降，导致草鱼出现浮头、泛塘等现象，因此夏季暴雨发生概率大的地区对草鱼养殖的影响也大。本节以湖北省洪湖地区为例开展草鱼气候适宜性区划，选取的草鱼适宜性区划指标为：6—8 月水温在 25～30 ℃及 27～30 ℃的日数，以及期间的暴雨量、暴雨日数。

8.3.3.3 区划指标推算及区划方法

水温与气温的关系计算利用邓爱娟等（2013）建立的湖北省洪湖地区鱼塘 50 cm 处平均水温预报模型：

$$T_{50}=2.122+0.269\times AT+0.277\times AT_1+0.129\times AT_{1x}+0.111\times AT_{2n}+0.063\times AT_{3x}+0.15\times AT_n(R^2=0.975) \tag{8.12}$$

式中，AT、AT_x、AT_n 分别为当日或预报日平均气温、最高气温和最低气温，AT_1、AT_{1x}、AT_{1n} 分别为前 1 日平均气温、最高气温和最低气温，以此类推。

利用湖北省洪湖及周边台站：赤壁、嘉鱼、监利、江夏、潜江、咸宁气象观测站自建站以来的逐日平均气温、最高气温、最低气温，利用 50 cm 水温预报模型，计算得逐日水温。根据计算结果，统计逐年的 50 cm 水温在 25～30 ℃及 27～30 ℃日数，并统计得出各站 80%保证率的日数；利用各站 6—8 月降水量资料，统计出现 50 mm 以上的降水日数及降水量，同样计算出各站出现 50 mm 以上降水的 80%保证率的降水日数和降水量。利用 IDW（反距离插值法）进行插值，根据专家打分法进行区划，结果如图 8.24 所示。

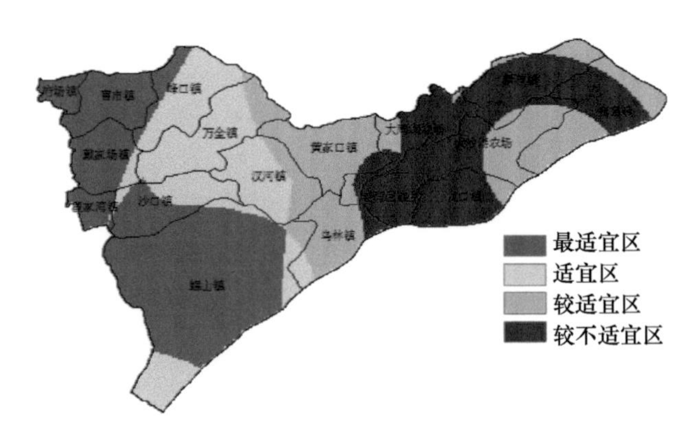

图 8.24 湖北省洪湖地区草鱼适宜性区划图

8.3.4 黄鳝养殖气候适宜性区划

黄鳝(*Monopterus albus*)属合鳃鱼目,合鳃鱼科,黄鳝属。亦称鳝鱼、鳝鱼、罗鳝、蛇鱼、长鱼。黄鳝为热带及暖温带鱼类,营底栖生活的鱼类,适应能力强,广泛分布于亚洲东南部,普遍的淡水食用鱼,除西北高原外,各地均产,栖息在河道、湖泊、沟渠及稻田中都能生存。日间喜在多腐殖质淤泥中钻洞或在堤岸有水的石隙中穴居。白天很少活动,夜间出穴觅食。鳃不发达,而借助口腔及喉腔的内壁表皮作为呼吸的辅助器官,能直接呼吸空气,生殖情况较特殊,幼时为雌性,生殖一次后,转变为雄性。在水中含氧量十分贫乏时,也能生存。出水后,只要保持皮肤潮湿,数日内亦不会死亡。黄鳝是以各种小动物为食的杂食性鱼类,性贪,夏季摄食最为旺盛,寒冷季节可长期不食,而不至死亡。

8.3.4.1 黄鳝适宜生态气候条件

黄鳝是变温动物,体温随外界水温变化而变化,适宜生长的水温为 15～30 ℃,最适宜温度是 24～28 ℃。当水温低于 15 ℃时,黄鳝的吃食量就会明显下降;当水温在 10 ℃以下时,则停止摄食,随着温度的降低最终进入冬眠状态。当水温超过 30 ℃时,黄鳝行动反应迟钝,摄食停止,长时间高温或低温容易引发黄鳝的死亡。在适温条件下,黄鳝吃食最旺,生长最快,一般在 6—8 月生长最快。

8.3.4.2 网箱养鳝适宜性区划指标的确定

根据黄鳝生长的适宜生态气候条件,选择浅层水温在生长适温 15～30 ℃以及适宜生长温度 24～28 ℃持续日数作为适宜性区划指标,黄鳝的生长期大约 170 d,能满足此条件的作为适宜性基本指标;在此基础上,选择水温稳定通过 15 ℃初日作为判断是否可以在早春投放鳝苗的指标。具体区划指标见表 8.10。

表 8.10 网箱养鳝适宜性区划气象指标

气象指标	最适宜养殖区	适宜养殖区	次适宜养殖区
15～30 ℃持续日数/d	>193	191～193	<191
24～28 ℃持续日数/d	>58	55～58	<55
水温稳定通过 15 ℃初日	4 月 10 日前	4 月 10 日—4 月 25 日	4 月 25 日后

8.3.4.3 区划指标推算及区划方法

本节以湖北省仙桃市为例，介绍黄鳝养殖气候适宜性区划指标推算及区划方法。

水温与气温的关系计算依据水温预报模型鱼塘 30 cm 深处水温与前三日平均气温、最低气温、最高气温通过相关性分析得到的关系模型：

$$T_{water}=3.207+0.168\times T_{min-3}+0.111\times T_{min-1}+0.178\times T_{min}+0.165\times T_{max-1}+0.069\times T_{max-3}+0.225\times T_{max} \quad (8.13)$$

预报模型中各变量表示：

T_{water}为 30 cm 深处水温，T 为预报日平均气温；T_{max-1}为前 1 日最高气温，T_{max-2}为前 2 日最高气温，T_{max-3}为前 3 日最高气温；T_{-1}为前 1 日平均气温，T_{-2}为前 2 日平均气温，T_{-3}为前 3 日平均气温。

利用湖北省仙桃及周边地市：潜江、监利、洪湖、嘉鱼、蔡甸、汉川、天门共 8 个气象观测站自建站以来逐日平均气温、最高气温、最低气温，利用水温与气温的关系模型，推算出逐日水温，再通过统计水温在 15～30 ℃和 24～28 ℃持续日数，以及水温稳定通过 15 ℃初日，采用反距离加权平均法对三者进行空间插值，将同时满足以上指标者划分为黄鳝养殖区划类型区域，最后得出仙桃县黄鳝适宜性区划图 8.25。

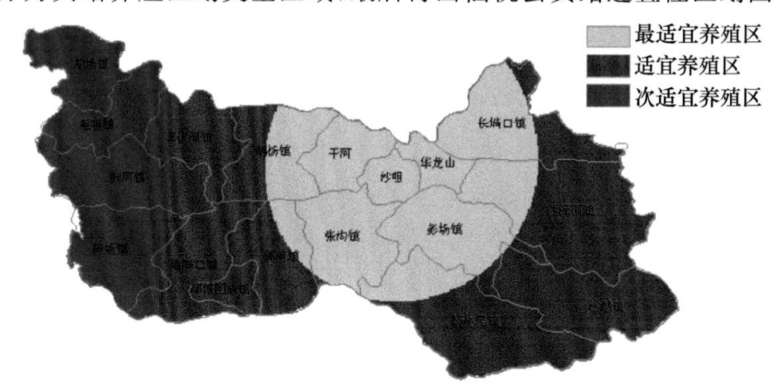

图 8.25 湖北省仙桃市黄鳝气候适宜性区划

8.3.5 黑尾鲌养殖气候适宜性区划

黑尾鲌学名黑尾近红鲌，是鲌鱼系列中的一个品种，隶属鲤科，鲌亚科，近红鲌属。原产于长江中上游缓水区，喜小草基质，生活在水体中上层，性情温和，耐低氧能力较其他鲌鱼品种强，食性为偏肉食性杂粮鱼类。在人工养殖条件下，要求动物蛋白比例较高。一般 2 龄鱼可达到上市规格(800 g 以上)。与其他鲌鱼品种相比具有耐低氧能力强、养殖成本低、生长快、抗病力强、易垂钓、好养殖等优点。

8.3.5.1 黑尾鲌养殖与气象的关系

当水温升至 12 ℃时开始摄食，超过 30 ℃时摄食量下降，最佳生长水温在 18～28 ℃。另外，水温还是黑尾鲌繁殖极为重要环境因素，只有达 18 ℃以下，黑尾鲌才能正常繁殖产卵和胚胎发育。

黑尾鲌属弱肉食性杂食动物，其食谱中浮游动物占有一定比例，而浮游动物的生长与浮游植物的生长量有直接关系。只有光照充足，浮游植物才能充分光合作用迅速繁殖生长，以促进浮游动物生长，保证黑尾鲌有一定比例的浮游动物被摄食，提供黑尾鲌的食物来源。另外，光照强弱也决定黑尾鲌产卵繁殖。

天气晴好，浮游植物光合作用强烈，池水溶氧充足，黑尾鲌与其他鱼类生长良好。春、夏季天气阴沉，闷热，不利于池塘浮游植物光合作用，池水缺氧，易造成浮头甚至泛塘。一般在黑尾鲌的生长季节，池塘溶氧要求在 4 mg/L 以上，低于 2.4 mg/L 就会发生浮头泛塘。

8.3.5.2 区划指标推算及区划方法

湖北省大冶市鲌鱼养殖起步于 20 世纪 80 年代末期，养殖方式以中小湖泊人工放流“江花”和湖泊增殖保护为主。进入 21 世纪后，随着鲌鱼人工繁育引种驯化技术的突破，全市开始大规模引进鲌鱼苗种，在品种结构上以生长快、易养殖的黑尾鲌和翘嘴鲌为主，尤其以黑尾鲌的养殖广泛推广到全市重点渔区和精养鱼池基地。以精养鱼池专养，鱼池、大湖套养的方式，养殖面积达到 2.8 万亩，年总产量达到 4600 t，加工转化 3000 t。本节以大冶市为例，介绍黑尾鲌养殖气候适宜性区划指标推算及区划方法。

根据黑尾鲌养殖与气象条件分析，水温 12 ℃时黑尾鲌开始摄食，超过 30 ℃时摄食量下降，正常繁殖产卵和胚胎发育需要 18 ℃以下。洪湖水文观测站观测数据分析结果表明，当 10～30 cm 水温 12 ℃时，气温接近 10 ℃，当 10～30 cm 水温 18 ℃时，气温接近 18 ℃；水温 30 ℃，气温接近 33 ℃。因此，可将日平均气温达到 10 ℃确定为黑尾鲌生长的起点温度。大冶市日平均气温＞10 ℃初日为 3 月 14 日—3 月 18 日，＞10 ℃持续日数 230～234 d(图 8.26)。

根据统计结果，大冶市历年日平均气温 12～18 ℃的日数为 33～83 d，日最高气温＞33 ℃日数大多在18～45 d(图 8.27)，全域自然环境基本能满足正常繁殖产卵和胚胎发育的需求。

8.3.5.3 黑尾鲌适宜性区划因子选择

根据指标，确定黑尾鲌气候适宜性等级区划因子如表 8.11 所示，区划结果见图 8.28。

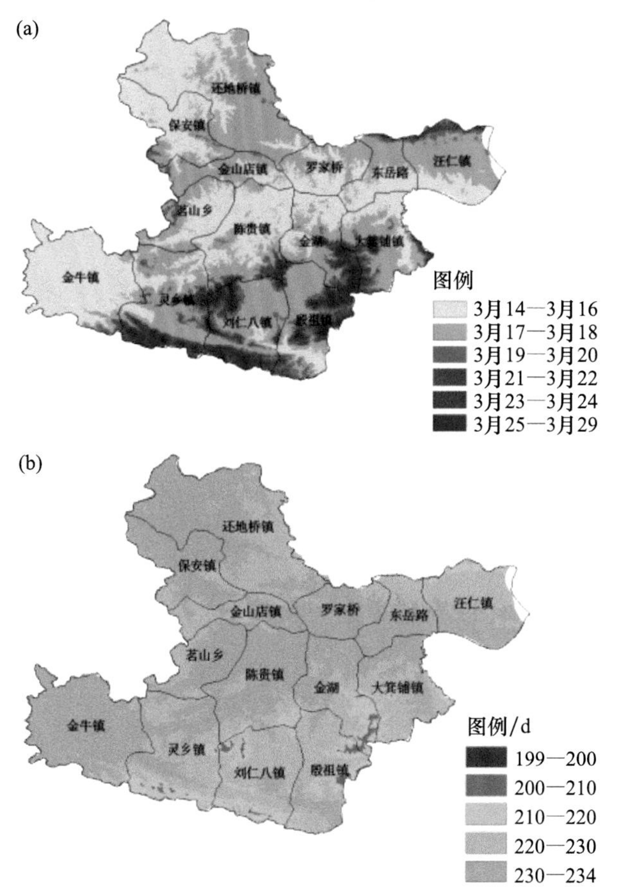

图 8.26　湖北省大冶市黑尾鲌养殖期间>10 ℃初日和持续日数分布

(a)>10 ℃初日；(b)>10 ℃持续日数

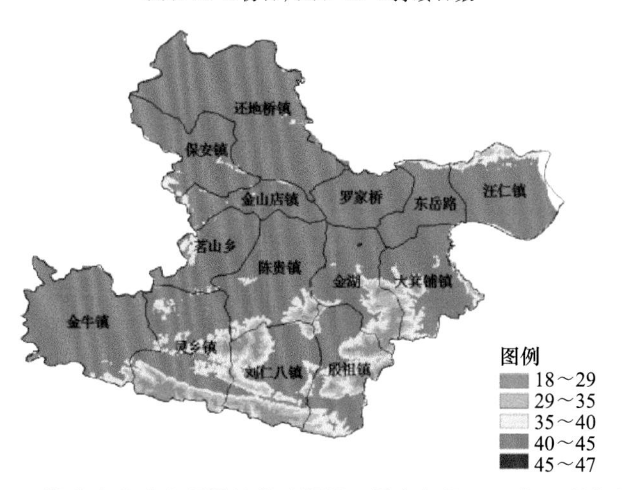

图 8.27　湖北省大冶市黑尾鲌养殖期间日最高气温>33 ℃日数(d)分布

表 8.11　黑尾鲌适宜性区划指标

<table>
<tr><th>区划</th><th>＞10 ℃持续日数/d</th><th>＞33 ℃日数/d</th></tr>
<tr><td>最适宜区</td><td>＞230</td><td rowspan="2">＜40</td></tr>
<tr><td>次适宜区</td><td>220～230</td></tr>
<tr><td>不适宜区</td><td>＜220</td><td>＞45</td></tr>
</table>

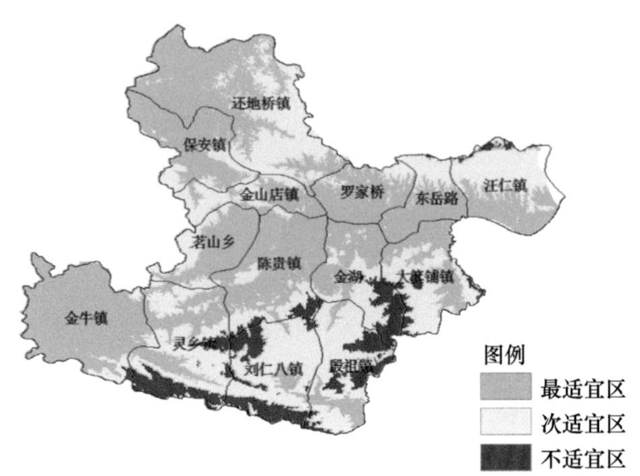

图 8.28　湖北省大冶市黑尾鲌适宜性区划

8.4　小龙虾气候品质评价方法

随着稻虾特色品牌的大力发展以及人们对优品虾需求的日益加大，小龙虾品质关注度越来越高。小龙虾品质影响因素较多，国内外学者多从养殖地域（贺江 等，2019）、养殖模式（万金娟 等，2020）、品种差异（王广军 等，2019）、喂养饲料（周剑 等，2021）、加工和储存（刘永涛 等，2019）等方面开展研究，部分学者在研究中提出养殖期的光照、温度、湿度、降水等因素会对虾的生长造成影响（张涛 等，2021；肖玮钰 等，2020；杨青 等，2021）。气候条件是影响小龙虾产量高低及品质优劣的重要生态环境因素之一（徐琼芳 等，2018；陈翔 等，2020）。通过开展小龙虾分期投苗捕捞试验，对比分析不同养殖期小龙虾品质的变化特征，分析出气候敏感性品质指标及影响关键气象因子，可为研究小龙虾哪些品质因子受气候条件影响，有多大影响等方面奠定科学基础。

叶佩等（2023）在研究小龙虾关键品质与当年气候条件的关系基础上，构建小龙虾气候品质等级评价模型，并以湖北省荆州市为例对 1911—2020 年小龙虾气候品质进行评价，可促进小龙虾优质优价、满足优质消费层次需求、推动特色产业高效可持续发展、助力气象为农服务开拓新领域。

8.4.1 不同养殖期小龙虾品质特征

8.4.1.1 不同养殖期小龙虾虾肉常规营养成分差异

不同养殖期小龙虾虾肉中常规营养成分存在显著性差异(表 8.12),第 2 养殖期(4 月 25 日—5 月 28 日)和第 7 养殖期(9 月 10 日—10 月 9 日)小龙虾虾肉中水分显著高于其他养殖期($P<0.05$)。第 5 养殖期(8 月 5 日—8 月 31 日)和第 6 养殖期(8 月 10 日—9 月 15 日)小龙虾虾肉中粗蛋白显著高于其他养殖期。第 6 养殖期(8 月 10 日—9 月 15 日)和第 7 养殖期(9 月 10 日—10 月 9 日)小龙虾虾肉中粗脂肪显著低于其他养殖期。这很可能是 2020 年 8 月气温偏高,尤其白天温度高,有利于小龙虾快速生长,粗蛋白含量高,同时代谢加快,脂肪消耗多,粗脂肪含量低。第 3 养殖期(6 月 1 日—6 月 30 日)小龙虾虾肉灰分高于其他养殖期,与第 4 养殖期(7 月 1 日—7 月 25 日)差异不显著($P>0.05$),而与其他养殖期存在显著差异。

表 8.12 不同养殖期小龙虾虾肉中常规营养成分含量

养殖期/(月.日)	第 1 养殖期(3.20—4.25)	第 2 养殖期(4.25—5.28)	第 3 养殖期(6.1—6.30)	第 4 养殖期(7.1—7.25)	第 5 养殖期(8.5—8.31)	第 6 养殖期(8.10—9.15)	第 7 养殖期(9.10—10.9)
水分/%	79.04 ± 0.41^{b}	80.32 ± 0.12^{a}	79.01 ± 0.06^{b}	78.86 ± 0.55^{b}	78.54 ± 0.20^{b}	78.69 ± 0.12^{b}	79.89 ± 0.06^{a}
粗蛋白/(g/100 g)	16.05 ± 0.37^{c}	16.01 ± 0.82^{c}	16.22 ± 0.26^{c}	16.36 ± 0.58^{c}	19.58 ± 0.14^{a}	18.76 ± 0.02^{a}	17.58 ± 0.06^{b}
粗脂肪/(g/100 g)	0.38 ± 0.02^{ab}	0.36 ± 0.04^{b}	0.32 ± 0.05^{b}	0.45 ± 0.02^{a}	0.35 ± 0.01^{b}	0.12 ± 0.06^{d}	0.22 ± 0.02^{c}
灰分/(g/100 g)	1.39 ± 0.01^{c}	1.39 ± 0.01^{c}	1.47 ± 0.00^{a}	1.46 ± 0.01^{ab}	1.42 ± 0.03^{b}	1.44 ± 0.01^{b}	1.34 ± 0.00^{d}

注:同列数据上标不同的小写字母表示处理间差异显著($P<0.05$),相同小写字母表示处理间无显著差异($P>0.05$),下同。

8.4.1.2 不同养殖期小龙虾虾肉质构成分差异

不同养殖期小龙虾虾肉质构成分特征为第 3 养殖期(6 月 1—30 日)小龙虾虾肉硬度显著高于第 6 养殖期(8 月 10 日—9 月 15 日)($P<0.05$),而与其他养殖期差异不显著($P>0.05$)。第 3 养殖期(6 月 1—30 日)、第 4 养殖期(7 月 1—25 日)和第 6 养殖期(8 月 10 日—9 月 15 日)小龙虾虾肉中弹性高于其他养殖期,除与第 5 养殖期(8 月 5—31 日)差异不显著,与其他阶段差异均显著。第 3 养殖期(6 月 1—30 日)小龙虾虾肉中凝聚性、黏性、咀嚼性和回复性均高于其他养殖期,但差异性不显著。第 3 养殖期(6 月 1—30 日)和第 4 养殖期(7 月 1—25 日)小龙虾虾肉中粘连性显著低于其他养殖期。第1养殖期(3月20日—4月25日)、第5养殖期(8月5—31日)和第6养殖期(8月10日—9月15日)小龙虾虾肉黏性显著高于其他养殖期(表8.13)。

表8.13 不同养殖期小龙虾虾肉中质构成分含量

养殖期/(月.日)	第1养殖期(3.20—4.25)	第2养殖期(4.25—5.28)	第3养殖期(6.1—6.30)	第4养殖期(7.1—7.25)	第5养殖期(8.5—8.31)	第6养殖期(8.10—9.15)	第7养殖期(9.10—10.9)
硬度/g	466.84±30.30[ab]	478.95±49.74[ab]	539.25±40.66[a]	524.20±142.55[ab]	466.84±67.69[ab]	385.64±71.74[b]	483.63±11.49[ab]
弹性/mm	0.44±0.02[b]	0.47±0.02[b]	0.52±0.01[a]	0.54±0.01[a]	0.50±0.04[ab]	0.53±0.04[a]	0.47±0.02[b]
凝聚性	0.41±0.01[b]	0.47±0.02[ab]	0.50±0.00[a]	0.48±0.02[ab]	0.42±0.03[b]	0.47±0.01[ab]	0.45±0.01[b]
黏性	194.46±15.46[b]	222.83±14.98[ab]	270.66±18.10[a]	260.35±90.79[ab]	202.81±36.67[ab]	179.48±28.66[b]	217.11±1.17[ab]
咀嚼性	86.36±6.91[b]	107.43±21.00[ab]	137.08±11.48[a]	134.49±32.22[a]	100.47±24.00[ab]	96.37±22.51[ab]	104.05±8.15[ab]
粘连性	1.94±0.07[a]	1.79±0.10[a]	1.62±0.04[b]	1.57±0.01[b]	1.93±0.12[a]	1.87±0.07[a]	1.96±0.04[a]
黏性	10.99±0.43[a]	6.40±1.64[b]	6.50±0.11[b]	6.71±0.59[b]	10.61±0.12[a]	9.12±1.83[a]	7.75±0.95[b]
回复性	0.22±0.01[c]	0.27±0.01[b]	0.30±0.01[a]	0.28±0.03[ab]	0.22±0.02[c]	0.25±0.00[bc]	0.27±0.00[ab]

8.4.1.3 不同养殖期小龙虾虾肉氨基酸组成与含量差异

小龙虾虾肉检测包含17种氨基酸，包含7种必需氨基酸赖氨酸(Lys)、苏氨酸(Thr)、苯丙氨酸(Phe)、缬氨酸(Val)、蛋氨酸(Met)、异亮氨酸(ILe)、亮氨酸(Leu)，2种半必需氨基酸组氨酸(His)和精氨酸(Arg)，8种非必需氨基酸丝氨酸(Ser)、谷氨酸(Glu)、丙氨酸(Ala)、酪氨酸(Tyr)、脯氨酸(Pro)、天冬氨酸(Asp)。必需氨基酸中，不同养殖期小龙虾虾肉中的Ile、Phe无显著差异($P>0.05$)，其他氨基酸含量均存在差异($P<0.05$)。在第1养殖期(3月20日—4月25日)Val、Lys、His、Asp、Gly含量高于其他养殖期，第5养殖期(8月5—31日)Leu和Thr含量高于其他养殖期。必需氨基酸中，Lys含量最高，Met含量最低。鲜味氨基酸主要包括Glu、Gly、Ala和Asp，不同鲜味氨基酸含量由高到低分别为Glu>Gly>Asp>Ala。在第1养殖期(3月20日—4月25日)小龙虾虾肉的氨基酸总含量(TAA)、必需氨基酸总量(EAA)、半必需氨基酸总量(Semi-EAA)、非必需氨基酸总量(NEAA)以及鲜味氨基酸总量(DAA)最高，不同养殖期小龙虾氨基酸含量存在差异性(表8.14)。

表8.14 不同养殖期小龙虾虾肉中氨基酸组成与含量

氨基酸类别	氨基酸名称	第1养殖期（3.20—4.25）	第2养殖期（4.25—5.28）	第3养殖期（6.1—6.30）	第4养殖期（7.1—7.25）	第5养殖期（8.5—8.31）	第6养殖期（8.10—9.15）	第7养殖期（9.10—10.9）
必需氨基酸	亮氨酸	1.45±0.06^{ab}	1.39±0.03^{b}	1.42±0.03^{ab}	1.48±0.04^{ab}	1.50±0.08^{a}	1.40±0.04^{ab}	1.38±0.01^{b}
	蛋氨酸	0.33±0.01^{a}	0.28±0.04^{a}	0.32±0.05^{a}	0.18±0.03^{b}	0.07±0.03^{c}	0.30±0.05^{a}	0.16±0.03^{b}
	缬氨酸	0.79±0.02^{a}	0.73±0.01^{ab}	0.79±0.01^{a}	0.79±0.05^{a}	0.67±0.07^{b}	0.73±0.02^{ab}	0.75±0.08^{ab}
	异亮氨酸	0.80±0.03^{a}	0.79±0.01^{a}	0.76±0.08^{a}	0.80±0.06^{a}	0.77±0.04^{a}	0.74±0.04^{a}	0.74±0.01^{a}
	苯丙氨酸	0.81±0.05^{a}	0.84±0.03^{a}	0.79±0.03^{a}	0.83±0.07^{a}	0.84±0.04^{a}	0.82±0.01^{a}	0.78±0.04^{a}
	苏氨酸	0.75±0.03^{a}	0.65±0.01^{b}	0.72±0.01^{ab}	0.72±0.02^{ab}	0.77±0.09^{a}	0.70±0.01^{ab}	0.74±0.07^{ab}
	赖氨酸	1.59±0.08^{a}	1.47±0.03^{b}	1.51±0.03^{ab}	1.50±0.11^{ab}	1.34±0.04^{b}	1.43±0.01^{b}	1.53±0.16^{ab}
半必需氨基酸	精氨酸	1.99±0.07^{b}	1.89±0.02^{c}	2.00±0.00^{b}	2.03±0.03^{b}	2.13±0.05^{a}	1.88±0.01^{c}	1.87±0.03^{c}
	组氨酸	0.50±0.03^{a}	0.41±0.01^{b}	0.42±0.02^{b}	0.42±0.02^{b}	0.41±0.02^{b}	0.40±0.01^{b}	0.39±0.00^{b}
非必需氨基酸	天门冬氨酸	1.97±0.07^{a}	1.68±0.02^{b}	1.82±0.01^{ab}	1.79±0.05^{ab}	1.78±0.14^{b}	1.79±0.01^{b}	1.86±0.17^{ab}
	丙氨酸	0.86±0.02^{c}	0.80±0.01^{cd}	0.77±0.02^{d}	0.73±0.05^{d}	1.10±0.06^{a}	0.95±0.01^{b}	0.94±0.05^{b}
	谷氨酸	2.92±0.11^{ab}	2.78±0.06^{b}	2.94±0.02^{ab}	3.07±0.19^{a}	2.83±0.18^{b}	2.73±0.01^{bc}	2.53±0.04^{c}
	甘氨酸	2.77±0.08^{a}	2.63±0.09^{a}	2.76±0.02^{a}	2.76±0.23^{a}	0.77±0.06^{b}	0.77±0.01^{b}	0.84±0.06^{b}
	丝氨酸	0.76±0.03^{a}	0.70±0.02^{b}	0.78±0.00^{a}	0.77±0.00^{a}	0.75±0.04^{a}	0.73±0.00^{ab}	0.73±0.01^{ab}
	胱氨酸	0.16±0.01^{c}	0.04±0.04^{e}	0.09±0.00^{d}	0.10±0.03^{d}	0.30±0.01^{a}	0.27±0.02^{ab}	0.26±0.01^{b}
	脯氨酸	0.72±0.02^{ab}	0.64±0.02^{b}	0.72±0.01^{ab}	0.75±0.10^{ab}	0.87±0.24^{a}	0.66±0.01^{ab}	0.57±0.01^{b}
	酪氨酸	0.55±0.06^{a}	0.57±0.01^{a}	0.51±0.03^{a}	0.59±0.03^{a}	0.57±0.08^{a}	0.60±0.02^{a}	0.53±0.01^{a}
氨基酸总含量		19.72	18.29	19.12	19.31	17.47	16.9	16.6
必需氨基酸总量		6.52	6.15	6.31	6.3	5.96	6.12	6.08
半必需氨基酸		2.49	2.3	2.42	2.45	2.54	2.28	2.26
非必需氨基酸总量		10.71	9.84	10.39	10.56	8.97	8.5	8.26
鲜味氨基酸总量		8.52	7.89	8.29	8.35	6.48	6.24	6.17

8.4.2　养殖期气候条件对小龙虾品质的影响

采用相关分析法，普查 29 个品质因素与小龙虾捕捞前气候因素(1～20 d、1～25 d、1～30 d 和 1～35 d 的阴天数、日较差、雨日数、日照时数)之间的相关关系，以相关程度高且通过显著性检验的因子作为影响小龙虾关键品质的气象因子。小龙虾虾肉中缬氨酸、赖氨酸以及弹性、咀嚼性、回复性、黏性等品质因素与养殖期的气候因素相关性较好，且通过了 0.05 显著性检验，其中必需氨基酸中缬氨酸与捕捞前 1～35 d 的阴天数呈正相关，赖氨酸与捕捞前 1～30 d 的平均气温呈负相关。质构特性中弹性与捕捞前 1～35 d 的平均气温呈正相关；咀嚼性与捕捞前 1～20 d 的日较差呈负相关；回复性与捕捞前 1～20 d 的阴天数呈正相关；黏性与捕捞前 1～20 d 的雨日数呈正相关(图 8.29)。

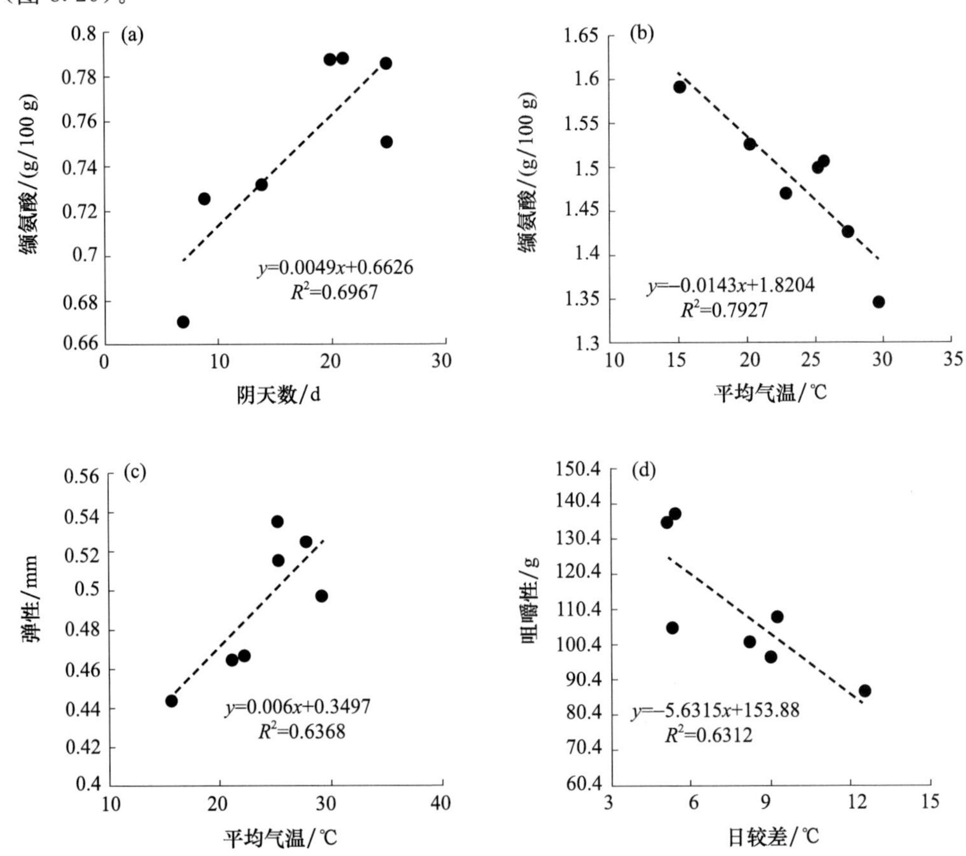

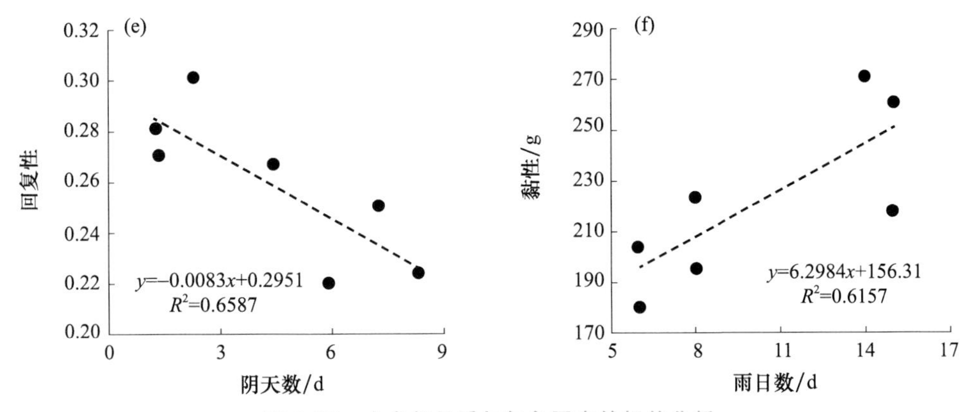

图 8.29　小龙虾品质与气象因素的相关分析

(a)缬氨酸与捕捞前 1～35 d 阴天数；(b)赖氨酸与捕捞前 1～30 d 平均气温；
(c)弹性与捕捞前 1～35 d 平均气温；(d)咀嚼性与捕捞前 1～20 d 日较差；
(e)回复性与捕捞前 1～20 d 阴天数；(f)黏性与捕捞前 1～20 d 雨日数

8.4.3　小龙虾气候品质评价模型及等级划分

8.4.3.1　小龙虾气候品质评价模型建立

小龙虾缬氨酸、赖氨酸以及弹性、咀嚼性、回复性、黏性等品质因素与其养殖期气候条件密切相关，为气候敏感性品质因子。利用主成分分析方法建立综合品质指数，用各品质的气候推算方程代入综合品质指数，从而构建小龙虾气候综合品质评价模型，如式(8.19)所示：

$$I_j = \sum_{i=1}^{6} a_i X_i \tag{8.19}$$

式中，I_j 为第 j 个养殖期小龙虾气候综合品质评价指数($j=1\cdots,7$)；a_i 为第 i 个气候品质指标的权重系数，$a_1 \sim a_6$ 分别为小龙虾捕捞前 1～35 d 阴天数、捕捞前 1～30 d 平均气温、捕捞前 1～35 d 平均气温、捕捞前 1～20 d 日较差、捕捞前 1～20 d 阴天数和捕捞前 1～20 d 雨日数的权重系数，取主成分提取的品质系数，分别为 0.41、0.36、−0.01、0.25、0.29、0.31；X_i 为第 i 个气候品质指标的归一化指数，$X_1 \sim X_6$ 分别为小龙虾捕捞前 1～35 d 阴天数、捕捞前 1～30 d 平均气温、捕捞前 1～35 d 平均气温、捕捞前1～20 d 日较差、捕捞前 1～20 d 阴天数和捕捞前 1～20 d 雨日数的归一化指数。

8.4.3.2　小龙虾气候品质等级划分

以湖北省荆州市为例，基于 1991—2020 年荆州国家级气象观测站的逐日气象资料，根据各品质基于气象因子的推算模型和综合品质指数的评价模型，推算逐年各小龙虾捕捞期品质和综合品质评价指数，分别采用概率 4 分位法，对小龙虾关键品质因素进行 4 等级划分，划分为“特优”“优”“良”“一般”4 个等级，具体划分标准见

表 8.15、表 8.16。

表 8.15　小龙虾气候品质评价指标分级标准

等级	捕捞前 1～35 d 阴天数/d	捕捞前 1～30 d 平均气温/℃	捕捞前 1～35 d 平均气温/℃	捕捞前 1～20 d 日较差/℃	捕捞前 1～20 d 阴天数/d	捕捞前 1～20 d 雨日数/d
特优	＞18	＜14.0	＞26.7	＜2.4	＞9	＞10
优	14～18	22.4～25.2	25.1～26.7	4.0～4.3	7～9	7～10
良	12～14	25.2～27.3	21.7～25.1	4.3～4.8	5～7	5～7
一般	＜12	＞27.3	＜21.7	＞4.8	＜5	＜5

表 8.16　小龙虾气候综合品质等级划分标准

等级	气候综合品质评价指数(I_j)
特优	＞0.83
优	0.67～0.83
良	0.52～0.67
一般	≤0.52

8.4.3.3　小龙虾气候品质评价模型检验

利用湖北省荆州国家级气象观测站 2020 年 3 月 20—10 月 9 日逐日地面观资料，根据建立的小龙虾气候品质评价模型，分别计算 2020 年荆州农高区不同养殖期小龙虾的气候综合品质评价指数进行评价（表 8.17），养殖期分别为 6 月 1—30 日、7 月 1—25 日和 9 月 10 日—10 月 9 日的小龙虾气候品质指数较高，对应小龙虾的等级为特优等，这时期的气候条件适宜小龙虾的生长发育，其次养殖期为 3 月 20 日—4 月 25 日、4 月 25 日—5 月 28 日、8 月 10 日—9 月 15 日的小龙虾，气候品质为良，养殖期为 8 月 5—31 日的小龙虾气候品质等级为一般，该养殖期小龙虾气候品质指数最低，很可能是该养殖期频繁出现高温闷热天气，不利于小龙虾的安全生长所致。小龙虾气候综合品质指数与实际综合品质指数变化较为一致，两者呈现显著正相关关系（图 8.30），并通过 0.05 显著性检验。其中特优级小龙虾的缬氨酸、赖氨酸、弹性、咀嚼性、回复性、黏性气候指标、气候品质指数以及综合品质指数均高于其他等级，因此，小龙虾气候综合品质指数的大小可用来反映小龙虾综合品质的好坏。

表 8.17　荆州市不同养殖期小龙虾气候品质与综合品质评价

养殖期 /（月.日）	缬氨酸	赖氨酸	弹性	咀嚼性	回复性	黏性	气候综合品质指数	等级	综合品质指数
3.20—4.25	0.77	1.60	0.44	83.30	0.24	206.70	0.89	优	1.35
4.25—5.28	0.73	1.49	0.48	101.48	0.25	206.70	0.75	优	1.41
6.1—6.30	0.76	1.45	0.50	122.91	0.28	244.49	1.05	特优	1.59
7.1—7.25	0.79	1.46	0.50	124.54	0.28	250.79	1.17	特优	1.55

续表

养殖期/(月.日)	缬氨酸	赖氨酸	弹性	咀嚼性	回复性	黏性	气候综合品质指数	等级	综合品质指数
8.5—8.31	0.70	1.39	0.53	107.35	0.23	194.10	0.52	一般	1.28
8.10—9.15	0.71	1.42	0.52	103.25	0.24	194.10	0.60	良	1.31
9.10—10.9	0.79	1.53	0.48	123.42	0.29	250.79	1.26	特优	1.43

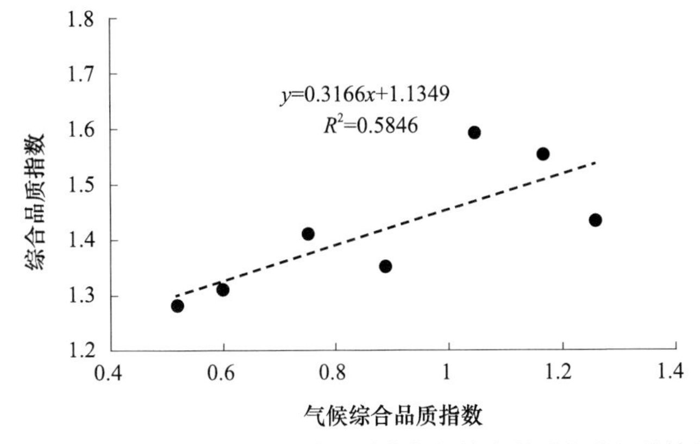

图 8.30 荆州市小龙虾气候综合品质指数与综合品质指数相关性分析

综上所述，不同养殖期小龙虾常规营养成分、质构特性、氨基酸等品质因素存在差异性。氨基酸中的缬氨酸、赖氨酸和质构特性中的弹性、咀嚼性、回复性、黏性分别与小龙虾捕捞前 1～35 d 的阴天数、1～30 d 的平均气温、1～35 d 的平均气温、1～20 d 的日较差、1～20 d 的阴天数、1～20 d 雨日数相关系数较大。以缬氨酸、赖氨酸、弹性、咀嚼性、回复性、黏性等品质因素构建小龙虾气候品质综合指数表征，并划分为“特优”“优”“良”“一般”4 个等级，相应阈值为＞0.83、0.67～0.83、0.52～0.67、＜0.52，养殖期的气候条件影响着小龙虾品质的优劣，6 月 1—30 日、7 月 1—25 日和 9 月 10 日—10 月 9 日阶段养殖的小龙虾等级最优，3 月 20 日—4 月 25 日和 4 月 25 日—5 月 28 日阶段次之，8 月 10 日—9 月 15 日和 8 月 5—31 日阶段较差。通过研究建立的评价模型可作为小龙虾气候品质评价方法，用于开展小龙虾气候品质认证工作，可为其他淡水养殖品开展气候品质认证提供技术参考(叶佩 等，2023)。

8.5 稻虾种养模式盲目扩张的风险与应对建议

随着小龙虾产业的迅猛发展，小龙虾养殖面积迅速增长。稻虾综合种养的生态效应和经济效益优于单种水稻和养虾，既能减少肥料农药施用，又能改善农田小气候，增加土壤有机质，提高稻、虾品质和产量。然而气象部门的调查研究表明，盲目扩张的弊端及其风险隐患已显现，应引起高度警惕。

其一，盲目发展导致优质农田减少。发展稻虾综合种养模式的初衷是合理利用低湖冷浸田、岗间涝洼地等易涝易渍地的水土资源，依靠农田系统物质循环利用提高土地生产率，发展生态循环农业。而一些地区过分追求小龙虾产业的经济效益，将排水灌溉条件好、土壤成熟度高、水稻产量高的农田改造为稻虾共作或轮作田。长期淹水缺氧使农田土壤潜育化程度加重、致病微生物大量繁殖，致使农田质量下降，粮食生产力下滑，严重背离了“藏粮于地”战略。同时由于农民普遍“轻稻重虾”，水肥管理粗放，影响了水稻正常生长，导致其抵御气象灾害和病虫害能力下降，造成水稻产量和品质下降，影响粮食安全。比如，2017 年秋季连阴雨导致稻虾田的水稻大面积倒伏发芽，机械收割困难，损失很大。

其二，存在潜在面源污染和生态安全隐患。为增加小龙虾产量，农户会大量投放高蛋白虾饲料，增加水体养分含量。同时，小龙虾高密度喂养，导致水体富营养化，易造成周边农田以及下游河流、湖泊、水库水质恶化。此外，小龙虾养殖要定期或不定期通过循环排水方式保持良好的养殖环境，排底水和补新水的量大约占虾稻田持水量的 3 成。如果排水补水过程管理不科学，没有采取必要的水质循环净化措施，也会导致农业面源污染发生。特别是遭遇极端强降水等天气过程，会加剧面源污染转移和扩散的速度、范围和程度，可能危及生态安全、粮食安全、水资源安全，影响小龙虾产业持续发展。

其三，存在水资源承载力超限风险。稻虾综合种养模式一般每亩需长期保持 61 m^3左右的水量。以小龙虾主产区荆州市为例，根据历史气象资料和平均水平农业生产资料测算，如果要保证沟内持水量充足，每天需灌溉补充 2.5 mm 深的水量，与单纯种植水稻相比，年均需补充 912.5 mm 深的水量，相当于荆州年均降水量的 85%，耗水量极大。这些用水缺口需通过引水灌溉等方式补充。一旦遇干旱年份，易出现可调用水资源不足，甚至会出现因抢水导致湖库干涸和小龙虾大量死亡，不仅严重破坏湖泊湿地生态环境，还将对小龙虾产业的健康发展带来严重影响。

鉴于上述因素，建议加强引导，科学谋划稻虾综合种养模式的发展，因地制宜采取积极措施应对可能出现的生态、环境、气候、产业风险，将风险控制在可控范围内，推动小龙虾产业科学、长远发展。

一要科学合理规划布局，因地制宜推广稻虾综合种养产业模式。加强气象、农业、水产、国土、水利等多部门协同合作，根据气候条件、土壤类型、地形地貌、水资源供给等情况，科学合理规划布局，选择土壤质地偏黏、地势低洼、pH 值中性偏碱、地下水位较高、灌溉排水条件好、距离水源地近的农田进行改造，扬长避短，充分发挥稻虾综合种养模式的优势。

二要适度控制发展规模，推进稻虾产业与生态环境保护协调发展。加强小龙虾产业发展气候环境可行性论证，在气候资源、生态资源承载力范围内适度发展稻虾综合种养产业，科学规避气候与生态风险，避免因产业发展规模与生态气候资源承载力失衡而引发的生态、环境、产业安全等一系列问题。

三要加强产业引导扶持，推进稻虾综合种养模式持续健康发展。加强科普宣传，引导地方政府、虾稻经营企业、种养大户、农民理性发展稻虾综合种养模式，科学开展种养管理。加强基础设施建设，尤其是灌溉、排水、污水循环处理等基础设施建设，为产业生态绿色发展提供配套设施保障。加强技术示范与培训，整合农业、气象、水产部门资源，开展稻虾综合种养模式技术支持服务，提高广大种养户技术水平。推广稻虾综合种养气象指数保险，有效转移气象灾害对虾稻综合种养产业化带来的风险。

参考文献

北京分析仪器研究所,2005. 实验室 pH 计:GB/T 11165—2005[S]. 北京:中国标准出版社.

曹凑贵,江洋,汪金平,等,2017. 稻虾共作模式的"双刃性"及可持续发展策略[J]. 中国生态农业学报,25(9): 1245-1253.

陈霞,卢伶俐,温周瑞,等,2017. 不同水温下柱状黄杆菌对草鱼感染力的研究[J]. 养殖与饲料(7):9-12.

陈翔,徐建春,王明珠,等,2020. 洪泽湖地区"一稻三虾"模式气象致灾因子分析[J]. 水产养殖,5(2):3-7.

陈月英,叶盛钟,泮茜,1988. 一例巨脂鲤烂鳃等病症的治疗试验[J]. 淡水渔业(2):26-27.

邓爱娟,刘敏,刘志雄,等,2013. 洪湖地区养殖鱼塘春夏季水温变化及预报研究[J]. 中国农学通报,29(29):61-68.

邓爱娟,刘志雄,刘可群,等,2016. 春秋季冷空气过程对不同养殖水体水温的影响[J]. 中国农学通报,32(19):120-129.

丁清泉,余兰芬,柯丽华,1990. 温度对草鱼出血病影响的初步探讨[J]. 病毒学杂志(2):215-219.

冯明,邓环,邓爱娟,2013. 孝感水产养殖鱼病与气象条件关系探讨[J]. 科学种养,9(10):243-244.

高典,王桂堂,吴山功,等,2008. 丹江口水库三种鲤科鱼类寄生木村小棘吻虫的季节动态[J]. 水生生物学报,32(1):1-5.

高典,王桂堂,吴山功,等,2012. 丹江口水库鲤肠道寄生蠕虫群落结构与季节动态[J]. 水生生物学报,36(3):482-488.

辜晓青,江国振,田俊,等,2013. 中华绒螯蟹养殖生态气象试验研究 . 上海海洋大学学报,22(1) : 54-59

辜晓青,江国振,2015. 河蟹养殖生态、气象影响因子观测研究[J]. 江西农业学报,(4):88-93.

广东省水生动物疫病预防控制中心,2011. 4 月广东水产病害测报[J]. 海洋与渔业:水产前沿,(5):46.

贺江,易梦媛,郝涛,等,2019. 小龙虾产品品质影响因素研究进展[J]. 食品与机械,35(6): 232-236.

胡晓娟,吴　丹,文春根,等,2012. 黄鳝体内新棘衣棘头虫种群季节动态与分布[J]. 南昌大学学报(理科版),36(2):172-175.

胡益民,陈月英,1991. 鲫、鲢、鳙等养殖鱼类暴发性疾病与水质环境关系调查初报[J]. 鱼类病害研究,13(3) : 41-45.

胡振渊,郎所,李慧珠,1965. 太湖青草鲢鳙鲤寄生血居吸虫及其季节感染动态[J]. 动物学报,17(3):278-282.

黄永平,刘可群,苏荣瑞,2014. 淡水养殖水体溶解氧含量诊断分析及浮头泛塘气象预报[J]. 长江流域资源与环境,23(5):638-643.

赖子尼,吴淑勤,石存斌,等,1999. 降温降水对池塘水环境影响及诱发鳜鱼疾病的研究[J]. 湛江海洋大学学报,19(3):9-13.

赖子尼,余煜棉,吴淑勤,等,2008. 影响池养鳜健康的关键水生态因子[J]. 水产学报,32(4):601-607.

李明锋,1988. 草鱼病毒性出血病的免疫预防[J]. 科学养鱼(2):17.

李义,李明伟,曾子建,1995. 长寿湖网箱养鲤寄生虫区系及季节变动[J]. 水利渔业,(3):22-23,48.

李奕雯,曹煜成,李卓佳,等,2008. 养殖水体环境与对虾白斑综合征关系的研究进展[J]. 海洋科研进展,26(4):532-538.

刘崇新,潘良曦,2011. 暴雨洪灾对水产养殖的影响及其防控技术措施[J]. 渔业致富指南,(14):29-30.

刘凯文,2023. 江汉平原稻虾种养农田冬春季小气候特征与水热平衡研究[D]. 荆州:长江大学.

刘路广,潘少斌,吴瑕,等,2019. 湖北省晚稻灌溉定额计算参数与修订方法研究[J]. 中国农村水利水电 (7) :15-21.

刘瑞娜,杨太明,陈金华,等,2020. 安徽河蟹养殖高温热害天气指数模型设计与实践[J]. 中国农业气象,41(5):320-327.

刘永涛,董靖,夏京津,等,2019. 不同饲料对稻田养殖克氏原螯虾肌肉质构特性和营养品质的影响[J]. 浙江农业学报,31(12):1996-2004.

陆承平,1992. 致病性嗜水气单胞菌及其所致鱼病综述[J]. 水产学报(3):282-288.

刘可群,梁益同,周金莲,等,2014. 人类活动与气候变化对洪湖春旱的影响,生态学报,37(5):1302-1310.

刘可群,汤阳,黄永平,等,2015. 养殖水体溶氧平衡的实验分析及泛塘成因再探讨[J]. 中国农学通报,31(2):131-137.

刘可群,温周瑞,邓爱娟,等,2023. 黄颡鱼“溃疡综合征”春季流行的气候特征及预测探讨[J]. 中国农学通报,39(14):152-158.

吕超,汪翔,孙国锋,2017. 我国淡水养殖业生产布局的时空特征及变化趋势[J].江苏农业科学,45(15):301-305.

苗晶晶,呼晨,卢英磊,等,2012. 额尔齐斯河高体雅罗鱼寄生虫种类季节动态研究[J]. 新疆农业科学,49(3):571-575.

潘金培,杨潼,徐恭爱,1979. 鲢、鳙锚头鳋的生物学及其防治的研究水[J]. 水生生物学集刊,6(4):377-391.

潘少斌,刘路广,吴瑕,等,2019. 湖北省早稻灌溉定额修订方法研究[J]. 节水灌溉,(8):108-112.

区又君,2008. 低温冰冻灾害对我国南方渔业生产的影响分析,存在问题和建议[J]. 中国渔业经济,4(26):89-93.

全国农业气象标准化技术委员会,2014. 淡水养殖气象观测规范:QX/T 249—2014[S]. 北京:气象出版社.

全国气候与气候变化标准化技术委员会，2017. 气象干旱等级：GB/T 20481—2017[S]. 北京：中国标准出版社.

全国气候与气候变化标准化技术委员会大气成分观测预报预警服务分技术委员会，2017. 酸雨观测规范：GB/T 19117—2017[S]. 北京：中国标准出版社.

全国气象仪器与观测方法标准化技术委员会，2017. 自动气象站观测规范：GB/T 33073—2017[S]. 北京：中国标准出版社.

全国水产标准化委员会淡水养殖分技术委员会，2017. 稻渔综合种养技术规范 第1部分：通则：SC/T 1135.1—2017[S]. 北京：中国标准出版社.

沈锦玉，陈月英，沈智华，1993. 浙江养殖鱼类暴发性流行病病原的研究—Ⅰ. 嗜水气单胞菌(*Aeromonas hydrophila*)的分离，致病性及生理生化特性[J]. 科技通报，9(6)：397-401.

汤阳，刘可群，刘敏，等，2013. 春季江汉平原草鱼浮头泛塘指标及成因初探[J]. 中国农学通报，29(29)：69-74.

王鸿泰，1982. 对草鱼出血病某些生态、生理因子的研究[J]. 水产科技情报，(5)：10-13.

王桂堂，2003. 鳜消化道内寄生范尼道佛吸虫月份变化的初步观察[J]. 水生生物学报，27(1)：108-109.

王武，李应森，2010. 河蟹生态养殖[M]. 北京：农业出版社.

王新，焦丽，汪博良，等，2012. 额尔齐斯河湖拟鲤寄生虫季节动态及其优势虫种的寄生情况调查研究[J]. 新疆农业大学学报，35(1)：38-41.

王亚军，林文辉，吴淑勤，等 2006. 鳜塘水质与原生动物群落多样性关系的初步研究[J]. 水产学报，30(1)：69-75.

王彦波，许梓荣，邓岳松，2002. 水产养殖中氨氮和亚硝酸盐氮的危害及治理[J]. 饲养工业，23(12)：46-48.

温周瑞，2013a. 气候变化对鱼类病毒病和细菌病的影响[J]. 当代水产，(8)：76-77.

温周瑞，2013b. 鱼类寄生虫病流行规律及预测预报方法探讨[J]. 水产养殖，34(10)：35-39.

温周瑞，陈霞，卢伶俐，等，2013a. 不同水温条件下嗜水气单胞菌对鲫感染力的研究[J]. 淡水渔业，43(6)：90-92.

温周瑞，李文华，叶嵘，2013b. 武汉城市湖泊水质及水体富营养化现状评价[J]. 水生态学杂志，34(5)：96-100.

温周瑞，李丹，张显福，等，2018. 湖北部分地区大宗淡水鱼类池塘养殖病害监测[J]. 养殖与饲料，6：4-8.

夏晓勤，王伟俊，姚卫建，1999. 小鞘指环虫种群的季节动态[J]. 水生生物学报，23(3)：235-239

肖玮钰，刘可群，王涵，等，2020. 不同气象条件对克氏原螯虾存活和生长的影响[J]. 江苏农业科学，48(18)：181-186.

谢杏人，1988. 长江中游长吻鮠、蛇鮈寄生黏孢子粘孢子虫感染率的季节动态[J]. 水生生物学报，12(4)：316-327.

徐伯亥，葛蕊芳，熊木株，1988. 二龄草鱼肠炎病发病机理[J]. 水生生物学报，12(4)：308-315.

徐伯亥，殷战，陈燕燊，等，1991. 鲢鳙鱼流行性传染病的流行病学和细菌病因的初步研究[J]. 水产科技情报，18(5)：134-136.

徐琼芳,岳阳,王权民,等,2018. 克氏原螯虾气象因子影响研究现状与展望[J]. 气象与环境科学,41(2):105-110.

杨成亮,董剂海,1991. 浙江省淡水养殖鱼类暴发性鱼病[J]. 淡水渔业 (6):3-5.

杨青青,曾月,邓艳君,等,2021. 稻虾共作模式虾沟水温预报模型研究[J]. 江苏农业科学,49(5):194-198.

杨文刚,陈鑫,黄永学,等,2013a. 湖北省池塘水温预报技术研究[J]. 湖北农业科学,52(11):2539-2542.

杨文刚,陈鑫,黄永学,等,2013b. 武汉市淡水养殖气象预报技术研究[J]. 安徽农业科学,41(5):2157-2160.

杨文刚,刘可群,陈鑫,等,2013c. 基于统计模型的养殖鱼塘溶解氧预报技术研究[J]. 淡水渔业,43(5):91-94.

姚卫建,刘建雄,肖武汉,等,1995. 洪湖草鱼和鲢鱼寄生虫病病原感染状况及季节动态的研究[M]//陈宜瑜,许蕴玕. 洪湖水生生物及其资源开发. 北京:科学出版社,335-344.

姚卫建,聂品,2004. 鲢和草鱼鳃部寄生单殖吸虫的种群分布和季节动态[J]. 水生生物学报,28(6):664-667.

叶佩,刘志雄,刘凯文,等,2023. 小龙虾气候品质评价技术与应用[J]. 中国农学通报,39(24):149-156.

于秀娟,郝向举,杨霖坤,等,2023. 中国小龙虾产业发展报告(2023)[J]. 中国水产(7):26-31.

张俊,陈晓伟,2016. 河蟹养殖水温预报模型研究. 现代农业科技 (22):206-208.

张素芳,马成伦,1987. 长吻鮠小瓜虫病流行情况调查[J]. 淡水渔业,(2):30-31,29.

张涛,喻亚丽,甘金华,等,2021. 江汉平原克氏原螯虾分级现状、存在问题与对策[J]. 中国渔业质量与标准,11(3):40-47.

张晓君,2004. 柱状噬纤维菌及鱼类烂鳃病(综述)[J]. 河北科技师范学院学报,18(1):67-70

张旭晖,张家宏,时冬头,等,2021. 江苏省河蟹养殖综合气候区划方法研究[J]. 中国农业资源与区划,42(9):130-135.

赵永锋,胡海彦,蒋高中,等,2012. 我国大宗淡水鱼的发展现状及趋势研究[J]. 中国渔业经济,(5):95-103.

赵玉宝,袁宝山,江喜鸿,1994. 生态管理与暴发性鱼病[J]. 淡水渔业,24 (1):23-25.

周剑,赵仲孟,黄志鹏,等,2021. 池塘和稻田养殖模式下克氏原螯虾肌肉和肝脏营养成分比较[J]. 渔业科学进展,42(2):162-169.

中华人民共和国水利部,2010. 水位观测标准:GB/T 50138—2010[S]. 北京:中国计划出版社.

邹中菊,姜红霞,段德勇,等,2004. 盐度对罗氏沼虾代谢率的影响[J]. 华中师范大学报(自然科学版),38(1):82-84.

左文功,1980. 草鱼出血病发病与水温的关系[J]. 淡水渔业(1):23-25.

AKOLL P,FIORAVANTI M L,KONECNY R,et al,2011. Infection dynamics of cichlidogyrus tilapiae and c. sclerosus (monogenea,ancyrocephalinae) in nile tilapia (oreochromis niloticus l.) from Uganda[J]. Journal of Helminthology,86(03). DOI:10. 1017/s0022149x11000411.

DIEN L D,HIEP L H,FAGGOTTER S J ,et al,2019. Factors driving low oxygen conditions in integrated rice-shrimp ponds[J]. Aquaculture,512:734315.

GAY M,OKAMURA B,KINKELIN P D,2001. Evidence that infectious stages of Tetracapsula bryosalmonae for rainbow trout Oncorhynchus mykiss are present throughout the year[J]. Diseases of Aquatic Organisms,46(1):31-40.

HAYWARD C J,BOTT N,NOWAK B,2009. Seasonal Epizootics of Sea lice(*Caligus spp.*) on Southern Bluefin Tuna(*Thunnus maccoyii*) in a Long-term Farming Trial[J]. Journal of Fish diseases,32:101-106.

HONG S J,2012. Seasonal features of Hetemphyopsis continua metacercariae in perches, Lateolabrax japonicus,and infectivity to the final host[J]. Parasitology Research,110:1209-1212.

HOU J,STYLES D,CAO Y X,et al,2021. The sustainability of rice-crayfish co-culture systems: a mini review of evidence from Jianghan Plain in China[J]. Journal of the Science of Food and Agriculture,101(9): 3843-3853.

HU LL,ZHANG J,REN W Z,et al,2016. Can the co-cultivation of rice and fish help sustain rice production[J]. Scientific Reports,6: 28728. DOI:10. 1038/srep28728.

KARVONEN A,RINTAMAKI P,JOKELA J,2010. Increasing water temperature and disease risks in aquatic systems: Climate change increases the risk of some,but not all,diseases [J]. International journal for parasitology,40(13):1483-1488.

LEIGH C,HIEP L H ,BEN STEWARTOSTER,et al,2017. Concurrent rice-shrimp-crab farming systems in the Mekong Delta: Are conditions (sub) optimal for crop production and survival? [J]. Aquaculture Research,48: 5251-5262.

LEIGH C,STEWART-KOSTER B,SANG N V,et al,2020. Rice-shrimp ecosystems in the Mekong Delta: Linking water quality,shrimp and their natural food sources[J]. Science of The Total Environment,739. DOI:10. 1016/j. scitotenv. 2020. 139931

LUO Y F,YANG T B,2012. Seasonal patterns in the community of gill monogeneans on wild versus cultured orange-spotted grouper,E pinephelus coioides H amilton,1822 in Daya Bay,South China Sea [J]. Aquaculture Research,43:1232-1242.

MARCOGLIESE D J,2008. The impact of climate change on the parasites and infectious diseases of aquatic animals [J] .Revue Scientifique Et Technique, 27 (2): 467.DOI: 10.1590/S1516-35982008000800025.

MARCOS-LOPEZ M,GALE P,OIDTMANN B C,et al,2010. Assessing the Impact of Climate Change on Disease Emergence in Fresh—water Fish in the United Kingdom[J]. Transboundary and emerging diseases,57(5):293-304.

ROHLENOVÁ K,VETENÍKOVÁ I,ANDREA P,et al,2007. The seasonal changes in immunocompetence and condition status in chub (Leuciscus cephalus): the potential associations to the metazoan parasites. [J]. Immunocompence Parasitism,101:775-789.

TANG L J,JACQUIN L,LEK S,et al,2017. Differences in anti-predator behavior and survival rate between hatchery-reared and wild grass carp (Ctenopharyngodon idellus)[J]. International Journal of Limnology,53: 361-367.

URABEM,NAKAI K,NAKAMURA D ,et al,2009. Seasonal dynamics and yearly change in the abundance of metacercariae of Parabucephalopsis parasiluri (Trematoda: Bucephalidae) in the second intermediate host in the Uji-Yodo River,central Japan[J]. Fisheries Science,75(1):63-70.

WU S G,WANG G T,XI B W,et al,2007. Population dynamics and maturation cycle of Camallanus cotti(*Nematoda*:*Camallanidae*) in the Chinese hooksnout carp Opsariichthys bidens (*Osteichthyes*:*Cyprinidae*)from a reservoir in China[J]. Veterinary Parasitology,147:125-131.

WANG G,YAO W,WANG J ,et al,2001. Occurrence of thelohanellosis caused by Thelohanellus wuhanensis (*Myxosporea*) in juvenile allogynogenetic silver crucian carp,Carassius auratus gibelio (*Bloch*),with an observation on the efficacy of fumagillin as a therapeutant[J]. Journal of Fish Diseases,24(1):57-60.

WANG G T,2002. Seasonal dynamics and distribution of Philometroides fulvidraconi (*Philometridae*) in the bullhead catfish,Pseudobagrus fulvidraco (*Richardson*)[J]. Journal of Fish Diseases, 25(10): 621-625.

WANG G T,YAO W J,GONG X N,et al,2003. Seasonal fluctuation of Myxobolus gibelioi (*myxosporea*) plasmodia in the gills of the farmed allogynogenetic gibel carp in China [J]. Chinese Journal of Oceanology and Limnolog,21(2):149-153.

WEI D D,XING C G,HOU D W,et al,2021. Distinct bacterial communities in the environmental water,sediment and intestine between two crayfish-plant co-culture ecosystems[J]. Applied Microbiology and Biotechnology,105:5087-5101.

ZENG B P, WANG W B, 2007. Seasonal population dynamics of Pallisentis (*Neosentis*) celatus (*Acanthocephala*: *Quadrigyridae*) in the intestine of the rice-field eel Monopterus albus in China [J]. Journal of Helminthology,81(4):415 -420.